北爪先生が教える！

電験三種 電力の最強講義

特選68題

北爪 清【著】

Ohmsha

読者の皆様へ

筆者は長年，電験三種の受験指導を行っているが，受講者が苦手とする計算問題を丁寧に解説している書籍が見つからなかった。そこで，講義に使用でき，個人の受験対策書としても活用できる書籍**『北爪先生が教える！ 電験三種計算問題が一番解ける本』**を 2016 年 12 月に上梓した。この書籍は，現在の電験三種のルーツとも言える，昭和の時代から近年までに出題された良問を独自に精選し，図の活用と丁寧な解説をモットーに執筆したものである。お陰様で多くの受験者からご支持をいただき，順調に版を重ねている。

さらに，この前著に続く科目別の第一弾として，『北爪先生が教える！ 電験三種 理論の最強講義』を 2018 年 6 月に上梓した。本書は，この最強講義シリーズの第二弾である。**本シリーズは，最近の出題傾向に合わせて，最新の過去問題にまで間口を広げて検討し，必須の良問を厳選して，筆者の行っている講義のエッセンスを詰めこんで，まとめ上げたものである。**

電力科目は，計算問題が全体の 45％程度を占め，それ以外は文章問題（正誤判定や空白箇所補充）である。一般に，電力科目は取り組みやすく，科目合格も難しくないと言われている。とは言うものの，**確実に合格するための理解の筋道が存在する。**文章問題は，結局のところ，知識の暗記に行き着くため自助努力するほかないが，これには限界がある。一方，計算問題は，内容を理解したうえで類題を解けるようになることが，得点と合格への近道になるだろう。したがって，本書では計算問題を中心に取り上げ，文章問題については今後も出題が予想され，他分野との関連が強いものに限定した。

本書では，電力科目の最重要テーマが 5 章「電気的特性」に集中している。出題のウエイトが高い，電圧降下，単相 3 線式，異容量 V 結線など多くの題材を詳細かつ丁寧に解説している。最強講義シリーズや前著をフル活用して能力アップを図り，**読者の皆様が合格することを願ってやまない。**

2021 年 4 月

北爪　清

本書の特長と使い方

さて，どれを解こう … 最初から？

■**タイトル**　冒頭には，章テーマに続く，問の出題テーマ・出題内容をタイトルとして表示しています。取り組みたい問を探すときの目安にしてください。

まずは，自力で解答してみることが大切！

■**問**　最近の出題傾向に合わせて厳選した，必須の過去問題です。用語や図記号は，近年の出題に合わせて一部改編してあります。

各章，やさしい問から難しい問の順に掲載してあります。問は全部で68 題しかありませんから，無理のない学習計画を立てることができます。

自力で解けないときにチェック！

■**ココがポイント！**　解法の道しるべと同時に，問に解答するときのヒントです。続いて，解法を先取りして解説している場合もあります。飛ばさないで読んでみよう。

自力で解けたら答え合わせ，たとえ正答できても解法は熟読！

■**解法 ▶ 解答**　自力で解けなかった場合はもちろん，正答できた場合でも熟読してみよう。計算テクニックや受験テクニック，より適切な解法，より深い理解，役立つ周辺知識など，必ず得るものがあるはずです。本書で過去問題を 68 題しか扱っていないのは，そこから最大限の学習効果を引き出しているからです。

一歩引いた視点から総まとめ … 今後の出題は？

■**考察**　問や解法の感想，考え方，これまでの／これからの出題傾向など，電験三種を掘り下げた内容です。問に取り組んだ後，次の問に取り組む前に，気分転換も兼ねて読んでみてください。問に手も足も出ない場合，解法より先に読んでみるのもよいでしょう。

目 次

1章　水力発電

2章　火力発電

3章　原子力発電

4章　変電

5章　電気的特性

6 章　たるみ，支線

7章　地中線

8章　故障計算

1章

水力発電

1-1　水力発電の理論式①
1-2　水力発電の理論式②
1-3　ベルヌーイの定理①
1-4　ベルヌーイの定理②
1-5　ベルヌーイの定理③
1-6　水車の種類
1-7　揚水発電

1-1 水力発電の理論式 ①
▶ 水力発電の水車出力と発電機出力

問　　H24-A 問1

次の文章は，水力発電の理論式に関する記述である。

図に示すように，放水地点の水面を基準面とすれば，基準面から貯水池の静水面までの高さ H_g [m] を一般に［（ア）］という。また，水路や水圧管の壁と水との摩擦によるエネルギー損失に相当する高さ h_1 [m] を［（イ）］という。さらに，H_g と h_1 の差 $H=H_g-h_1$ を一般に［（ウ）］という。

いま，Q [m³/s] の水が水車に流れ込み，水車の効率を η_w とすれば，水車出力 P_w は［（エ）］になる。さらに，発電機の効率を η_g とすれば，発電機出力 P_g は［（オ）］になる。ただし，重力加速度は 9.8 m/s² とする。

上記の記述中の空白箇所(ア)，(イ)，(ウ)，(エ)および(オ)に当てはまる組合せとして，正しいものを次の(1)〜(5)のうちから一つ選べ。

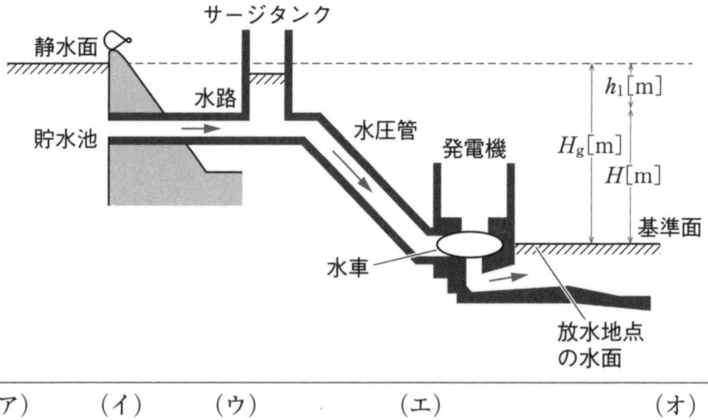

	(ア)	(イ)	(ウ)	(エ)	(オ)
(1)	総落差	損失水頭	実効落差	$9.8QH\eta_w\times10^3$[W]	$9.8QH\eta_w\eta_g\times10^3$[W]
(2)	自然落差	位置水頭	有効落差	$\dfrac{9.8QH}{\eta_w}\times10^{-3}$[kW]	$\dfrac{9.8QH\eta_g}{\eta_w}\times10^{-3}$[kW]
(3)	総落差	損失水頭	有効落差	$9.8QH\eta_w\times10^3$[W]	$9.8QH\eta_w\eta_g\times10^3$[W]
(4)	基準落差	圧力水頭	実効落差	$9.8QH\eta_w$[kW]	$9.8QH\eta_w\eta_g$[kW]
(5)	基準落差	速度水頭	有効落差	$9.8QH\eta_w$[kW]	$9.8QH\eta_w\eta_g$[kW]

ココがポイント！

- 総落差，損失落差（損失水頭），有効落差の定義を正しく覚えておくこと。
- 水車出力 P_{w}，発電機出力 P_{g} の公式を，導出過程から理解しておくこと。

解法

●（ア）～（ウ）　用語の選択

異なる高さにある水の**位置水頭**の差を落差という。水力発電所の出力計算を行う際には，損失分を差し引いた有効落差を使用しなければならない。

(ア)**総落差**：水力発電所の取水地点の水面と放水地点の水面の位置水頭の差

損失落差（(イ)**損失水頭**）：水頭の減少（損失）分で，水車で発電に利用されない落差

(ウ)**有効落差**：総落差から損失落差を差し引いた落差

●（エ），（オ）　式の選択

水力発電の概要は，次のように表すことができる。

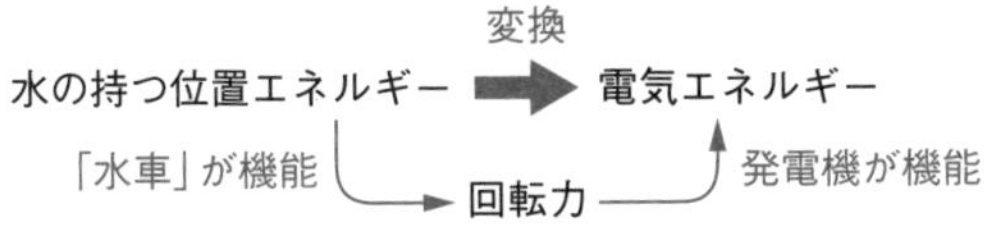

いま，図1のように，質量 m[kg] の水が，基準面から高さ H[m] の位置に，静水面があるとする。

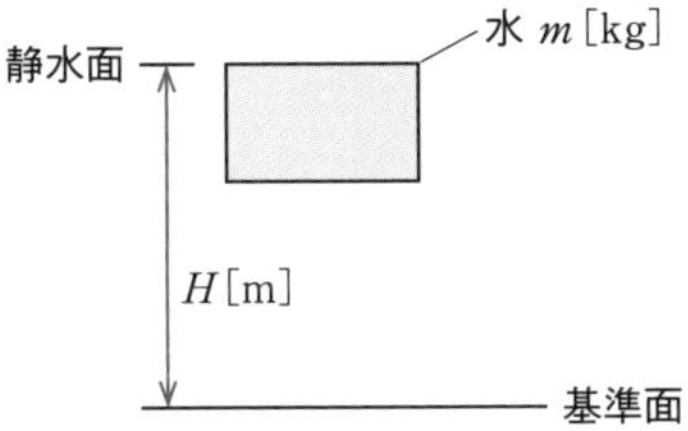

図1　水の持つ位置エネルギー

水の持つ位置エネルギー W[J] は，

$$W = \underset{\sim\sim\sim}{9.8 \times m} \times H\,[\mathrm{J}] \quad \cdots①$$

$f = ma\,[\mathrm{N}]$❶（ここで，a は重力加速度 $g = 9.8\,[\mathrm{m/s^2}]$）

水力発電所で，体積 $V\,[\mathrm{m^3}]$ の水を時間 $T\,[\mathrm{s}]$ で流したとすれば，水車出力 $P_{\mathrm{w}}\,[\mathrm{W}]\,(=[\mathrm{J/s}])$ は，水車効率を η_{w} とすると，

水の密度

$$P_{\mathrm{w}} = \frac{9.8 \times m \times H\,[\mathrm{J}]}{T\,[\mathrm{s}]} \times \eta_{\mathrm{w}} = \frac{9.8 \times 1\,000\,[\mathrm{kg/\cancel{m^3}}] \times V\,[\cancel{\mathrm{m^3}}] \times H}{T} \times \eta_{\mathrm{w}}$$

$$= 9.8 \times 1\,000 \times \frac{V}{T} \times H \times \eta_{\mathrm{w}} = {}_{(エ)}\underline{9.8\,QH\eta_{\mathrm{w}} \times 10^3\,[\mathrm{W}]} \quad \cdots②$$

流量 $Q\,[\mathrm{m^3/s}]$

P_{w} の単位を $[\mathrm{W}] \to [\mathrm{kW}]$ にすると，

$$P_{\mathrm{w}} = 9.8\,QH\,\eta_{\mathrm{w}}\,[\mathrm{kW}] \quad \cdots③$$

└→これを理論水力という

したがって，発電機出力 $P_{\mathrm{g}}\,[\mathrm{kW}]$ は，図 2 に示すエネルギー変換より，

$$P_{\mathrm{g}} = P_{\mathrm{w}} \times \eta_{\mathrm{g}} = {}_{(オ)}\underline{9.8\,QH\eta_{\mathrm{w}}\eta_{\mathrm{g}} \times 10^3\,[\mathrm{W}]}$$

$$= 9.8\,QH\eta_{\mathrm{w}}\eta_{\mathrm{g}}\,[\mathrm{kW}] \quad \cdots④$$

と求められる。

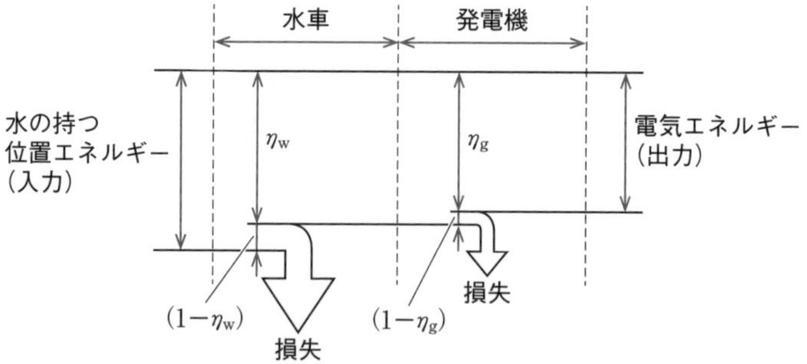

図 2　水力発電のエネルギー変換

解答　(3)

❶ $f = ma$（f：力 [N]，m：質量 [kg]，a：加速度 [m/s²]）の式を**運動方程式**という。

考察

・本問の空白箇所(ア)，(イ)，(ウ)は，落差に関する用語の選択である。

水力発電に関して聞き慣れない「自然落差」「実効落差」の用語を消去すると，答えは(3)と(5)に絞られる。

	(ア)	(イ)	(ウ)
(1)	○	○	×(実効落差)
(2)	×(自然落差)	○	○
(3)	○	○	○
(4)	○	○	×(実効落差)
(5)	○	○	○

この時点で，(3)，(5)に絞られる

(エ)	(オ)
○	○
×	×
○	○
○	○
○	○

(2)以外は正しい

なお，(エ)と(オ)の公式については，図2から，η_wで割ったものではないので，(2)以外はすべて正しいことがわかる。

P_wの公式として，$P_w=9.8QH_w$ [kW] と $P_w=9.8QH_w\times10^3$ [W]（⇒ (1)，(3)，(4)，(5)）がともに正しいことは，式の過程から理解できる。そして，(3)と(5)をさらに吟味して，答えとして(3)を選べばよい。

・P_wの公式の中に，水の密度 1 000 kg/m^3 の数値が隠れていることを，しっかり認識する必要がある。

・水の持つエネルギー [J] と出力 [W](=[J/s]) の関係，水車出力 P_w，発電機出力 P_g の式変形過程を理解することが肝心である。

・単位の接頭語について，“k”は 10^3 を示す（表1）。

表1　単位の10の整数乗倍を表す接頭語

名称	ギガ	メガ	キロ	センチ	ミリ	マイクロ
記号	G	M	k	c	m	μ
大きさ	10^9	10^6	10^3	10^{-2}	10^{-3}	10^{-6}

1-2 水力発電の理論式 ②
▶ 水力発電所の理論水力の単位

問 H27-A 問1

水力発電所の理論水力 P は位置エネルギーの式から $P=\rho gQH$ と表される。ここで H[m] は有効落差，Q[m³/s] は流量，g は重力加速度=9.8 m/s²，ρ は水の密度=1 000 kg/m³ である。以下に理論水力 P の単位を検証することとする。なお，Pa は「パスカル」，N は「ニュートン」，W は「ワット」，J は「ジュール」である。

$P=\rho gQH$ の単位は ρ，g，Q，H の単位の積であるから，kg/m³・m/s²・m³/s・m となる。これを変形すると，[（ア）]・m/s となるが，[（ア）] は力の単位 [（イ）] と等しい。すなわち $P=\rho gQH$ の単位は [（イ）]・m/s となる。ここで [（イ）]・m は仕事（エネルギー）の単位である [（ウ）] と等しいことから $P=\rho gQH$ の単位は [（ウ）]/s と表せ，これは仕事率（動力）の単位である [（エ）] と等しい。ゆえに，理論水力 $P=\rho gQH$ の単位は [（エ）] となるが，重力加速度 g=9.8 m/s² と水の密度 ρ=1 000 kg/m³ の数値 9.8 と 1 000 を考慮すると $P=9.8QH$ [[（オ）]] と表せる。

上記の記述中の空白箇所(ア)，(イ)，(ウ)，(エ)および(オ)に当てはまる組合せとして，正しいものを次の(1)～(5)のうちから一つ選べ。

	（ア）	（イ）	（ウ）	（エ）	（オ）
(1)	kg・m	Pa	W	J	kJ
(2)	kg・m/s²	Pa	J	W	kW
(3)	kg・m	N	J	W	kW
(4)	kg・m/s²	N	W	J	kJ
(5)	kg・m/s²	N	J	W	kW

ココがポイント!

理論水力に関する物理量の単位の扱いが正しくできなければならない。

[N]：力の大きさ　[J]：エネルギー　[W](=[J/s])：仕事率❶

解法

題意に沿って確認しよう。前問1−1にも関連するが,「理論水力」と「エネルギー」は単位（次元）が異なるので，物理量として明確に意識すること。

出力（仕事率：単位時間当たりのエネルギー）	[J/s]＝[W]
↕	↕
エネルギー	[J]

まず，与えられた理論水力の式の単位を並べて記し，計算する。

$$P = \rho g Q H$$

↓

$$[\mathrm{kg/m^3}] \cdot [\mathrm{m/s^2}] \cdot [\mathrm{m^3/s}] \cdot [\mathrm{m}]$$

↓

(ア) $[\mathrm{kg}/\cancel{\mathrm{m^3}}] \cdot [\mathrm{m/s^2}] \cdot [\cancel{\mathrm{m^3}}] \cdot [\mathrm{m/s}]$

↓

(イ) $[\mathrm{N}] \cdot [\mathrm{m/s}]$ → この式は，機械科目のクレーン，巻上機，エレベータの出力を求める公式とまったく同じ

↓

(ウ) $[\mathrm{J/s}]$

↓

(エ) $[\mathrm{W}]$

（(ア)について）$f\,[\mathrm{N}] = ma$（a：重力加速度）　重力単位系❷からSI❸単位系への換算　重要

---

❶物体に力を加えて動かしたとき，**力は仕事をした**という。仕事の能率（仕事率）は，単位時間当たりの仕事（エネルギー）で表される。

❷質量の単位の代わりに重量（力）の単位を含む単位系をいう。

❸ the International System of Units（英語），Système International d'Unités（フランス語）の頭文字をとったもので，現在，世界中で採用されている国際単位系。本書では,「SI 単位系」と呼ぶことにする。

よって，理論水力 P は，

$$P=\rho g Q H\,[\mathrm{W}] \quad \cdots ①$$

重要

となるが，ここで水の密度 $\rho=1\,000\,[\mathrm{kg/m^3}]$，重力加速度 $g=9.8\,[\mathrm{m/s^2}]$ を考慮して，

$$P=9.8\,QH_{(オ)}\,[\mathrm{kW}] \quad \cdots ②$$

注意：水の密度 ρ が式中に隠れている

となる。

解答　(5)

考察

・本問は，理論水力の式の単位に特化した問題である。なお，理論水力の導出過程は前問 1−1 で述べたとおりである。

・本問は，単位の扱いに慣れることが解法の要である。

$$f\,[\mathrm{N}]=m\,[\mathrm{kg}]\times a \quad \cdots ③$$

加速度 $a=g=9.8\,[\mathrm{m/s^2}]$

（重力単位系と SI 単位系の換算は，水力発電（電力科目）のほか機械科目でも登場する）

単位 [N]，[J]，[W] の相互関係を理解しておくこと。

[N・m]=[J]　　[J/s]=[W]

これらの関係は理論科目や機械科目のいたる所で登場するので，電験三種合格のためには確実に理解しておきたい。

1-3 ベルヌーイの定理 ①

▶ ベルヌーイの定理

問 H16-A 問2

図において，基準面から h_1[m] の高さにおける水圧管中の流速を v_1[m/s]，圧力を p_1[Pa]，水の密度を ρ[kg/m^3] とすれば，質量 m[kg] の流水が持っているエネルギーは，位置エネルギー mgh_1[J]，運動エネルギー [(ア)] [J] および圧力によるエネルギー [(イ)] [J] である。これらのエネルギーの和は，エネルギー保存の法則により，最初に水が持っていた [(ウ)] に等しく，高さや流速が変化しても一定となる。これを [(エ)] という。ただし，管路には損失がないものとする。

上記の記述中の空白箇所(ア)，(イ)，(ウ)および(エ)に記入する語句または式として，正しいものを組み合わせたのは次のうちどれか。

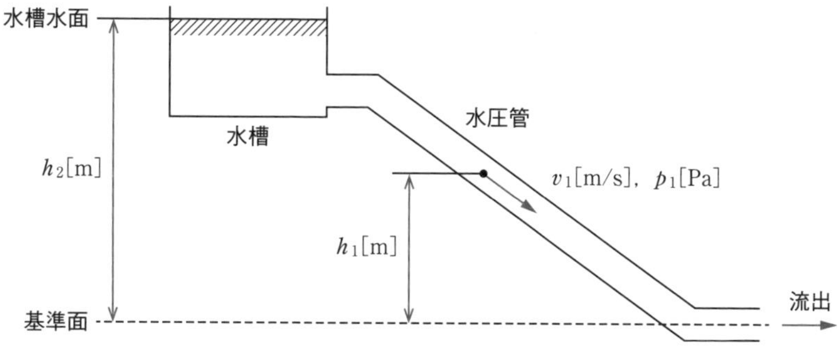

	(ア)	(イ)	(ウ)	(エ)
(1)	$\frac{1}{2}mv_1{}^2$	$m\frac{p_1}{\rho}$	位置エネルギー	ベルヌーイの定理
(2)	$mv_1{}^2$	$m\frac{\rho}{p_1}$	位置エネルギー	パスカルの原理
(3)	$\frac{1}{2}mv_1{}^2$	$\frac{p_1}{\rho g}$	運動エネルギー	ベルヌーイの定理
(4)	$\frac{1}{2}mv_1{}^2$	$m\frac{p_1}{\rho}$	運動エネルギー	パスカルの原理
(5)	$\frac{1}{2}\frac{v_1{}^2}{g}$	$\frac{p_1}{\rho g}$	圧力によるエネルギー	ベルヌーイの定理

ココがポイント！

水力学に関するベルヌーイの定理を理解すること。

ベルヌーイの定理は①式で表される。

$$h+\frac{p}{\rho g}+\frac{v^2}{2g}=\text{一定}\quad\cdots①$$

①式の両辺に mg を掛けると，

$$mg\cdot h+m\cancel{g}\cdot\frac{p}{\rho\cancel{g}}+m\cancel{g}\cdot\frac{v^2}{2\cancel{g}}=mg\cdot\text{一定}$$

⬇

$$\underset{\substack{\text{水の持つ位置}\\\text{エネルギー}}}{mgh}\quad+\quad\underset{\substack{\text{圧力}\\\text{エネルギー}}}{m\frac{p}{\rho}}\quad+\quad\underset{\substack{\text{運動}\\\text{エネルギー}}}{\frac{1}{2}mv^2}\quad=\quad\text{エネルギーは一定}\quad\cdots②$$

このように，本問は②式を説明したものに過ぎない。

解法

題意（図1）のように，基準面から h_1[m]の高さにおける水圧管内の流速を v_1[m/s]，圧力❶を p_1[Pa]，水の密度を ρ[kg/m^3]とすれば，

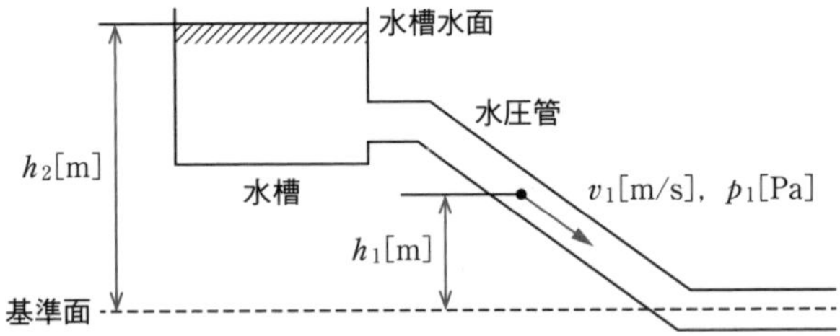

図1　エネルギーの説明図

❶圧力は「単位面積当たりにはたらく力の大きさ」なので，単位間には[Pa]=[N/m^2]の関係がある。

流水の持つ位置エネルギー mgh_1[J]　…③

圧力によるエネルギー $m[\text{kg}]\cdot\dfrac{p_1[\text{N/m}^2]}{\rho[\text{kg/m}^3]} =$ (イ) $m\dfrac{p_1}{\rho}$ [N・m](=[J])　…④

m

この圧力エネルギーを表す式は暗記できない

運動エネルギー (ア) $\dfrac{1}{2}mv_1{}^2$[J]　…⑤

これらのエネルギーの和は，エネルギー保存の法則により，最初に水が持っていた (ウ)位置エネルギーに等しく，高さや流速が変化しても一定となる。これを (エ)ベルヌーイの定理という。

問題図（図 1）の水圧管の内径が等しければ，運動エネルギーは不変であるため，水流の下部ほど水の位置エネルギーが低下し，圧力エネルギーが上昇する。

解答　(1)

考察

位置エネルギー mgh と運動エネルギー $\dfrac{1}{2}mv^2$ は理解しやすいが，圧力エネルギーとなると公式に表すのが難しい。そのときは，選択肢の式を最大限に活用する。(イ)の空白箇所を次のように検討する。

(1)，(4)　$m\dfrac{p}{\rho}$：**正しい**

(2)　$m\dfrac{\rho}{p}$ ➡ $[\text{kg}]\cdot\dfrac{[\text{kg/m}^3]}{[\text{N/m}^2]}=[\text{kg}^2]\cdot\dfrac{1}{[\text{N}\cdot\text{m}]}$：単位が[J]にならないので，**誤り**

(3)，(5)　$\dfrac{p}{\rho g}=\dfrac{[\text{N/m}^2]}{[\text{N/m}^3]}=[\text{m}]$：単位が[J]にならないので，**誤り**

$f=ma$ ➡ 重力単位系から SI 単位系への変換

本問はベルヌーイの定理を説明したものなので，選択肢は絞れるはずである。前ページの①式と②式の相互関係を見直しておこう。

1-4 ベルヌーイの定理 ②
▶ 水管内の流速と圧力の算出

問　H18-A 問12

図の水管内を水が充満して流れている。点Aでは管の内径 2.5m で，これより 30m 低い位置にある点Bでは内径 2.0m である。点Aでは流速 4.0m/s で圧力は 25kPa と計測されている。このときの点Bにおける流速 v[m/s] と圧力 p[kPa] に最も近い値を組み合わせたのは次のうちどれか。

なお，圧力は水面との圧力差とし，水の密度は 1.0×10^3 kg/m^3 とする。

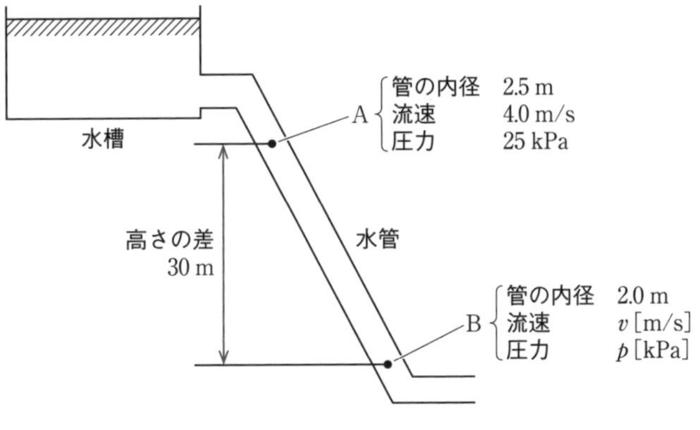

	流速 v[m/s]	圧力 p[kPa]
(1)	4.0	296
(2)	5.0	296
(3)	5.0	307
(4)	6.3	307
(5)	6.3	319

ココがポイント！

水管内の二つの点 A，B にベルヌーイの定理を適用して，流速と圧力を求めればよい。

ベルヌーイの定理は①式で表される。

$$\underset{\text{位置水頭}}{h} + \underset{\text{圧力水頭}}{\frac{p}{\rho g}} + \underset{\text{速度水頭}}{\frac{v^2}{2g}} = \text{一定} \quad \cdots ①$$

解法

図 1 のように，イメージしやすいように問題図を誇張して書き直してみる。

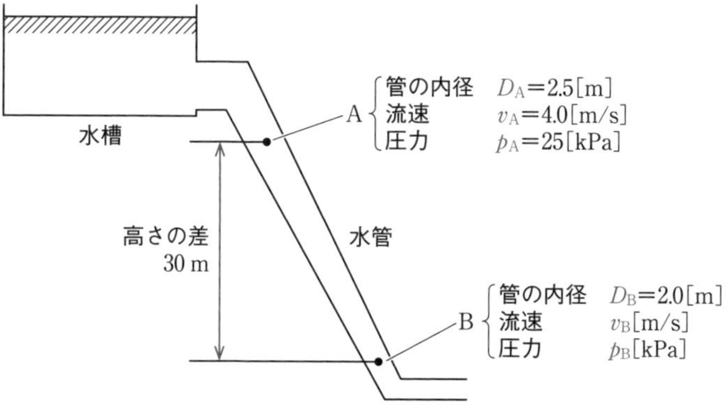

図 1　水管の太さを誇張した図

図 2 のように，水管内を水が充満して流れるので，点 A，点 B における水管の断面積を S_A[m^2]，S_B[m^2] とすると，水管内の流量 Q[m^3/s] は一定であるから，

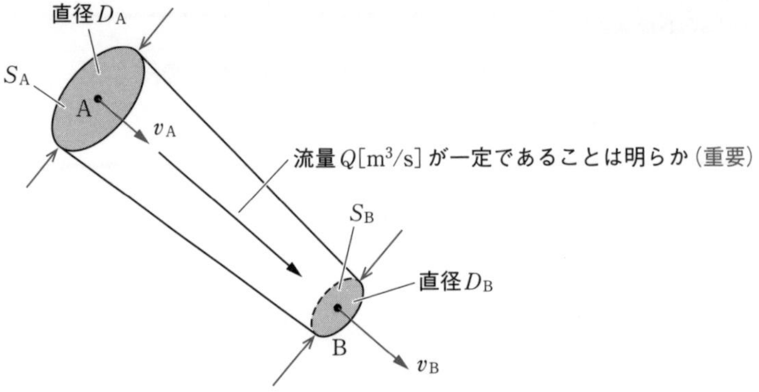

図2　水管内の流速の算出

$$Q=S_A\times v_A=\pi\left(\frac{D_A}{2}\right)^2 v_A=S_B\times v_B=\pi\left(\frac{D_B}{2}\right)^2 v_B \quad \cdots②$$

$$D_A{}^2 v_A=D_B{}^2 v_B$$

$$\therefore\ v_B=\left(\frac{D_A}{D_B}\right)^2 v_A=\left(\frac{2.5}{2.0}\right)^2\times 4.0=6.25\,[\mathrm{m/s}]\ \rightarrow\ 6.3\,\mathrm{m/s}$$

一方，水管内の圧力を求めるときは，①式に点Aと点Bの条件をそれぞれ代入して，

$$点A：h_A+\frac{p_A}{\rho g}+\frac{v_A{}^2}{2g} \quad \cdots③$$

$$点B：h_B+\frac{p_B}{\rho g}+\frac{v_B{}^2}{2g} \quad \cdots④$$

基準面を高さ$h_B=0$[m]として，題意の数値を代入すると，

$$③式より，30+\frac{25\times10^3}{1\times10^3\times9.8}+\frac{4.0^2}{2\times9.8}\fallingdotseq 33.37\,[\mathrm{m}] \quad \cdots⑤$$

$$④式より，0+\frac{p_B}{1\times10^3\times9.8}+\frac{6.25^2}{2\times9.8}\fallingdotseq\frac{p_B}{1\times10^3\times9.8}+1.99\,[\mathrm{m}] \quad \cdots⑥$$

ベルヌーイの定理より，③式＝④式→⑤式＝⑥式なので，

$$33.37=\frac{p_B}{1\times10^3\times9.8}+1.99$$

$$\therefore\ p_B=(33.37-1.99)\times(1\times10^3\times9.8)$$

$$\fallingdotseq 30\,750\,[\mathrm{Pa}]=307.5\,[\mathrm{kPa}]\ \rightarrow\ 307\,\mathrm{kPa}$$

と求められる。

解答 (4)

考察

・問題図では水管の太さが同じように書かれているが，与えられた条件（題意）では，水管の内径は出口に近い方が細くなっている。これを図 2 のように誇張して書けば，管内の流速が異なることをイメージしやすくなる。

・誤答の例として，二つの点 A，B における流速が等しいとすれば，③式，④式から，

流速が等しいとした

$$30+\frac{25\times10^3}{1\times10^3\times9.8}+\frac{4.0^2}{2\times9.8}=0+\frac{p_B}{1\times10^3\times9.8}+\frac{4.0^2}{2\times9.8}$$

$$\therefore\ p_B=\left(30+\frac{25\times10^3}{1\times10^3\times9.8}\right)\times(1\times10^3\times9.8)$$

$$\fallingdotseq 32.55\times1\times10^3\times9.8\fallingdotseq 319\times10^3\,[\mathrm{Pa}]=319\,[\mathrm{kPa}]\rightarrow \text{選択肢}(5)$$

・本問のように，一般に位置水頭の低下によって圧力水頭（圧力）は上昇する。

例えば図 3 のように，海面と水深 10 m での圧力を検討してみよう。

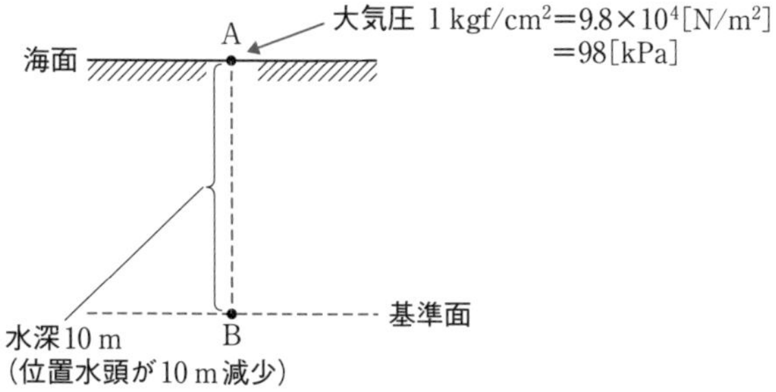

図 3 水深 10 m での圧力

点A，Bでは流速が零（0 m/s）なので，ベルヌーイの定理を適用して，

速度水頭は零

$$\underbrace{10+\frac{98\times10^{3}}{1\times10^{3}\times9.8}+0}_{\text{海面上にベルヌーイの定理を適用}} = \underbrace{0+\frac{p_B}{1\times10^{3}\times9.8}+0}_{\text{水深10mにベルヌーイの定理を適用}}$$

∴ $p_B=196\,[\mathrm{kPa}]$（約2気圧）➡ **水深10mごとに1気圧増加する。**

このように，水深が増加すると，深さ10mごとに1気圧増加することになる。このことから，水力発電設備の構造物である水圧鉄管には相当な圧力が加わることがわかり，強度計算にも関係する。

1-5 ベルヌーイの定理 ③ ▶ ペルトン水車の流量と水車出力の算出

問 H26-B 問15

ペルトン水車を1台もつ水力発電所がある。図に示すように，水車の中心線上に位置する鉄管のA点において圧力p[Pa]と流速v[m/s]を測ったところ，それぞれ3 000 kPa，5.3 m/sの値を得た。また，このA点の鉄管断面は内径1.2 mの円である。次の(a)および(b)の問に答えよ。

ただし，A点における全水頭H[m]は位置水頭，圧力水頭，速度水頭の総和として$h+\frac{p}{\rho g}+\frac{v^2}{2g}$より計算できるが，位置水頭$h$はA点が水車中心線上に位置することから無視できるものとする。また，重力加速度は$g=9.8\,\mathrm{m/s^2}$，水の密度は$\rho=1\,000\,\mathrm{kg/m^3}$とする。

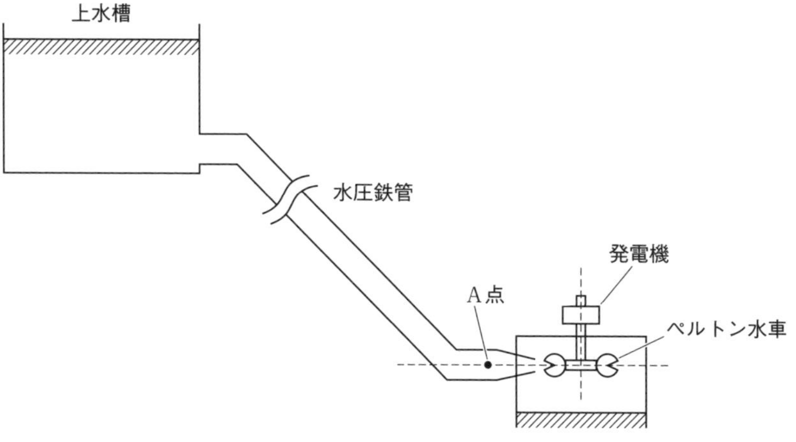

(a) ペルトン水車の流量の値[$\mathrm{m^3/s}$]として，最も近いものを次の(1)～(5)のうちから一つ選べ。

(1) 3　(2) 4　(3) 5　(4) 6　(5) 7

(b) 水車出力の値[kW]として，最も近いものを次の(1)～(5)のうちから一つ選べ。

ただし，A点から水車までの水路損失は無視できるものとし，また水車効率は88.5%とする。

(1) 13 000　(2) 14 000　(3) 15 000　(4) 16 000　(5) 17 000

ココがポイント！

・ペルトン水車の流量 Q[m³/s]を求められること。

$$Q=\pi\left(\frac{D}{2}\right)^2 v \quad \cdots ① \quad (D：管径[\mathrm{m}],\ v：流速[\mathrm{m/s}])$$

・ベルヌーイの定理を用いてA点の全水頭を求め，水車出力 P_{w}[kW]として求められること。

$$P_{\mathrm{w}}=9.8\,QH\eta_{\mathrm{w}} \quad \cdots ② \quad (H：有効落差[\mathrm{m}],\ \eta_{\mathrm{w}}：水車の効率)$$

・水力発電におけるベルヌーイの定理を適用した総合問題として解くこと。

＊①式は前問1−4，②式は前問1−1を参照

解法

(a) ペルトン水車の流量の算出

ペルトン水車の流量 Q[m³/s]は，図1のように，鉄管の内径を D_{A}[m]（=1.2 m），断面積を S_{A}[m²]，A点における流速を v_{A}[m/s]（=5.3 m/s）とすると，

$$Q=S_{\mathrm{A}}\times v_{\mathrm{A}}=\pi\left(\frac{D_{\mathrm{A}}}{2}\right)^2\times v_{\mathrm{A}}=\pi\times\left(\frac{1.2}{2}\right)^2\times 5.3\fallingdotseq 5.99[\mathrm{m^3/s}] \quad \rightarrow \quad 6\,\mathrm{m^3/s}$$

と求められる。

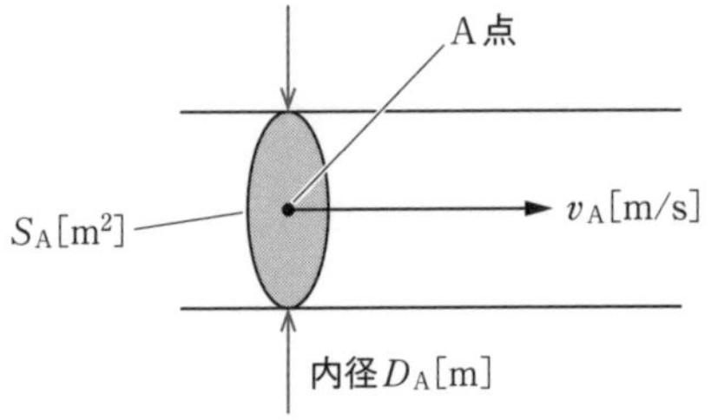

図1　A点における流速

(b) ペルトン水車の水車出力の算出

はじめに，**図2**のようにA点を基準として，水槽の上面までの全水頭 H_g [m]をベルヌーイの定理を適用して求めてみる。

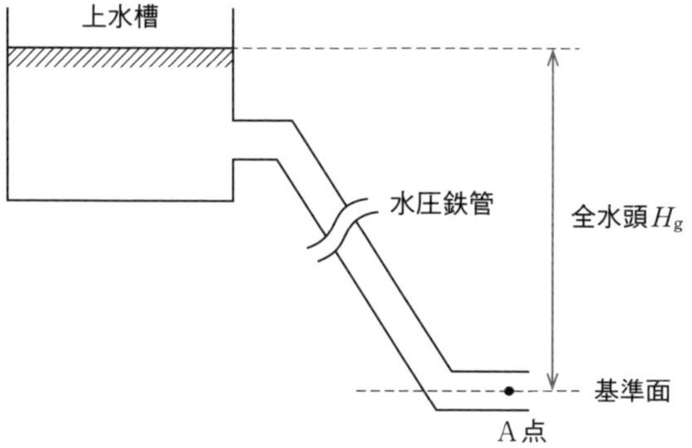

図2　**全水頭 H_g の算出**

$$H_g = \underbrace{h}_{\substack{\text{位置水頭} \\ =0\ (\text{題意})}} + \underbrace{\frac{p_A}{\rho g}}_{\text{圧力水頭}} + \underbrace{\frac{v_A^{\ 2}}{2g}}_{\text{速度水頭}} = 0 + \frac{3\,000\times10^3}{1\times10^3\times9.8} + \frac{5.3^2}{2\times9.8}$$

$$\fallingdotseq 0 + 306.1 + 1.4$$

$$= 307.5\,[\text{m}]$$

ペルトン水車の有効落差 H[m]は，全水頭 H_g から損失水頭 h_1 を差し引いたものである（前問1−1参照）。

本問では，題意より損失水頭は無視できるので，全水頭が有効落差となる。よって，水車出力 P_w[kW]は，②式より，

$$P_w = 9.8\,Q\underbrace{H}_{(H_g - h_1)}\eta_w = 9.8\times5.99\times(307.5-0)\times0.885$$

$$\fallingdotseq 15\,980\,[\text{kW}] \ \rightarrow\ 16\,000\,\text{kW}$$

と求められる。

解答　(a) − (4)，(b) − (4)

考察

・本問は，解法のとおり，ベルヌーイの定理を適用する総合問題である。A点の条件（圧力，速度）から全水頭 H_g を求められること，さらに，水車出力 P_w を求める際には，有効落差 H の扱いも理解できていなければならない。

・ベルヌーイの定理の出題頻度はそれほど高くないため，扱いが不慣れになりがちである。前問1−4の計算テーマも含めて見直しておきたい。

1-6 水車の種類
▶ 水車の種類と特徴

問 H20-A 問1

次の文章は，水力発電に関する記述である。

水力発電は，水の持つ位置エネルギーを水車により機械エネルギーに変換し，発電機を回す。水車には衝動水車と反動水車がある。［（ア）］には［（イ）］，プロペラ水車などがあり，揚水式のポンプ水車としても用いられる。これに対し，［（ウ）］の主要な方式である［（エ）］は高落差で流量が比較的少ない場所で用いられる。

水車の回転速度は構造上比較的低いため，水車発電機は一般的に極数を［（オ）］するよう設計されている。

上記の記述中の空白箇所(ア)，(イ)，(ウ)，(エ)および(オ)に当てはまる語句として，正しいものを組み合わせたのは次のうちどれか。

	（ア）	（イ）	（ウ）	（エ）	（オ）
(1)	反動水車	ペルトン水車	衝動水車	カプラン水車	多　く
(2)	衝動水車	フランシス水車	反動水車	ペルトン水車	少なく
(3)	反動水車	ペルトン水車	衝動水車	フランシス水車	多　く
(4)	衝動水車	フランシス水車	反動水車	斜流水車	少なく
(5)	反動水車	フランシス水車	衝動水車	ペルトン水車	多　く

ココがポイント！

水力発電の要である「水車」についての空白箇所補充問題であり，動作原理による「衝動水車」と「反動水車」の違い，水車の具体的な種類と特徴を覚えておかなければ正答できない。

解法

水力発電では，水の持つ位置エネルギーを最終的に電気エネルギーに変換する。

前問1−1で解説したように，発電機出力P_g[kW]は，

$$P_g = 9.8QH\eta_w\eta_g \quad \cdots ①$$

と表されるとおり，大きなパラメータ（変数）は，流量Q[m³/s]と有効落差H[m]である。

水力発電所は自然の地形を利用して建設されるため，必然的に建設地点の流量Qや有効落差Hが異なってくる（水力発電はすべて個別設計，一方，汽力発電はユニット化されている場合が多い）。水力発電所の最終目的は最大の電気エネルギーを得ることなので，水車の種類は必然的に多くなることになる。

水車は動作原理によって，衝動水車と反動水車に分けられる。

衝動水車：圧力水頭を速度水頭に変えて，流水をランナに作用させる。

反動水車：圧力水頭を持つ流水をランナへ作用させる。

●水車の種類の例

(ウ)**衝動水車**　・・・　(エ)**ペルトン水車**

(ア)**反動水車**　・・・　(イ)**フランシス水車**，斜流水車，プロペラ水車

また，水力発電では流水がランナに作用して回転力が生じるため，回転速度は汽力発電の蒸気タービンと比べて低速にならざるを得ない。

したがって，同期速度N_s[min⁻¹]，極数p，系統周波数f[Hz]の関係を表す重要公式（②式）から，極数pは(オ)**多く**する必要があるとわかる。

$$N_s = \frac{120f}{p} \quad \cdots ②$$

●参考（同期速度の概数）

水力発電所：200〜600 min⁻¹

汽力発電所：3 000 min⁻¹ (50 Hz)，3 600 min⁻¹ (60 Hz)　→　極数p=2[極]

解答 (5)

考察

水力発電の要である水車の種類と特徴に関する出題である。このテーマは，過去 10 年間で平成 20 年（A 問題-問 1，本問），平成 22 年（A 問題-問 1，衝動水車の原理に関する空白箇所補充問題），平成 25 年（A 問題-問 1，水車の動作原理に関する空白箇所補充問題），令和元年度（A 問題-問 2，水車の構造と特徴に関する空白箇所補充問題）と頻繁に出題されており，重要である。各水車の特徴は細かくて暗記しにくいが，このテーマは今後も出題が予想されるので，力点を置いて学習しておきたい。

●**参考**（ペルトン水車とフランシス水車）

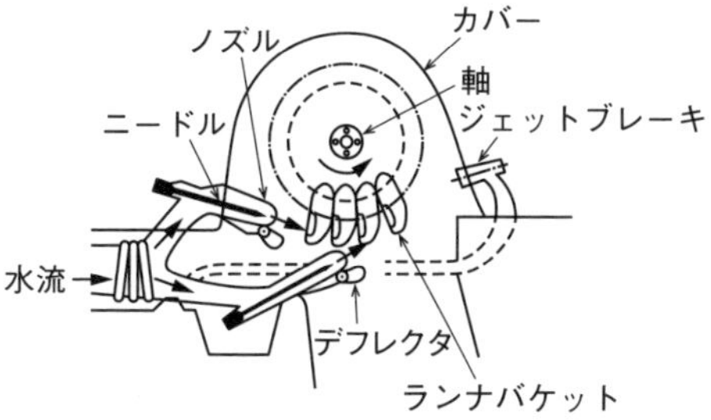

ペルトン水車

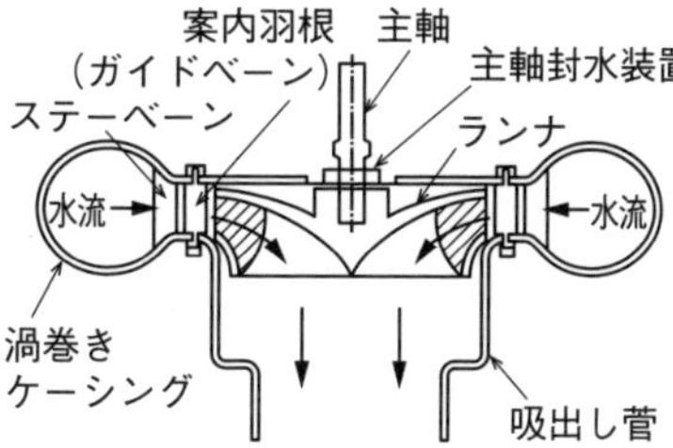

フランシス水車

1-7 揚水発電
▶ 揚水発電の総合効率の算出

問　　H5-B 問21

上池と下池の水面の標高差が150mの揚水式発電所がある。水圧管のこう長は210m，水圧管の損失落差は揚水および発電の場合とも水圧管こう長の2.38%，ポンプおよび水車の効率は85%，電動機および発電機の効率は98%とすれば，揚水に費やした電力の何パーセントの発電ができるか。正しい値を次のうちから選べ。ただし，揚水量[m³/s]と使用水量[m³/s]は等しいものとする。

(1) 64.9　(2) 67.1　(3) 69.4　(4) 71.8　(5) 77.9

ココがポイント！

揚水発電における揚水電力 P_M[kW]，発電電力 P_G[kW]および揚水発電の総合効率 η の公式を理解しておくこと。

$$P_M=\frac{9.8\,Q_P(H+h)}{\eta_P\eta_M}\quad\cdots①$$

（Q_P：揚水量[m³/s]
H：上池と下池の標高差[m]
h：損失落差[m]
η_P：ポンプ効率，η_M：電動機効率）

$$P_G=9.8\,Q_G(H-h)\eta_W\eta_G\quad\cdots②$$

（Q_G：発電時の使用水量[m³/s]
η_W：水車効率，η_G：発電機効率）

揚水発電の総合効率 η は，

$$\eta=\frac{出力(P_G)}{入力(P_M)}=\frac{\eta_P\eta_M}{\cancel{9.8}\,Q_P(H+h)}\times\cancel{9.8}\,Q_G(H-h)\eta_W\eta_G$$

$$=\frac{(H-h)Q_G}{(H+h)Q_P}\eta_P\eta_M\eta_W\eta_G\quad\cdots③$$

本問では $Q_G = Q_P$ なので（題意），③式は，

$$\eta = \frac{H-h}{H+h}\eta_P\eta_M\eta_W\eta_G \quad \cdots ④$$

となる。

さらに，題意の条件を整理するために，揚水発電の様子を図1に示す。

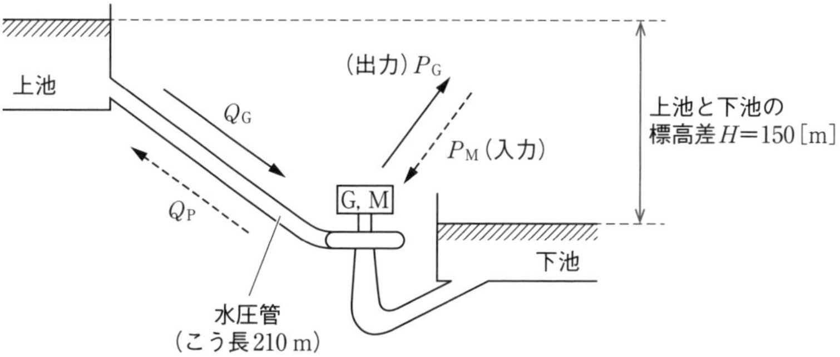

図1　題意の条件の整理

解法

本問では，④式に題意の数値を代入すればよい。

まず題意の条件から，水圧管の損失落差 h[m] は，水圧管こう長の 2.38% であるから，

$$h = 210 \times \frac{2.38}{100} \fallingdotseq 5\,[\mathrm{m}]$$

これと題意の数値を④式に代入すると，揚水発電の総合効率 η は，

$$\eta = \frac{H-h}{H+h}\eta_P\eta_M\eta_W\eta_G$$

$$= \frac{150-5}{150+5} \times 0.85 \times 0.98 \times 0.85 \times 0.98 \fallingdotseq 0.649$$

と求められる。

つまり，揚水電力の 64.9% が発電できることになる。

解答　(1)

考察

・揚水発電に関する計算には，次の三つのテーマがある。

揚水電力 $P_M = \dfrac{9.8\,Q_P(H+h)}{\eta_P \eta_M}$ [kW]　…①（再掲）

揚水発電の総合効率 $\eta = \dfrac{H-h}{H+h}\eta_P \eta_M \eta_W \eta_G$　…④（再掲）

（ただし，揚水時と発電時の流量が等しいときに限る。）

揚水電力量 $W = \dfrac{9.8\,VH}{3\,600\,\eta_P \eta_M}$[kW·h]　…⑤　（$V$：揚水量 [m^3]）

・本問は①式，④式を正しく適用できれば求められるので，難易度的にも A 問題である。類題は平成 28 年（A 問題-問 1）に出題されている。

・一方，⑤式を用いた揚水電力量に関するテーマは，平成 18 年（A 問題-問 13，後の問 3−1「原子力発電」）や平成 29 年（A 問題-問 4）に出題されているので，確認してほしい。

2章

火力発電

2-1 供給電力量 ▶ 水力発電と汽力発電とで電力供給するときの重油消費量の算出

問　H9-B 問 11

水力発電所と重油専焼汽力発電所とによって，需要端において最大電力 100 MW，年負荷率 60％の負荷に電力を供給する場合，水力発電所の出力を 50 MW，年利用率を 75％とすれば，汽力発電所における重油の消費量 [kL] は年間いくら必要となるか。次の値のうちから正しいものを選べ。

ただし，燃料消費率は 0.24 L/kW·h とし，発電所から需要端までの送電損失や発電所内損失は考えないものとする。

(1) 184　(2) 47 300　(3) 197 100　(4) 328 500　(5) 525 600

ココがポイント！

出力 [MW]，電力量 [MW·h] および燃料消費率 [L/kW·h] の単位計算を正しく行うこと。

解法

水力発電所と汽力発電所から需要端に電力を供給するときの，汽力発電所で消費する重油の量を求める問題である。

まず，状況をイメージしやすいように，発電所－需要端の関係を図 1 のように表す。

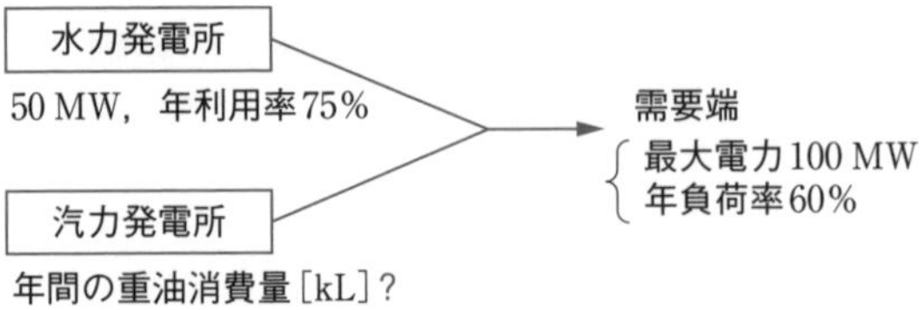

図 1　発電所－需要端の関係

また，本問では「発電所からの需要端までの送電損失や発電所内損失は考えない」（問題文，ただし書き）ので，水力発電所と汽力発電所の出力および需要端の電力の関係は，図2のようになる。

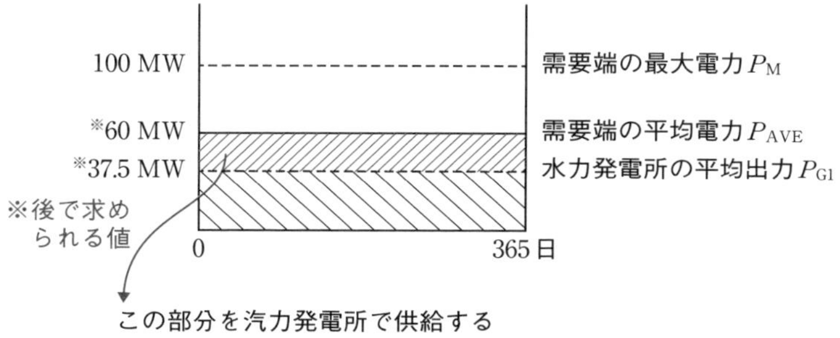

図2　汽力発電所の供給電力量

ただし，図2においては，汽力発電所の供給電力量を求めるに当たり，「需要端の電力および水力発電所の出力は一定である」（題意には与えられていない条件）としている。

需要端の平均電力 P_{AVE}[MW]は，負荷率の定義（①式）から，

$$\text{負荷率}\ \alpha = \frac{\text{ある期間の平均電力}P_{AVE}}{\text{ある期間の最大電力}P_M} \times 100[\%] \quad \cdots ①$$

$$\therefore\ P_{AVE} = \frac{\alpha}{100}P_M = \frac{60}{100} \times 100 = 60[\mathrm{MW}]$$

一方，水力発電所の平均出力 P_{G1}[MW]は，年利用率が75%であるから，

$$P_{G1} = 50[\mathrm{MW}] \times 0.75 = 37.5[\mathrm{MW}]$$

需要端の電力量のうち，水力発電所の供給で不足する分を汽力発電所で分担するが，不足分は図2の斜線部の面積相当である。

斜線部の面積は，

$$(P_{AVE} - P_{G1})[\mathrm{MW}] \times 365[\text{日}] \times 24[\mathrm{h}/\text{日}] = (60 - 37.5) \times 365 \times 24$$
$$= 197\,100[\mathrm{MW \cdot h}]$$

したがって，汽力発電所における年間重油消費量[kL]は，燃料消費率が0.24 L/kW·hであるから，

$$197\,100\times10^{3}\,[\mathrm{kW\cdot h}]\times0.24\,[\mathrm{L/kW\cdot h}]=47\,304\times10^{3}\,[\mathrm{L}]\quad\rightarrow\quad 47\,300\ \mathrm{kL}$$

と求められる。

解答　(2)

考察

・本問では，問題文に詳細な条件が与えられていないので，汽力発電所の分担電力量を求めるとき，「需要端の電力は一定である」として計算している。

・一般に，需要端の1日の電力は，図3のように変動する。

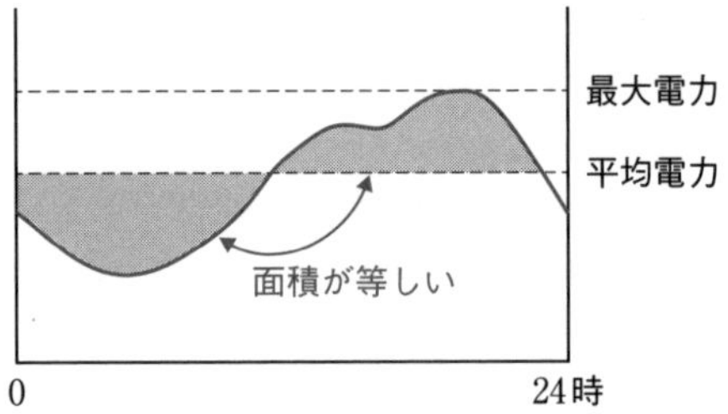

図3　**需要端の電力需要**

水力発電所の出力が一定であれば，汽力発電所の出力は，ピーク時に分担が増加し，一方で夜間は出力を抑制するなど，1日を通して一般的に変動する。出力変動すれば，汽力発電所の効率（燃料の消費量）に影響する。さらに，これに加えて，発電所から需要端までの送電損失や発電所内損失などを考慮すれば，求めた重油消費量以上を必要とすることが言える。

・本問を解くうえでは，図1，図2が書けることが必要である。

2-2 熱効率 ①
▶ P-V 線図とエンタルピーから タービン効率，発電機効率を算出

問　H28-B 問 15

図は，あるランキンサイクルによる汽力発電所の P-V 線図である。この発電所が，A 点の比エンタルピー 140 kJ/kg，B 点の比エンタルピー 150 kJ/kg，C 点の比エンタルピー 3 380 kJ/kg，D 点の比エンタルピー 2 560 kJ/kg，蒸気タービン使用蒸気量 100 t/h，蒸気タービン出力 18 MW で運転しているとき，次の(a)および(b)の問に答えよ。

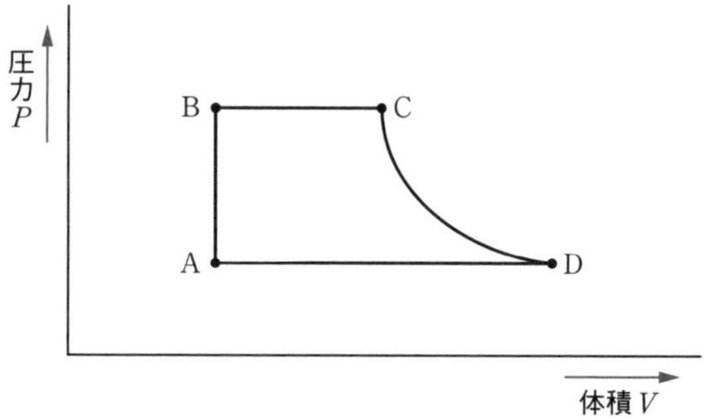

(a) タービン効率の値[%]として，最も近いものを次の(1)～(5)のうちから一つ選べ。

(1) 58.4　(2) 66.8　(3) 79.0　(4) 95.3　(5) 96.7

(b) この発電所の送電端電力 16 MW，所内比率 5% のとき，発電機効率の値[%]として，最も近いものを次の(1)～(5)のうちから一つ選べ。

(1) 84.7　(2) 88.6　(3) 88.9　(4) 89.2　(5) 93.6

ココがポイント！

・***P*-*V*** **線図とランキンサイクルの装置線図との対応を理解すること。**

・**装置線図の各部に着目したタービン効率と発電機効率の定義を理解し，図示できること。**

ランキンサイクルの装置線図と，装置線図と P-V 線図との対応は，図 1，図 2 に示すとおりである。

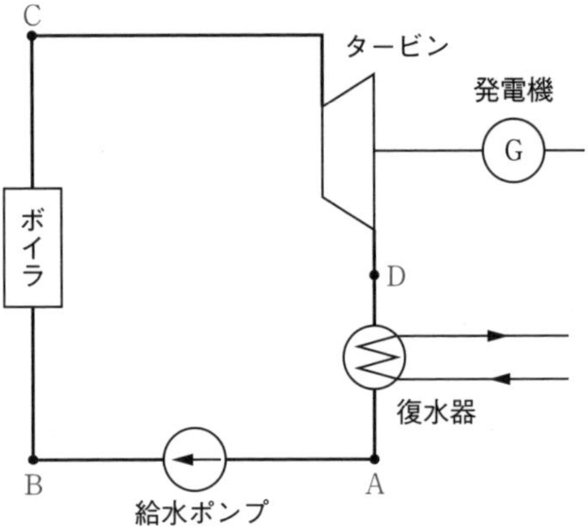

図 1　ランキンサイクルの装置線図

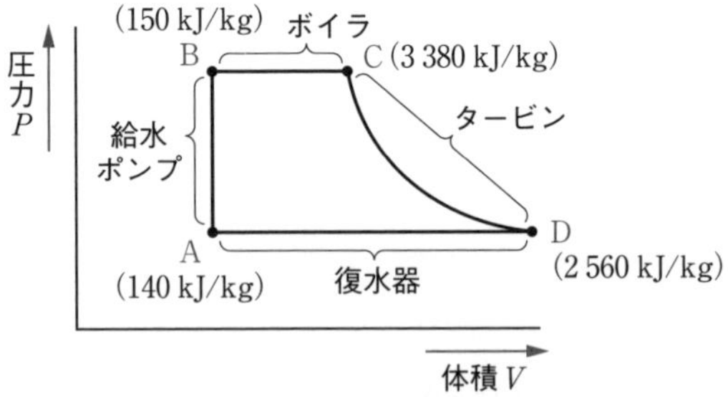

図 2　P-V 線図と装置線図の対応

本問では，これらをもとにタービン効率と発電機効率を求めてみる。

解法

(a) タービン効率の算出

タービン効率 η_T の定義は，①式のとおりである。

$$\eta_T=\frac{タービン出力}{タービン入力}\times 100[\%] \quad \cdots ①$$

ここで，装置線図のうちのタービン部分に着目する（図 3）。

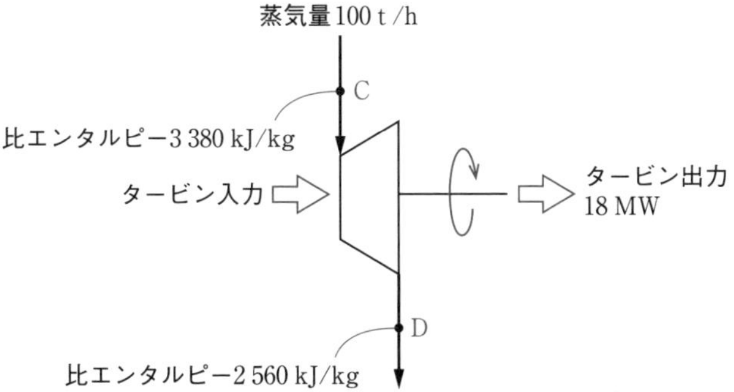

図 3　タービンの入出力

1 h（時間）当たりのタービン入力 [kJ] は，蒸気がタービンに与えた仕事であるので，

$$(3\,380-2\,560)[\text{kJ/kg}]\times 100\times 10^3[\text{kg/h}]\times 1[\text{h}]=82\,000\times 10^3[\text{kJ}]$$

一方，1 h 当たりのタービン出力 [kJ] は，

$$18\times 10^3[\text{kW}]\times 1[\text{h}]\times 3\,600[\text{kJ/kW}\cdot\text{h}]=64\,800\times 10^3[\text{kJ}]$$

これらを①式に代入すると，タービン効率 η_T は，

$$\eta_T=\frac{64\,800\times 10^3}{82\,000\times 10^3}\times 100\fallingdotseq 79.0[\%]$$

と求められる。

(b) 発電機効率の算出

発電機に着目すると，入出力は図4のとおりである。

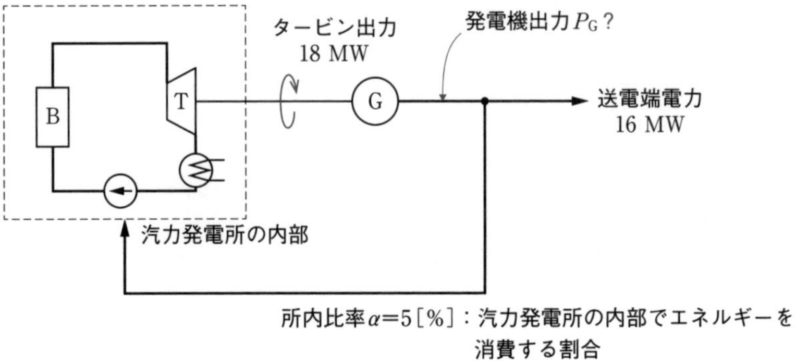

図4 **発電機の入出力**

発電機効率 η_G は，**図4**から，②式のとおりである。

$$\eta_G=\frac{\text{発電機出力}}{\text{発電機入力（タービン出力）}}\times 100[\%] \quad \cdots②$$

発電機出力 P_G は，所内比率を α（=5%）とすると，

$$P_G\times\left(1-\frac{\alpha}{100}\right)=16[\text{MW}]$$

$$\therefore\ P_G=\frac{16}{1-\dfrac{5}{100}}=\frac{16}{0.95}\fallingdotseq 16.84[\text{MW}]$$

よって，発電機効率 η_G は，②式から，

$$\eta_G=\frac{16.84}{18}\times 100\fallingdotseq 93.6[\%]$$

と求められる。

解答 (a) − (3)，(b) − (5)

考察

・本問では，問題中に P-V 線図が与えられているが，この図を理解することよりも，ランキンサイクルの装置線図の理解と，図 3，図 4 から得られるタービン効率，発電機効率を覚えておくことが重要である。

・公式に頼るのではなく，内容を理解し，図を活用できることが必須であろう。

・タービン効率を求める際も，単位の扱いが重要である。[MW] [kW] の扱いや [kJ] の扱いは，熱効率の計算では頻繁に出題される。

2-3 熱効率②
▶汽力発電所の発電端熱効率からボイラ効率を算出

問　　H27-A 問3

定格出力 10 000 kW の重油燃焼の汽力発電所がある。この発電所が 30 日間連続運転し，そのときの重油使用量は 1 100 t，送電端電力量は 5 000 MW·h であった。この汽力発電所のボイラ効率の値[%]として，最も近いものを次の(1)～(5)のうちから一つ選べ。

なお，重油の発熱量は 44 000 kJ/kg，タービン室効率は 47%，発電機効率は 98%，所内率は 5%とする。

(1) 51　(2) 77　(3) 80　(4) 85　(5) 95

ココがポイント！

・発電端熱効率の定義を理解すること。

・発電端熱効率とボイラ効率，タービン室効率，発電機効率の関係を理解すること。

熱効率の計算は，汽力発電の計算テーマで最も出題頻度が高い。

発電端熱効率 η は，次の二つの方法で表される。

単位に注意（→ 発電電力量の [kJ]）

$$\eta = \frac{\text{発電電力量[kJ]}}{\text{燃料の持つ熱エネルギー[kJ]}} \times 100\,[\%]$$

$$\eta = \frac{\eta_B}{100} \times \frac{\eta_C}{100} \times \frac{\eta_G}{100} \times 100\,[\%]$$

（η_B：ボイラ効率[%]，η_C：タービン室効率[%]❶，η_G：発電機効率[%]）

---

❶タービン効率と異なることに注意（**考察**参照）。

この2式を使用するには，前問 2−2 におけるランキンサイクルの装置線図や所内率を正しく扱うことが必要である。

解法

汽力発電所のエネルギー変換を，図 1 に示す。

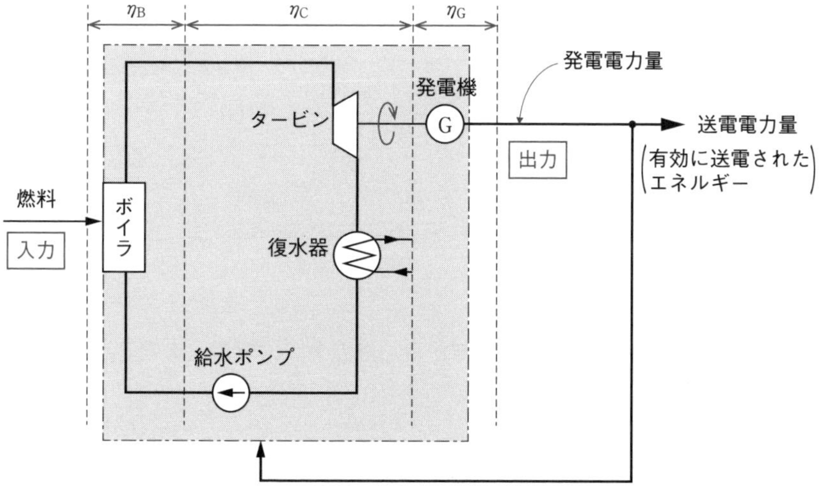

図 1　汽力発電所のエネルギー変換

図 1 から発電端熱効率 η[%] を求める。

汽力発電所は，燃料の持つ熱エネルギーを電気エネルギーに変換するエネルギー変換装置であるから，図 1 より，

$$\eta=\frac{\text{出力}}{\text{入力}}\times 100=\frac{\text{発電電力量[kJ]}}{\text{燃料の持つ熱エネルギー[kJ]}}\times 100\,[\%]\quad \cdots ①$$

ただし，本問では，発電電力量ではなく送電電力量が与えられているから，前問 2−2 と同様に，図 2 から発電電力量を求める。

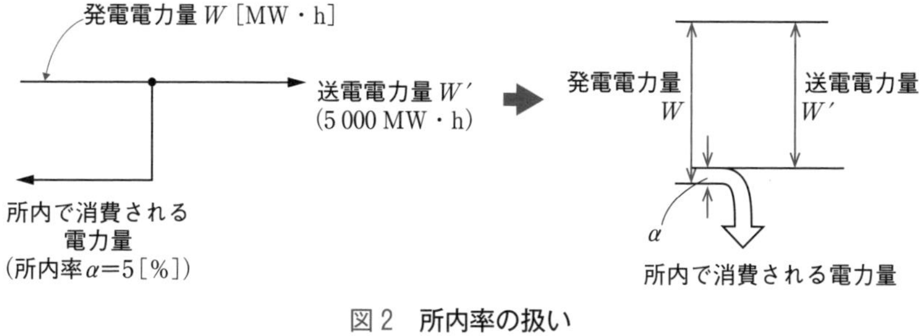

図 2　所内率の扱い

発電電力量を W，所内率を α とすると，

$$W\times\left(1-\frac{\alpha}{100}\right)=5\,000$$

$$\therefore\ W=\frac{5\,000}{1-\dfrac{\alpha}{100}}=\frac{5\,000}{1-0.05}=5\,263\,[\mathrm{MW\cdot h}]$$

これと題意の数値を①式に代入すると，

分子と分母に［kJ］だけが残るので，結局，無次元となる

$$\eta=\frac{5\,263\times10^{3}\,[\mathrm{kW\cdot h}]\times3\,600\,[\mathrm{kJ/kW\cdot h}]}{44\,000\,[\mathrm{kJ/kg}]\times1\,100\times10^{3}\,[\mathrm{kg}]}\times100$$

単位の扱いに注意（与えられた単位と異なる）
このように単位を明確に記述しておけば，誤りを避けられる

$$\fallingdotseq39.1\,[\%]$$

一方，図1のエネルギー変換の図から，汽力発電所では，次のようにエネルギー変換される。

（入力）燃料 ➡ 蒸気の熱エネルギー ➡ 回転エネルギー ➡ 電気エネルギー（出力）

- 燃料 → 蒸気の熱エネルギー：ボイラ効率 η_B
- 蒸気の熱エネルギー → 回転エネルギー：タービン室効率 η_C
- 回転エネルギー → 電気エネルギー：発電機効率 η_G

$$\frac{\eta}{100}=\frac{\eta_B}{100}\times\frac{\eta_C}{100}\times\frac{\eta_G}{100}\quad\cdots②$$

（単位法により小数で表した場合は，$\eta=\eta_B\times\eta_C\times\eta_G$）

したがって，ボイラ効率 η_B は，

$$\eta_B=\frac{\dfrac{\eta}{100}}{\dfrac{\eta_C}{100}\times\dfrac{\eta_G}{100}}\times100=\frac{\dfrac{39.1}{100}}{\dfrac{47}{100}\times\dfrac{98}{100}}\times100\fallingdotseq84.9\,[\%]\quad\rightarrow\quad85\%$$

$$\left(\text{小数で計算した場合は，}\ \eta_B=\frac{\eta}{\eta_C\times\eta_G}=\frac{0.391}{0.47\times0.98}\fallingdotseq0.849\right)$$

と求められる。

解答　(4)

考察

・本問は，典型的な熱効率計算の問題である。ほぼ同じ内容の類題が，平成15年（B問題-問15），平成22年（B問題-問15），平成27年（A問題-問3）に出題されている。内容的にはB問題レベルの難易度であり，今後も出題が予想される。

・公式を暗記し適用するだけでなく，図1のエネルギー変換，装置線図，計算問題の基本である単位の扱いなどにも注意しなければならない。

・ここで，タービン室効率 η_C とタービン効率 η_T について検討してみよう。

前問2−2の数値（41ページ）を展開すると，

$$\eta_C = \text{熱サイクル効率} \times \eta_T \quad \cdots③$$

$$(\eta_T = 0.790)$$

$$= \frac{\text{タービン仕事熱量}}{\text{タービン入熱量}} \times 0.790$$

$$= \frac{3\,380 - 2\,560}{3\,380 - 150} \times 0.790$$

$$= \underbrace{\frac{820}{3\,230}}_{\fallingdotseq 0.254} \times 0.790 \fallingdotseq 0.201 \quad \rightarrow \quad 20.1\%$$

あるいは，タービン効率の定義から，直接，次のように代入して求めることもできる。

$$\eta_C = \frac{\cancel{3\,380 - 2\,560}}{3\,380 - 150} \times \frac{18 \times 10^3 \times 3\,600}{(\cancel{3\,380 - 2\,560}) \times 100 \times 10^3} \fallingdotseq 0.201$$

タービン室効率 η_C とタービン効率 η_T は定義がまったく異なるので，両者を混同しないように注意すること。

2-4 復水器の冷却水量
▶ 汽力発電所の発生電力量および復水器冷却水の流量の算出

問　H25-B 問15

復水器の冷却に海水を使用する汽力発電所が定格出力で運転している。次の(a)および(b)の問に答えよ。

(a) この発電所の定格出力運転時には発電端熱効率が38%，燃料消費量が40 t/hである。1時間当たりの発生電力量の値[MW·h]として，最も近いものを次の(1)～(5)のうちから一つ選べ。

ただし，燃料発熱量は44 000 kJ/kgとする。

(1) 186　(2) 489　(3) 778　(4) 1 286　(5) 2 046

(b) 定格出力で運転を行ったとき，復水器冷却水の温度上昇を7 Kとするために必要な復水器冷却水の流量の値[m^3/s]として，最も近いものを次の(1)～(5)のうちから一つ選べ。

ただし，タービン熱消費率を8 000 kJ/kW·h，海水の比熱と密度をそれぞれ4.0 kJ/kg·K，1.0×10^3 kg/m^3，発電機効率を98%とし，提示していない条件は無視する。

(1) 6.8　(2) 8.0　(3) 14.8　(4) 17.9　(5) 21.0

ココがポイント！

- 汽力発電所の装置線図におけるエネルギー授受について理解する。(**図1**)
- 発電端熱効率を見える化して理解する。(**図2**)
- タービンの熱消費率を見える化して理解する。(**図3**)

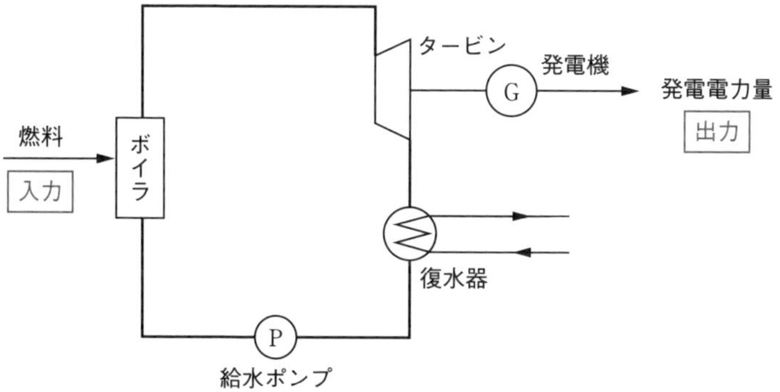

図 1　汽力発電所の装置線図

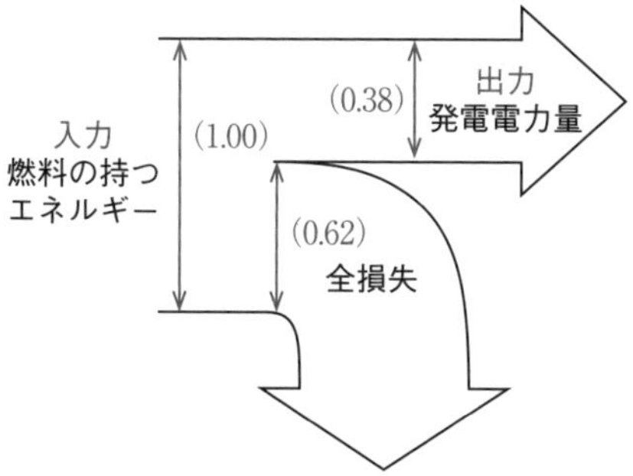

図 2　発電端熱効率

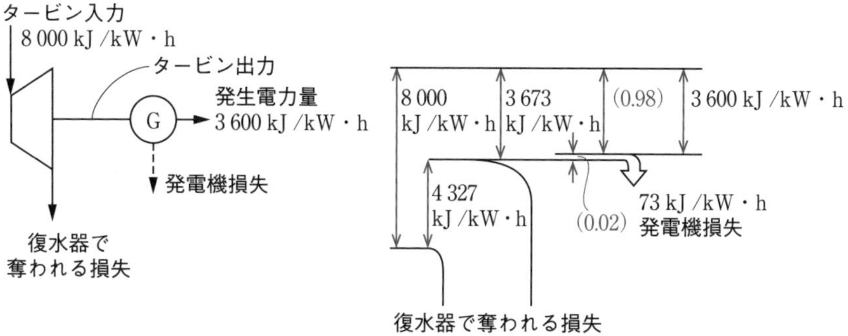

図 3　タービン熱消費率（出力側から計算）

解法

(a) 1時間当たりの発生電力量の算出

汽力発電所の定格出力を P[kW]，燃料消費量を m[kg/h]，燃料発熱量を H[kJ/kg] とすると，発電端熱効率 η[%] は，

$$\eta=\frac{\overbrace{P[\text{kW}]\times1[\text{h}]\times3\,600[\text{kJ/kW}\cdot\text{h}]}^{\text{1 h当たりの発生した電気エネルギー}}}{\underbrace{m[\text{kg/h}]\times1[\text{h}]\times H[\text{kJ/kg}]}_{\text{1 h当たりの燃料の持つエネルギー}}}\times100[\%]\quad\cdots①$$

①式と題意の数値より，定格出力 P[kW] は，

$$P=\frac{mH}{3\,600}\times\frac{\eta}{100}=\frac{40\times10^3\times44\,000}{3\,600}\times\frac{38}{100}\fallingdotseq185.8\times10^3[\text{kW}]$$
$$=185.8[\text{MW}]$$

したがって，1 h（時間）当たりの発生電力量 W[MW·h] は，$W=185.8\fallingdotseq186$[MW·h] と求められる。

(b) 復水器冷却水の流量の算出

図3（タービン熱消費率）から検討する。

発電所の定格出力は，設問(a)で $P=185.8$[MW] と判明している。

図3より，タービン入力のうち復水器で奪われる熱量は 4 327 kJ/kW·h である。したがって，復水器の冷却水量が 1 h で奪うエネルギー[kJ] は，

$$4\,327[\text{kJ/kW}\cdot\text{h}]\times185.8\times10^3[\text{kW}]\times1[\text{h}]\quad\cdots②$$

一方，復水器の冷却水が 1 h で持ち去るエネルギーは，求める流量を Q[m³/s]，海水の密度を ρ[kg/m³]，比熱を c[kJ/kg·℃]，冷却水の温度上昇を θ[℃] とすると，

$$Q[\text{m}^3/\text{s}]\times\rho[\text{kg/m}^3]\times c[\text{kJ/kg}\cdot℃]\times\theta[℃]\times3\,600[\text{s/h}]\times1[\text{h}]\quad\cdots③$$

②式 ＝ ③式なので，これを求める流量 Q[m³/s] について解くと，

$$Q=\frac{4\,327\times185.8\times10^3}{\rho c\theta\times3\,600}=\frac{4\,327\times185.8\times10^3}{1.0\times10^3\times4.0\times7\times3\,600}$$

$$\fallingdotseq7.98[\mathrm{m^3/s}]\quad\rightarrow\quad8.0\,\mathrm{m^3/s}$$

と求められる。

解答 (a) − (1), (b) − (2)

考察

・復水器の冷却水の流量については，次表のとおり出題されている。

年　度	概　要
昭和 58 年, 平成 2 年, 平成 14 年	熱消費率，発電機効率に配慮する必要がないので，易しい。 ＊昭和 58 年の出題は，拙著『北爪先生が教える！　電験三種計算問題が一番解ける本』（以下，『計算問題が一番解ける本』）の電力 54 に掲載・解説してある。
平成 18 年	発電機効率に配慮する必要はあるが，定格出力は与えられている。
平成 25 年	定格出力を求める必要があり，最も手間がかかる。

・本問を確実に解くためには，図 1 の装置線図，図 2 の発電端熱効率，図 3 のタービン熱消費率などをしっかり理解しておかなければならない。汽力発電の総合問題といえる内容であろう。

・熱効率や冷却水の流量計算では，単位を明確に書くようにするとミスにも気づきやすくなる。参考にされたい。

2-5 コンバインドサイクル発電 ①
▶ ガスタービン発電の熱効率の算出

問　　H25-A 問2

排熱回収方式のコンバインドサイクル発電所において，コンバインドサイクル発電の熱効率が48%，ガスタービン発電の排気が保有する熱量に対する蒸気タービン発電の熱効率が20%であった。

ガスタービン発電の熱効率の値[%]として，最も近いものを次の(1)～(5)のうちから一つ選べ。

ただし，ガスタービン発電の排気はすべて蒸気タービン発電に供給されるものとする。

(1) 23　　(2) 27　　(3) 28　　(4) 35　　(5) 38

ココがポイント!

排熱回収形のコンバインドサイクル発電の仕組みを理解すること。

図1から，コンバインドサイクル発電のエネルギーの入出力について，図2のように表すことができる。

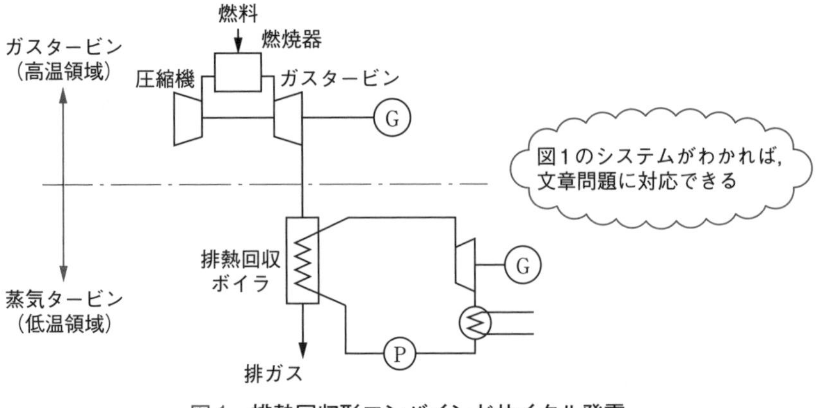

図1　排熱回収形コンバインドサイクル発電

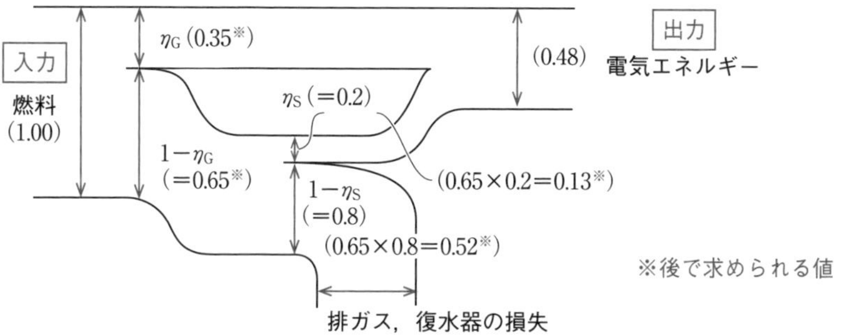

図2　エネルギーの入出力

解法

ガスタービン発電の熱効率 η_G は，蒸気タービンの熱効率を $\eta_S(=0.2)$，コンバインドサイクル発電の熱効率を $\eta(=0.48)$ とすると，図2（エネルギーの入出力の関係）から，

$$\eta=\eta_G+(1-\eta_G)\times\eta_S \quad \cdots ①$$

$$=\eta_G+\eta_S-\eta_G\eta_S$$

$$\eta-\eta_S=\eta_G(1-\eta_S)$$

$$\therefore\ \eta_G=\frac{\eta-\eta_S}{1-\eta_S}=\frac{0.48-0.2}{1-0.2}=0.35 \ \rightarrow \ 35\%$$

と求められる。

解答　(4)

考察

本問は，コンバインドサイクル発電の熱効率に関する計算問題である。①式を覚えておけば答えは求められるが，コンバインドサイクル発電の仕組みは理解しておかなければならない。

次の問2−6では，コンバインドサイクル発電の文章問題を取り上げるが，仕組みを理解しておけば対応できるだろう。

2-6 コンバインドサイクル発電②
▶コンバインドサイクル発電と汽力発電の特徴比較

問　H22-A 問3

複数の発電機で構成されるコンバインドサイクル発電を，同一出力の単機汽力発電と比較した記述として，誤っているのは次のうちどれか。

(1) 熱効率が高い。

(2) 起動停止時間が長い。

(3) 部分負荷に対応するため，運転する発電機数を変えるので，熱効率の低下が少ない。

(4) 最大出力が外気温度の影響を受けやすい。

(5) 蒸気タービンの出力分担が少ないので，その分復水器の冷却水量が少なく，温排水量も少なくなる。

ココがポイント！

前問2−5と同様，コンバインドサイクル発電の特徴を理解すること。

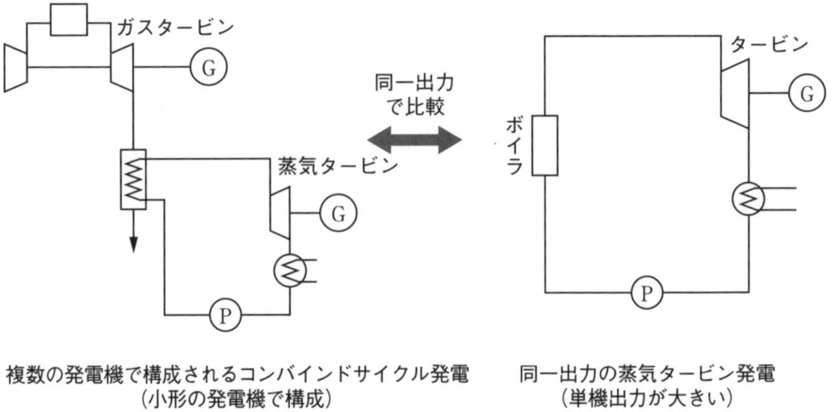

図1　コンバインドサイクル発電と汽力発電の比較

解法

(1) 前問2−5より，コンバインドサイクル発電はガスタービンの排ガスの熱エネルギーを回収するので，熱効率が高い。(正しい)

(2) コンバインドサイクル発電では，ガスタービンの出力は単機の汽力発電に比べて小形で機動性がよい。一方，単機の汽力発電は，急激な温度変化の制約から，起動時間は長くならざるを得ない。(**誤り**)

(3) コンバインドサイクル発電は，部分負荷に対応できて，熱効率の低下が少ない。複数の発電機で構成されているので，運転台数を変えることができる。(正しい)

(4) ガスタービン発電は，外気温度が上昇すると空気密度が低下するので，出力が低下する。実際のガスタービンでは，圧縮機の入口で，水や蒸気を使って空気を冷却して運用されている。(正しい)

(5) コンバインドサイクル発電は，蒸気タービンの出力分担が少ないので，その分だけ復水器の冷却水量が少なく，温排水量も少なくてすむ。(正しい)

解答

(2)

考察

コンバインドサイクル発電に関する問題は，次表のように頻繁に出題されている。

年　度	概　要
平成19年， 平成22年	コンバインドサイクル発電と汽力発電の特徴比較
平成25年	熱効率の計算（前問2−5参照）
平成26年	コンバインドサイクル発電の高効率化に関する空白箇所補充

これは，我が国の火力発電の主体がコンバインドサイクル発電であることに加え，ガスタービンの高効率化により，燃料のLNG（液化天然ガス）の総量の低減，CO_2（二酸化炭素）排出量の削減ができるなど，現在の汽力発電の話題となっていることによる。

今後も出題が予想されるので，特徴などをしっかりまとめておきたい。

2-7 タービン発電機 ①
▶ タービン発電機の特徴

問　H24-A 問2

次の文章は，汽力発電所のタービン発電機の特徴に関する記述である。

汽力発電所のタービン発電機は，水車発電機に比べ回転速度が［（ア）］なるため，［（イ）］強度を要求されることから，回転子の構造は［（ウ）］にし，水車発電機よりも直径を［（エ）］しなければならない。このため，水車発電機と同出力を得るためには軸方向に［（オ）］することが必要となる。

上記の記述中の空白箇所(ア)，(イ)，(ウ)，(エ)および(オ)に当てはまる組合せとして，最も適切なものを次の(1)～(5)のうちから一つ選べ。

	(ア)	(イ)	(ウ)	(エ)	(オ)
(1)	高　く	熱　的	突極形	小さく	長　く
(2)	低　く	熱　的	円筒形	大きく	短　く
(3)	高　く	機械的	円筒形	小さく	長　く
(4)	低　く	機械的	円筒形	大きく	短　く
(5)	高　く	機械的	突極形	小さく	長　く

ココがポイント!

汽力発電所のタービン発電機と水力発電所の水車発電機の構造上の相違は，原動機の違いに由来する。水車発電機とタービン発電機の特徴を，見える化して理解しておくこと。(図1，図2)

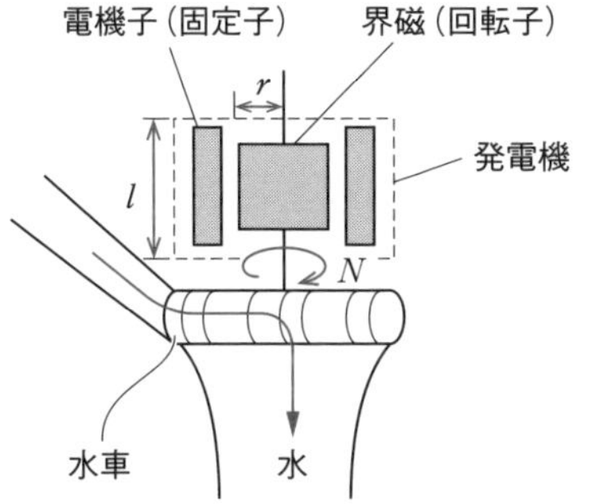

原動機－水車

流量 Q と落差 H から
水車の種類が決定

↓

水車の特性から
回転速度 N が決定
（回転速度は低く，200～600 min^{-1} 程度）

↓

回転子の半径 r は大きくとれる

↓

{ 有効落差を大きくとる
{ 建屋の高さを低くする
➡ 縦形が多い
軸長 l が小さい

図1　水車発電機の見える化

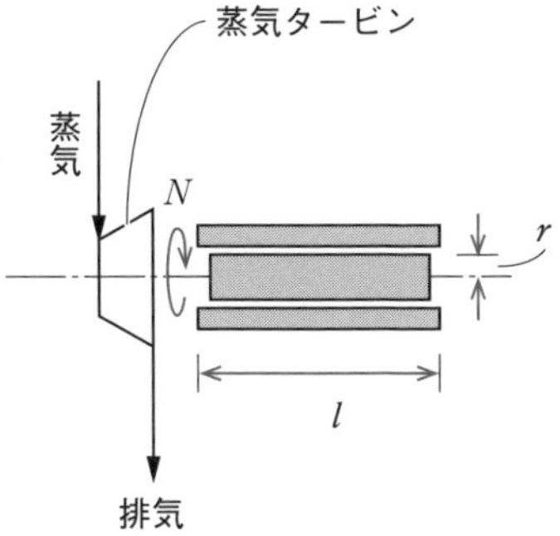

原動機－蒸気タービン

できるだけ高速回転の方が，
動力への変換効率が高い

↓

界磁は2極機 $\left(N_S=\dfrac{120}{p}f\right)$
{ 50 Hz：3 000 min^{-1}
{ 60 Hz：3 600 min^{-1}

↓

回転子の半径 r は，機械的強度の
制約から小さくせざるを得ない

↓

軸方向に長く（l →大きい），横形となる

図2　タービン発電機の見える化

解法

図1，図2をもとに空白箇所を補充すると，次のようになる。

汽力発電所のタービン発電機は，水車発電機に比べ回転速度が(ア)高くなる（原動機に由来）ため，(イ)機械的強度を要求されることから，回転子の構造は(ウ)円筒形にし，水車発電機よりも直径を(エ)小さくしなければならない。このため，水車発電機と同出力を得るためには軸方向に(オ)長くすることが必要となる。

解答　(3)

考察

水車発電機とタービン発電機の相違は，原動機の違いに由来する。回転子（界磁）の大きさ，構造が大きく異なるので，電気的特性も大きく異なる。次の問2−8も併せて確認してほしい。

2-8 タービン発電機 ②
▶ 水車発電機とタービン発電機の特徴

問 H28-A 問 2

次の文章は，発電所に用いられる同期発電機である水車発電機とタービン発電機の特徴に関する記述である。

水力発電所に用いられる水車発電機は直結する水車の特性からその回転速度はおおむね $100\ \mathrm{min}^{-1}$〜$1\,200\ \mathrm{min}^{-1}$ とタービン発電機に比べ低速である。したがって，商用周波数 50/60 Hz を発生させるために磁極を多くとれる （ア） を用い，大形機では据付面積が小さく落差を有効に使用できる立軸形が用いられることが多い。タービン発電機に比べ，直径が大きく軸方向の長さが短い。

一方，火力発電所に用いられるタービン発電機は原動機である蒸気タービンと直結し，回転速度が水車に比べ非常に高速なため 2 極機または 4 極機が用いられ，大きな遠心力に耐えるように，直径が小さく軸方向に長い横軸形の （イ） を採用し，その回転子の軸および鉄心は一体の鍛造《たんぞう》軸材で作られる。

水車発電機は，電力系統の安定度の面および負荷遮断時の速度変動を抑える点から発電機の経済設計以上のはずみ車効果を要求される場合が多く，回転子直径がより大きくなり，鉄心の鉄量が多い，いわゆる鉄機械となる。

一方，タービン発電機は，上述の構造のため界磁巻線を施す場所が制約され，大きな出力を得るためには電機子巻線の導体数が多い，すなわち銅量が多い，銅機械となる。

鉄機械は，体格が大きく重量が重く高価になるが，短絡比が （ウ） ，同期インピーダンスが （エ） なり，電圧変動率が小さく，安定度が高く， （オ） が大きくなるといった利点をもつ。

上記の記述中の空白箇所(ア)，(イ)，(ウ)，(エ)および(オ)に当てはまる組合せとして，正しいものを次の(1)〜(5)のうちから一つ選べ。

	(ア)	(イ)	(ウ)	(エ)	(オ)
(1)	突極機	円筒機	大きく	小さく	線路充電容量
(2)	円筒機	突極機	大きく	小さく	線路充電容量
(3)	突極機	円筒機	大きく	小さく	部分負荷効率
(4)	円筒機	突極機	小さく	大きく	部分負荷効率
(5)	突極機	円筒機	小さく	大きく	部分負荷効率

ココがポイント!

水車発電機とタービン発電機の原動機の違いから，構造の違いへ，そして電気的特性の違いへと関連させて理解しておくこと。特に，回転子の界磁の強弱と結びつけて理解しておきたい。

解法

水車発電機とタービン発電機の構造上の特徴を，図1，図2に示す。

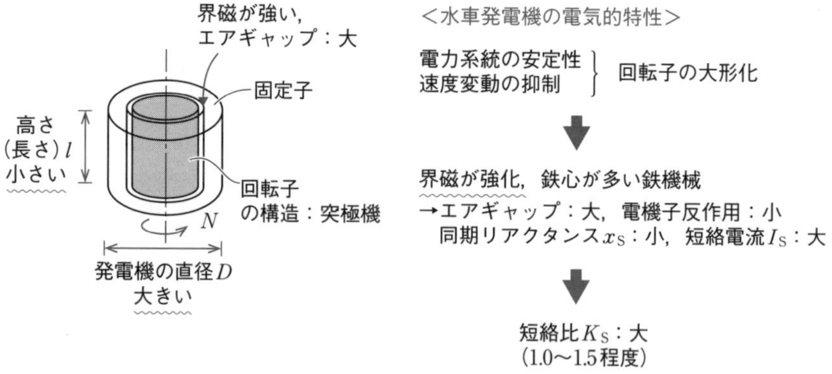

図1　水車発電機の外形（D →大，l →小）

図1より，回転速度Nが小さく，回転子が大形化できることにより，（タービン発電機の円筒形に対して）(ア)**突極機**となる。

鉄機械である水車発電機の電気的特性は，体格が大きく重量が重く高価になるが，短絡比が(ウ)**大きく**，同期インピーダンスが(エ)**小さく**なり，電機子反作用が小さいので，(オ)**線路充電容量**が大きくなる。

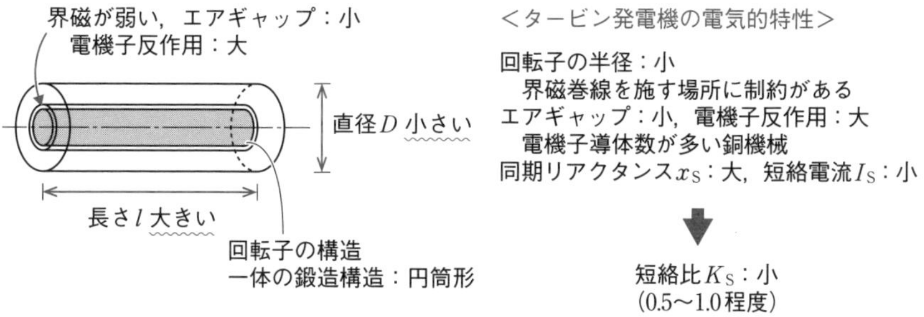

図2　タービン発電機の外形（D→小，l→大）

図2より，タービン発電機の回転子構造は，機械的強度の制約から，一体の鍛造構造（(イ)**円筒機**）となる。

銅機械であるタービン発電機の電気的特性は，水車発電機と反対になり，軽量，短絡比が小さく，電機子反作用は大きくなることがわかる。

解答　(1)

考察

・水車発電機とタービン発電機は，原動機の違いが由来となって，回転子構造や電気的特性が大きく異なることを理解してほしい。図1，図2の外形から，電機子反作用→K_sの大小に結びつけてほしい。

・本問に関連して，機械科目の「同期機」のテーマでも平成15年（A問題-問5）に次のような問題が出題されている。

問　三相同期発電機の短絡比に関する記述として，誤っているのは次のうちどれか。

(1) 短絡比を小さくすると，発電機の外形寸法が小さくなる。
(2) 短絡比を小さくすると，発電機の安定度が悪くなる。
(3) 短絡比を小さくすると，電圧変動率が小さくなる。
(4) 短絡比が小さい発電機は，銅機械と呼ばれる。
(5) 短絡比が小さい発電機は，同期インピーダンスが大きい。

略解　次のように連想する。

[短絡比：小] ➡ [短絡電流 I_s：小] ➡ [同期リアクタンス x_s：大]
➡ [電機子反作用：大] ➡ [界磁が弱い] ➡ [タービン発電機]

タービン発電機の外形の特徴から，回転子は制約を受け，小形，軽量，安定度は低い。同期リアクタンスが大きいことから，内部の電圧降下は大きくなるので，電圧変動率は大きくなる。(答えは(4))

このように，このテーマは電力科目と機械科目に共通して出題されるので，しっかりと理解しておきたい。

2-9 タービン発電機 ③
▶ タービン発電機の水素冷却方式

問 H21-A 問 2

タービン発電機の水素冷却方式について，空気冷却方式と比較した場合の記述として，誤っているのは次のうちどれか。

(1) 水素は空気に比べ比重が小さいため，風損を減少することができる。
(2) 水素を封入し全閉形となるため，運転中の騒音が少なくなる。
(3) 水素は空気より発電機に使われている絶縁物に対して化学反応を起こしにくいため，絶縁物の劣化が減少する。
(4) 水素は空気に比べ比熱が小さいため，冷却効果が向上する。
(5) 水素の漏れを防ぐため，密封油装置を設けている。

ココがポイント！

タービン発電機は構造上，直径方向に短く，軸方向に長い。したがって，冷却効果を補うために水素冷却方式が採用されている。水素の特徴と併せて，冷却方式について理解すること。

解法

タービン発電機の空気冷却方式と水素冷却方式を比較するうえで，水素の特徴（①，②）を理解しておきたい。

① 比重が小さい。➡ タービン発電機は高速で回転するので，比重が小さい方が風損は減少する。

② 比熱が大きい。➡ 発生した熱を奪いやすい。

これらの特徴をもとに，記述の正誤を判定していく。

(1) 風損は発電機損失の1/2程度を占めるが，水素は比重が小さいので，空気冷却方式に比べ風損が1/10程度に低減できる。(正しい)

(2) 水素が発電機本体に加圧封入されているので，運転中の騒音は小さい。(正しい)

(3) 水素は空気[1]に比べて化学反応を起こしにくいため，絶縁物の劣化が減少する。(正しい)

(4) 水素は空気に比べ比熱が大きいため，冷却効果が向上する。(**誤り**)

(5) 軸からの水素の漏れを防ぐため，密封油装置を設けている。(正しい)

解答　(4)

考察

・発電機には必ず発電機損失が生じる。この損失による発電機本体，絶縁物の温度上昇によって，発電機出力は制約を受ける。このため，いかに損失による熱を奪い，外に持ち去るかが重要となる。

・タービン発電機は回転子が高速で運転されるため風損の低減が重要であり，水素冷却方式が採用されている。水素の冷却媒体としての特徴（比重が小さく，比熱が大きい）は重要であり，また，水素のデメリット（一定の空気密度で爆発する危険性がある）は構造・運用上で回避していることは想定できるだろう。この種の問題には必ず正解しておきたい。

[1]空気は，体積（物質量）比が窒素：酸素＝4：1の混合気体であると考えてよい。

2-10 タービン発電機 ④ ▶ タービン発電機の特性と運転

問　H5-A 問 10

大容量のタービン発電機は，（ア）の進歩により寸法が小さく，短絡比が（イ）なってきた。一方，系統の静電容量の増加等により，軽負荷時に（ウ）運転となる場合は，（エ）が低下するので，速応性の高い自動（オ）調整装置が使用されている。

上記の記述中の空白箇所(ア)，(イ)，(ウ)，(エ)および(オ)に記入する語句として，正しいものを組み合わせたのは次のうちどれか。

	(ア)	(イ)	(ウ)	(エ)	(オ)
(1)	冷却方式	小さく	進　相	安定度	電　圧
(2)	絶縁材料	大きく	進　相	系統電圧	電　圧
(3)	鉄心材料	大きく	遅　相	系統力率	力　率
(4)	鉄心材料	小さく	進　相	安定度	出　力
(5)	冷却方式	小さく	遅　相	系統力率	力　率

ココがポイント!

機械科目における同期機の等価回路とベクトル図から，タービン発電機の運転について理解しておきたい。

解法

大容量のタービン発電機の運用運転に関する出題である。「進相運転」や「安定度」など，電験三種の範囲を超えるような高度な内容も含まれている。

●（ア），（イ）

タービン発電機の出力限界は，(ア)**冷却方式**（封入される水素圧力の上昇）により進歩が図られ，寸法の小形化，界磁巻線よりも電機子巻線の強化により，短絡比が(イ)**小さく**なってきた。

●（ウ）～（オ）

空白箇所(ウ)に入る語（進相・遅相運転）については機械科目にも関連するので，等価回路とベクトル図から確認する。

図1のように，発電機の1相当たりの誘導起電力を $\dot{E}$，同期リアクタンスを x_s，端子電圧の1相分（相電圧）を $\dot{V}/\sqrt{3}$ とする。

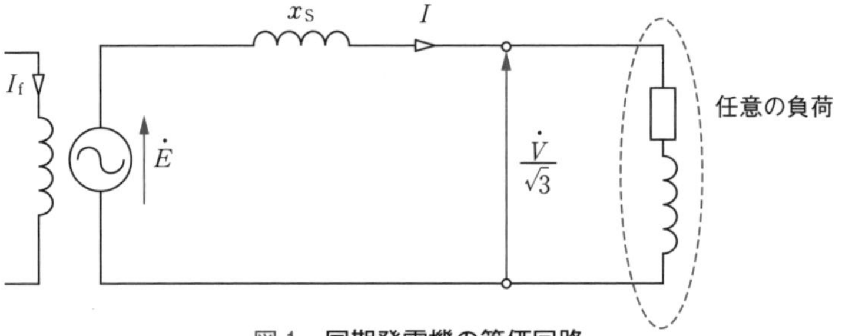

図1　同期発電機の等価回路

① 進相負荷接続時

図2のように，任意の負荷を進み負荷とすれば，キルヒホッフの第2法則（電圧則）より，

$$\dot{E}_1 = jx_S\dot{I}_1 + \frac{\dot{V}}{\sqrt{3}}$$

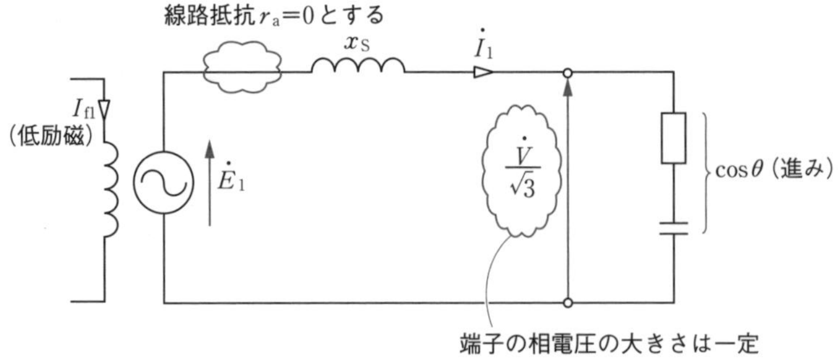

図2　進相負荷接続時

すると，ベクトル図は図3のとおりとなる。

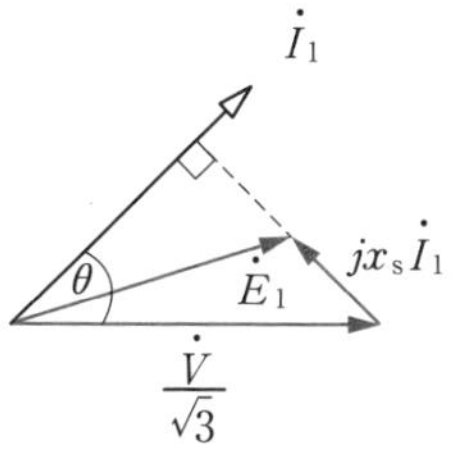

図3　進相負荷のときのベクトル図 $\left(|\dot{E}_1|<\left|\dfrac{\dot{V}}{\sqrt{3}}\right|\right)$

これより，進み負荷のときは $|\dot{E}_1|<\left|\dfrac{\dot{V}}{\sqrt{3}}\right|$ となり，低励磁で(ウ)進相運転であることがわかる。

② 遅相負荷接続時

図4のように，任意の負荷を遅れ負荷とすれば，ベクトル図は図5のとおりとなる。

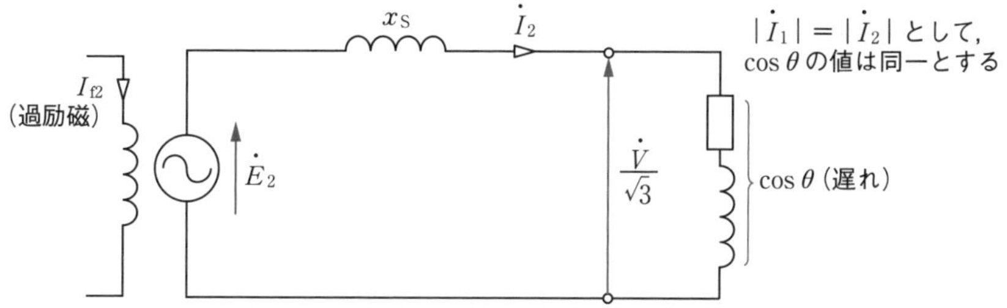

図4　遅相負荷接続時

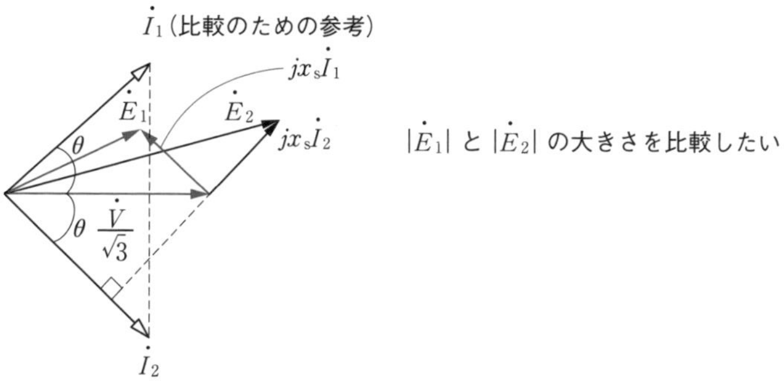

図5　遅相負荷のときのベクトル図 $\left(|\dot{E}_2|>\left|\dfrac{\dot{V}}{\sqrt{3}}\right|\right)$

遅れ負荷のときは $|\dot{E}_2| > \left|\dfrac{\dot{V}}{\sqrt{3}}\right|$ となり，過励磁では遅相運転であることがわかる。

以上から，進相運転時には，誘導起電力 E が低下して(エ)安定度が低下することになるので，安定度の向上のために，自動(オ)電圧調整装置が使用されている。

考察

本問には，タービン発電機の冷却方式や進相運転のほか，電験三種の範囲を超える「安定度」の内容が付加されており，レベルの高い内容である。機械科目の同期発電機の等価回路とベクトル図は，重要事項であるので，しっかり理解しておきたい。

2-11 変圧器の結線
▶ 大容量発電所の主変圧器の結線

問 H22-A 問7

大容量発電所の主変圧器の結線を一次側三角形，二次側星形とするのは，二次側の線間電圧は相電圧の［（ア）］倍，線電流は相電流の［（イ）］倍であるため，変圧比を大きくすることができ，［（ウ）］に適するからである。また，一次側の結線が三角形であるから，［（エ）］電流は巻線内を環流するので二次側への影響がなくなるため，通信障害を抑制できる。

一次側を三角形，二次側を星形に接続した主変圧器の一次電圧と二次電圧の位相差は，［（オ）］［rad］である。

上記の記述中の空白箇所（ア），（イ），（ウ），（エ）および（オ）に当てはまる語句，式または数値として，正しいものを組み合わせたのは次のうちどれか。

	（ア）	（イ）	（ウ）	（エ）	（オ）
(1)	$\sqrt{3}$	1	昇　圧	第3調波	$\frac{\pi}{6}$
(2)	$\frac{1}{\sqrt{3}}$	$\sqrt{3}$	降　圧	零　相	0
(3)	$\sqrt{3}$	$\frac{1}{\sqrt{3}}$	昇　圧	高周波	$\frac{\pi}{3}$
(4)	$\sqrt{3}$	$\frac{1}{\sqrt{3}}$	降　圧	零　相	$\frac{\pi}{3}$
(5)	$\frac{1}{\sqrt{3}}$	1	昇　圧	第3調波	0

ココがポイント！

題意どおりに，一次側 **Δ**（三角）結線，二次側 **Y**（星形）結線を書くことにより，電圧と電流の大きさ，位相を確認すること。

解法

一次側がU_1，V_1，W_1のΔ（三角）結線，二次側がU_2，V_2，W_2のY（星形）結線である三相変圧器の結線を，**図1**に示す。

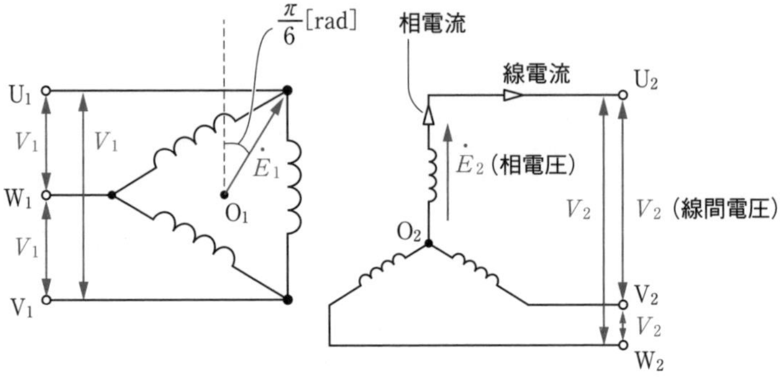

図1　Δ－Y結線

図1より，二次側がY結線なので，$V_2=\sqrt{3}E_2$（二次側の線間電圧は相電圧の$_{(ア)}$$\sqrt{3}$倍），相電流＝線電流である（線電流は相電流の$_{(イ)}$1倍）。

Δ－Y結線は，変圧比V_2/V_1を大きくすることができ，$_{(ウ)}$**昇圧**用に適する。また，一次側がΔ結線なので，$_{(エ)}$**第3調波**電流は巻線内を環流するので二次側への影響がない。

Δ結線の中性点O_1に対するU_1のベクトル$\dot{E}_1$と，Y結線の中性点O_2に対するU_2のベクトル$\dot{E}_2$は，**図2**のとおりとなる。

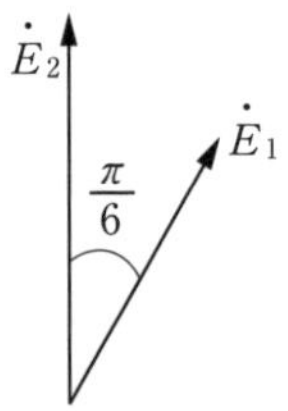

図2　$\dot{E}_1$と$\dot{E}_2$の位相差（一次側Δ結線，二次側Y結線）

これより，$\dot{E}_2$の方が$\dot{E}_1$より$_{(オ)}$$\frac{\pi}{6}$[rad]進んでいることがわかる。

解答　(1)

考察

・本問は，変圧器の三相結線に関する出題である。三相変圧器の角変位は，機械科目でも平成 23 年（A 問題-問 8），平成 29 年（A 問題-問 7）に出題されている。図 1 のように，結線図を丁寧に書けば，位相差は明確に判明する。

・参考までに，降圧用の変電所の変圧器の結線であるY－Δ結線と角変位を，図 3，図 4 に示す。

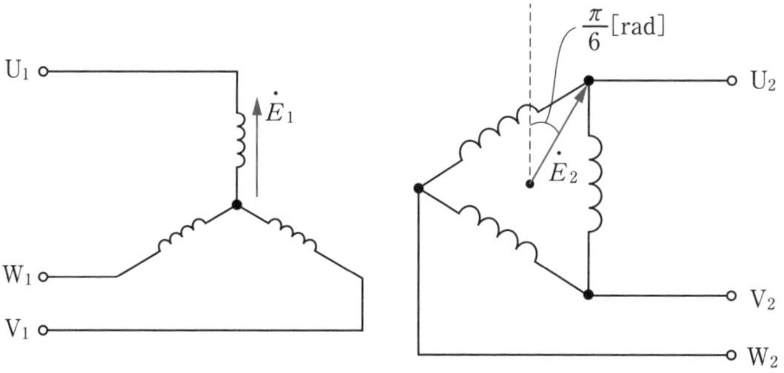

図 3　Y－Δ 結線

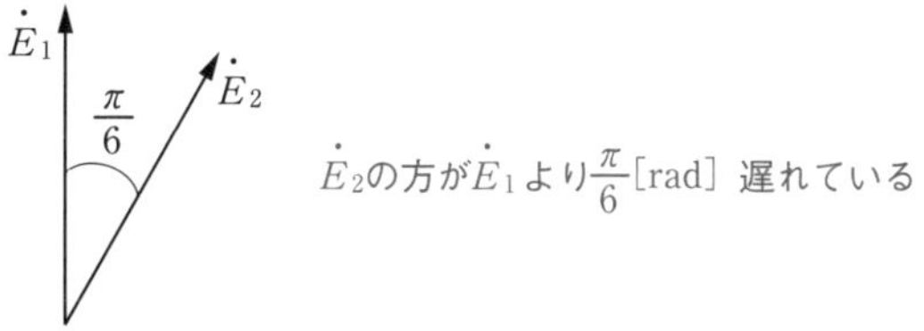

図 4　$\dot{E}_1$ と $\dot{E}_2$ の位相差（一次側 Y 結線，二次側 Δ 結線）

三相変圧器の結線は，電力科目の「変圧器の並行運転の条件」としても出題されるので，確認されたい。

合格目ざして がんばろう。

3章

原子力発電

3-1 ウランのエネルギー
▶ ウランのエネルギーを用いた揚水発電所の揚水水量の算出

問　H18-A 問13

原子力発電に用いられる5.0 gのウラン235❶を核分裂させたときに発生するエネルギーを考える。ここで想定する原子力発電所では，上記エネルギーの30%を電力量として取り出すことができるものとする。これを用いて，揚程200 m，揚水時の総合効率を84%としたとき，揚水発電所で揚水できる水量の値[m^3]として，最も近いのは次のうちどれか。

ただし，ここでは原子力発電所から揚水発電所への送電で生じる損失は無視できるものとする。

なお，計算には必要に応じて次の数値を用いること。

核分裂時のウラン235の質量欠損❷ 0.09%

ウランの原子番号92

真空中の光の速度 $c=3.0\times10^8$[m/s]

(1) 2.6×10^4　(2) 4.2×10^4　(3) 5.2×10^4

(4) 6.1×10^4　(5) 9.7×10^4

ココがポイント！

本問には，次の(イ)，(ロ)の計算テーマが含まれている。

(イ) 5.0 gのウランの核分裂で発生するエネルギー[**J**]（電力量[**kW·h**]）の算出【原子力発電のテーマ】

(ロ) 発生した電力量を用いて，揚水発電所で揚水できる水量[$\mathbf{m^3}$]の算出【揚水発電のテーマ】

❶ウラン235の"235"は質量数（陽子数と中性子数の和）を示す。

❷一般に，原子核の質量は核子（陽子，中性子）の質量の和よりもいくらか小さい。この差を**質量欠損**という。なお，陽子と中性子が結合して原子核になるとき，質量欠損に相当するエネルギーを外部に放出する。

解法

（イ）まず，核分裂で発生するエネルギーと，取り出せる電力量を算出する。

核分裂で発生するエネルギー W[J] は，ウラン 235 の質量を m[kg] とすると，光の速度 $c=3.0\times10^{8}$[m/s] なので，

$$W=mc^{2}\quad\cdots①\ \text{（アインシュタインの公式）}$$

$$=\underbrace{5\times10^{-3}\times\frac{0.09}{100}}_{[\mathrm{kg}]}\times(3\times10^{8})^{2}=4.05\times10^{11}\,[\mathrm{J}]$$

発生したエネルギー W のうち，その 30％が電力量 W'[kW·h] として取り出せるので，1[kW·h]＝3 600[kJ] の関係を用いて単位換算すると，

$$W'=\frac{0.3W\,[\cancel{\mathrm{J}}]}{3\,600\times10^{3}\,[\cancel{\mathrm{J}}/\mathrm{kW\cdot h}]}=\frac{0.3\times4.05\times10^{11}}{3\,600\times10^{3}}=33\,750\,[\mathrm{kW\cdot h}]$$

（ロ）続いて，揚水量 V を揚水電力量 W' から算出する。

いま，体積 V[m^{3}] の水を時間 T[h] かけて揚水し，そのときの必要な電力量を W'[kW·h] とする。

揚水電力を P[kW]，揚程を H[m]，揚水時の揚水流量を Q[m^{3}/s]，揚水時の総合効率を η とすると，

$$P=\frac{9.8QH}{\eta}\quad\cdots②$$

$$Q=\frac{V}{3\,600T}\quad\cdots③$$

$$W'[\mathrm{kW\cdot h}]=P[\mathrm{kW}]\times T[\mathrm{h}]\quad\cdots④$$

④式に，②式と③式を代入すると，

$$W'=\frac{9.8\times\dfrac{V}{3\,600\cancel{T}}\times H}{\eta}\times\cancel{T}=\frac{9.8VH}{3\,600\eta}\quad\cdots⑤$$

揚水量 V[m^{3}] は，⑤式と W' や題意の数値から，

$$V=\frac{3\,600W'\eta}{9.8H}=\frac{3\,600\times33\,750\times0.84}{9.8\times200}\fallingdotseq52\,071\fallingdotseq5.2\times10^{4}\,[\mathrm{m^{3}}]$$

と求められる。

解答　(3)

考察

・本問は，原子力発電と揚水発電のテーマを組み合わせた出題であり，煩雑さはB問題レベルの計算問題である。

・[J]⟷[kW·h]のエネルギー単位の変換は，電力科目の「熱効率」や機械科目の「電熱計算」でも出題されるので，確実にできるようにしておきたい。

　なお，関連問題を拙著『計算問題が一番解ける本』の**電力 58**（H5-Q24 B問題）で掲載・解説してあるので，できれば確認されたい。

・②式の揚水電力[kW]と⑤式の揚水電力量[kW·h]は全く異なる物理量なので，混同しないように理解しておくこと。

　なお，関連問題を拙著『計算問題が一番解ける本』の**電力 52**（H1-Q22 B問題）で掲載・解説してあるので，できれば確認されたい。

3-2 原子力発電の特徴
▶ 原子力発電所と汽力発電所の比較

問 H10-A 問3

原子力発電所と最近の大形火力（汽力）発電所とを比較した場合，その特徴に関する記述として，誤っているのは次のうちどれか。

(1) 原子力発電のほうが発電原価に占める燃料費の割合が小さい。
(2) 原子力発電用高圧タービンのほうが火力の高圧タービンより回転速度が遅い。
(3) 同じ出力の場合，原子力発電のほうが復水器の冷却水量が多い。
(4) 原子力発電では燃料の燃焼に空気を必要としない。
(5) 原子力発電所の発生蒸気のほうが高温高圧である。

ココがポイント！

原子力発電と汽力発電（火力発電）の違いについて，蒸気タービンで使用する蒸気条件に由来することを理解する。

原子力発電も汽力発電も，蒸気タービンを使用する発電システムは同じである。両者の違いは使用する蒸気条件に由来し，汽力発電の方が高温高圧の蒸気を使用する。原子力発電は，燃料などの温度の制限から，低温低圧の蒸気を使用せざるを得ない。

{ 汽力発電の蒸気…………24.5 MPa，560℃（高温高圧の蒸気）
{ 原子力発電の蒸気…………6.9 MPa，285℃

解法

(1) 原子力発電は，一旦燃料を装荷《そうか》し，少しずつ核分裂させてエネルギーを取り出すので，発電原価に占める燃料費の割合が小さい。(正しい)

(2) 原子力発電は，使用する蒸気量が多く大きな排気断面積が必要で，低圧最終段の動翼の長さや，湿分による翼の浸食を防ぐため，回転速度を遅くする必要がある（50 Hz：1 500 min^{-1}，60 Hz：1 800 min^{-1})。(正しい)

(3) 同じ出力の場合，原子力発電の方が復水器の冷却水量が多い。(正しい)

(4) 原子力発電では燃料を燃焼しないので，空気は不要である。(正しい)

(5) 原子力発電の発生蒸気の方が，温度の制約から低温低圧である。(**誤り**)

解答　(5)

3-3 軽水炉の比較

▶ 加圧水型と沸騰水型の比較

問 H9-A 問3

わが国の商業発電用原子炉のほとんどは，軽水炉と呼ばれる形式であり，それには加圧水型と沸騰《ふっとう》水型の２種類がある。両形式とも（ア）を焼結加工した燃料を用いていること，ならびに軽水[1]を減速材および（イ）として使用する点は共通しているが，両形式の違いは，加圧水型は炉水を加圧することにより沸騰させないで熱水に保ちつつ，ポンプにより循環させて（ウ）に導き，熱交換により二次系の水を加熱し，発生した蒸気を湿分分離してタービンに送り込む。一方，沸騰水型は原子炉内で炉水を（エ）させながら沸騰させ，発生した蒸気を湿分分離して直接タービンへ送り込む。

上記の記述中の空白箇所(ア)，(イ)，(ウ)および(エ)に記入する字句として，正しいものを組み合わせたのは次のうちどれか。

	(ア)	(イ)	(ウ)	(エ)
(1)	低濃縮ウラン	冷却材	蒸気発生器	再循環
(2)	高濃縮ウラン	反射材	加圧器	減　圧
(3)	高濃縮ウラン	冷却材	蒸気発生器	減　圧
(4)	低濃縮ウラン	反射材	加圧器	再循環
(5)	高濃縮ウラン	反射材	蒸気発生器	減　圧

ココがポイント！

軽水炉には，加圧水型（**PWR**）と沸騰水型（**BWR**）の２種類がある。両形式の大きな違いである蒸気の発生方法を理解すること。

[1] 質量数の大きい原子を含む水分子からなる重水に対して，通常の水を**軽水**という。

解法

軽水炉は燃料に(ア)**低濃縮ウラン**を用い，軽水を減速材と(イ)**冷却材**に兼ねて使用している。

軽水炉には加圧水型（PWR）と沸騰水型（BWR）があり，両形式の違いは蒸気の発生方法である。

●加圧水型軽水炉（PWR）

PWR の原子炉を，**図 1** に示す。PWR は原子炉圧力容器を加圧器で加圧しておき，沸騰させないで高圧高温水を(ウ)**蒸気発生器**に導き，二次冷却材を加熱して蒸気を発生させる。蒸気発生器で熱交換するので沸騰水型（BWR）よりも熱効率は低いが，蒸気タービンで使用する蒸気は放射性物質を含んでいない。

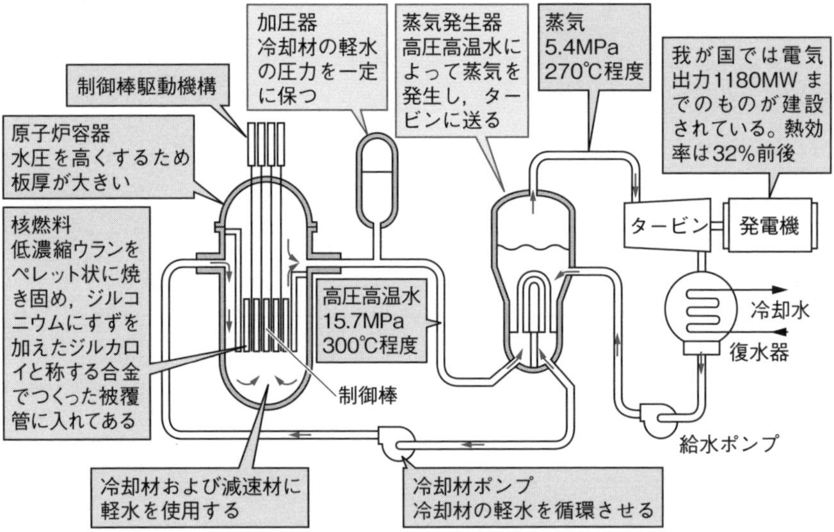

図 1　**加圧水型（PWR）原子炉**
（出典：完全マスター　電験三種受験テキスト　電力（改訂 2 版），オーム社，2014 年）

●沸騰水型軽水炉（BWR）

BWR の原子炉を，**図 2** に示す。BWR は，原子炉容器内で炉水を(エ)**再循環**させ，沸騰させて，その蒸気をそのままタービンへ送り込む。熱効率は PWR より高いものの，タービンで使用する蒸気は放射性物質を含んでいる。

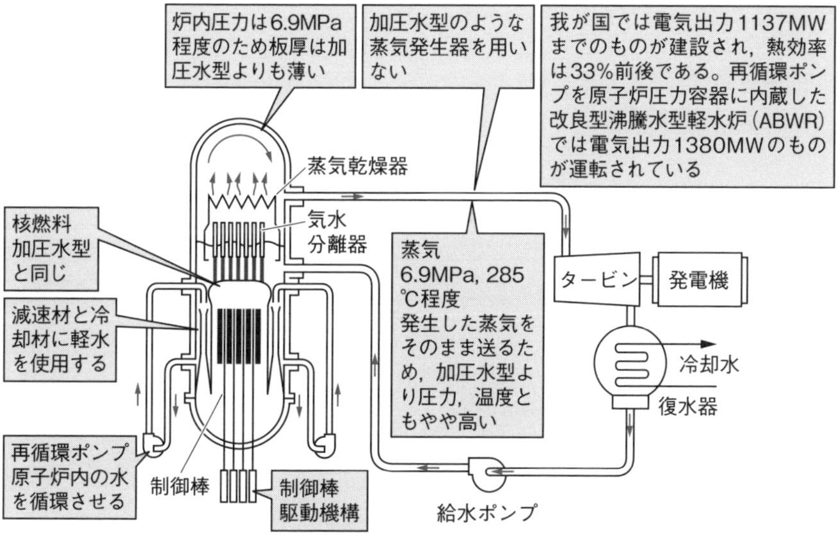

図 2　沸騰水型（BWR）原子炉

（出典：完全マスター　電験三種受験テキスト　電力（改訂 2 版），オーム社，2014 年）

解答　(1)

考察

軽水炉のうちの PWR と BWR に関する出題は，次表のとおりである。

年　度	概　要
平成 17 年（A 問題-問 4）	BWR の特徴に関する文章の正誤判定
平成 22 年（A 問題-問 4）	PWR の特徴に関する文章の正誤判定
平成 25 年（A 問題-問 4）	PWR と BWR の特徴に関する文章の正誤判定
平成 27 年（A 問題-問 4）	PWR と BWR の特徴に関する文章中の空白箇所補充 ※本問とほぼ同じ内容

いずれも，PWR と BWR の相違点，蒸気の発生方法のシステムが理解できていれば正答できる。今後もこのテーマは出題が予想されるので，しっかり理解しておきたい。

あきらめずに　こつこつがんばろう。

4章
変　電

4-1 短絡電流，並行運転

▶ 遮断器の定格遮断電流と，変圧器の並行運転時の負荷分担の算出

問 H22-B 問16

定格容量 80 MV·A，一次側定格電圧 33 kV，二次側定格電圧 11 kV，百分率インピーダンス 18.3%（定格容量ベース）の三相変圧器 T_A がある。三相変圧器 T_A の一次側は 33 kV の電源に接続され，二次側は負荷のみが接続されている。電源の百分率内部インピーダンスは，1.5%（系統基準容量 80 MV·A ベース）とする。なお，抵抗分およびその他の定数は無視する。次の(a)および(b)に答えよ。

(a) 将来の負荷変動等は考えないものとすると，変圧器 T_A の二次側に設置する遮断器の定格遮断電流の値[kA]として，最も適切なものは次のうちどれか。

(1) 5　(2) 8　(3) 12.5　(4) 20　(5) 25

(b) 定格容量 50 MV·A，百分率インピーダンスが 12.0%の三相変圧器 T_B を三相変圧器 T_A と並列に接続した。40 MW の負荷をかけて運転した場合，三相変圧器 T_A の負荷分担の値[MW]として，正しいのは次のうちどれか。ただし，三相変圧器群 T_A と T_B にはこの負荷のみが接続されているものとし，抵抗分およびその他の定数は無視する。

(1) 15.8　(2) 19.5　(3) 20.5　(4) 24.2　(5) 24.6

ココがポイント！

(a) 変圧器二次側直下での三相短絡電流を①式により求める。
(b) 変圧器の並行運転時の負荷分担を求める。
いずれも百分率（パーセント）インピーダンスを理解し，状況を見える化して理解すること。

百分率（パーセント）インピーダンスを $\%Z[\%]$，定格電流を $I_n[A]$とすると，

三相短絡電流 $I_s = \dfrac{100}{\%Z} \times I_n[A]$ …①

解法

まず，本問を解くのに必要なパーセントインピーダンス $\%Z[\%]$について確認しておこう。

$$\%Z = \frac{I_n \cdot Z}{\dfrac{V_n}{\sqrt{3}}} \times 100\ [\%] \quad \cdots ②$$

（分子 $I_n \cdot Z$：インピーダンスに定格電流を流したときの電圧降下）

（分母 $\dfrac{V_n}{\sqrt{3}}$：相電圧の大きさ）

定義であり，確実に暗記しておくこと（電力・機械・法規の三科目で出題される）

$$= \frac{I_n}{\left(\dfrac{\frac{V_n}{\sqrt{3}}}{Z}\right)} \times 100\ [\%]$$

（$\left(\dfrac{\frac{V_n}{\sqrt{3}}}{Z}\right)$：$I_s$）

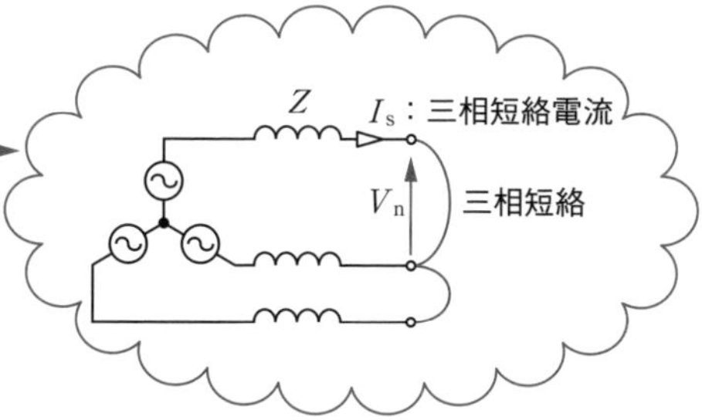

$$\%Z = \frac{I_n}{I_s} \times 100\ [\%] \quad \cdots ③$$

$$\therefore I_s = \frac{100}{\%Z} \times I_n \quad \cdots ④（再掲）$$

設問（a）での算出に使用

②式より，

$$\%Z = \frac{\dfrac{P_n}{\sqrt{3}V_n} \times Z}{\dfrac{V_n}{\sqrt{3}}} \times 100 = \frac{P_n \cdot Z}{V_n^2} \times 100[\%] \quad \cdots ⑤$$

➡ $\%Z \propto P_n$ …⑥ パーセントインピーダンスは基準容量に比例

(a)　定格遮断電流の算出

設問の状況は，図1のように表される（**インピーダンスマップ**という）。

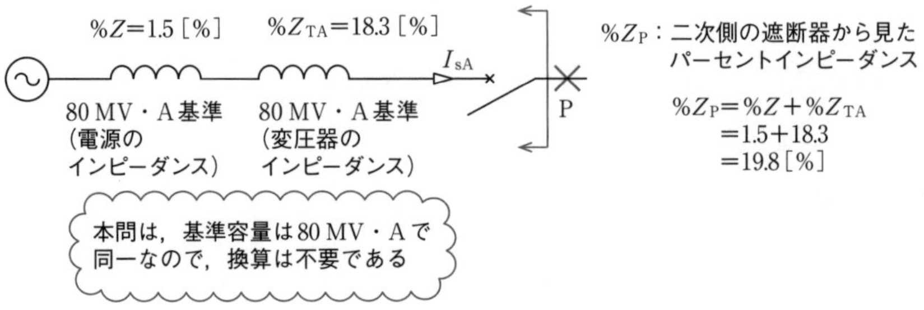

図1　**インピーダンスマップ**

変圧器二次側直下，点Pで三相短絡が発生したときの三相短絡電流 I_{sA}[A] は，④式から，

$$I_{sA}=\frac{100}{\%Z}\times I_n=\frac{100}{19.8}\times\frac{P_n}{\sqrt{3}V_n}=\frac{100}{19.8}\times\frac{80\times10^6}{\sqrt{3}\times11\times10^3}$$

$$\fallingdotseq 21.2\times10^3[\mathrm{A}]=21.2[\mathrm{kA}]$$

（V_n：故障点Pの線間電圧）

したがって，変圧器 T_A の二次側に設置する遮断器の定格遮断電流として，I_{sA} の直近上位である 25 kA を選べばよい。

(b)　三相変圧器 T_A の負荷分担の算出

変圧器の並行運転の負荷分担を，図2のように見える化する。

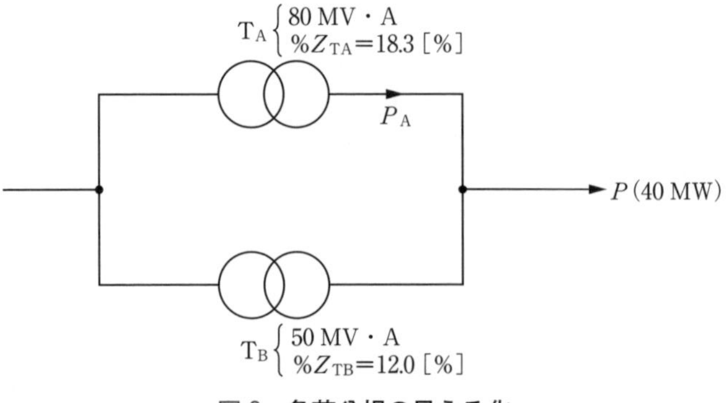

図2　**負荷分担の見える化**

変圧器 T_B は変圧器 T_A と定格容量が異なるため，基準容量を 80 MV·A にした値 $\%Z_{TB}'$ を⑥式から求める。

$$\%Z_{TB}'=\frac{80}{50}\times\%Z_{TB}=1.6\times12.0=19.2[\%]$$

変圧器 T_A の負荷分担 P_A[MW] は，並列回路における分流と同じように，

$$P_A=\underbrace{\frac{\%Z_{TB}'}{\%Z_{TA}+\%Z_{TB}'}}_{\text{並列回路の分流比}}\times P=\frac{19.2}{18.3+19.2}\times40$$

$$=20.48\fallingdotseq20.5[\text{MW}]$$

と求められる。

解答　(a) − (5)，(b) − (3)

考察

・短絡電流は，④式から求められる。「故障計算」がテーマの問 8−2（283 ページ），問 8−3（288 ページ）でも考え方は同じである。

・②式の定義と④式，⑤式は頻繁に使用するので，しっかり理解して覚えておくこと。

・変圧器の並行運転時の負荷分担は，次の(イ)，(ロ)の手順で計算する。

（イ）与えられた$\%Z$を基準容量に統一したものに換算する。（本問では，80 MV·A に換算）

（ロ）並列回路の分流と同じようにして，負荷の分担比を求める。

このテーマは，平成 17 年（B 問題-問 16），平成 22 年（本問），平成 28 年（A 問題-問 6）に出題されている。

4-2 ガス絶縁開閉装置
▶ ガス絶縁開閉装置（GIS）の特徴

問　H24-A 問6

次の文章は，ガス絶縁開閉装置（GIS）に関する記述である。

ガス絶縁開閉装置（GIS）は，遮断器，断路器，避雷器，変流器等の機器を絶縁性の高いガスが充塡された金属容器に収めた開閉装置である。この絶縁ガスとしては，［（ア）］ガスが現在広く用いられている。機器の充電部を密閉した金属容器は［（イ）］されるため感電の危険性がほとんどない。また，気中絶縁の設備に比べて装置が［（ウ）］する。このようなことから大都市の地下変電所や［（エ）］対策の開閉装置として適している。

上記の記述中の空白箇所(ア)，(イ)，(ウ)および(エ)に当てはまる組合せとして，正しいものを次の(1)〜(5)のうちから一つ選べ。

	（ア）	（イ）	（ウ）	（エ）
(1)	SF_6	絶　縁	小形化	塩　害
(2)	C_3F_6	絶　縁	大形化	水　害
(3)	SF_6	接　地	小形化	塩　害
(4)	C_3F_6	絶　縁	大形化	塩　害
(5)	SF_6	接　地	小形化	水　害

ココがポイント！

GIS（ガス絶縁開閉器）および金属容器内に充塡される SF_6（六ふっ化硫黄）ガスの特徴を理解していること。

解法

ガス絶縁開閉装置（GIS）は，遮断器，断路器，避雷器，変流器等の機器を絶縁性の高いガスが充塡された金属容器に収めた開閉装置である。この絶縁ガスとしては，(ア)SF_6（六ふっ化硫黄）ガスが現在広く用いられている。

GISの特徴としては，次の①～④が挙げられる。

① 機器の充電部を密閉した金属容器は(イ)**接地**されるため感電の危険性がほとんどない。GISは特別高圧で使用されるため，金属製の容器はA種接地工事が施される。（法規科目に関連）

② SF_6 ガスは絶縁性能が優れているので，気中絶縁の設備に比べて装置が(ウ)**小形化**できる。

③ 設置スペースが限られる大都市の地下変電所や(エ)**塩害**対策の開閉装置として適している。

④ 外部による汚損や劣化が少ないので，保守の省力化が図れ，信頼性が高い。

なお，GISに充塡される SF_6 ガスの主な特徴は，次のとおりである。

① 絶縁性能に優れる。

② アークの消弧性能に優れる。

③ 無色無臭で，化学的に安定している。

④ 地球温暖化に及ぼす影響は，同じ質量の二酸化炭素と比較すると約20 000倍の温室効果がある。（したがって，SF_6 ガスを用いた機器の点検時には SF_6 ガスの回収を確実に行う必要がある。）

解答 (3)

考察

ガス絶縁開閉装置（GIS）については平成15年（A問題-問7），平成19年（A問題-問6），平成24年（本問）に，SF_6（六ふっ化硫黄）ガスについては平成13年（A問題-問10），平成26年（A問題-問14）に出題されている。

この二つのテーマは4～5年ごとに出題されているので，特徴をしっかりと覚えておくこと。

4-3 調相設備 ①
▶ 調相設備の種類と特徴

問　H24-A 問 8

次の文章は，調相設備に関する記述である。

送電線路の送・受電端電圧の変動が少ないことは，需要家ばかりでなく，機器への影響や電線路にも好都合である。負荷変動に対応して力率を調整し，電圧値を一定に保つため，調相設備を負荷と （ア） に接続する。

調相設備には，電流の位相を進めるために使われる （イ） ，電流の位相を遅らせるために使われる （ウ） ，また，両方の調整が可能な （エ） や近年ではリアクトルやコンデンサの容量をパワーエレクトロニクスを用いて制御する （オ） 装置もある。

上記の記述中の空白箇所(ア)，(イ)，(ウ)，(エ)および(オ)に当てはまる組合せとして，正しいものを次の(1)～(5)のうちから一つ選べ。

	（ア）	（イ）	（ウ）	（エ）	（オ）
(1)	並 列	電力用コンデンサ	分路リアクトル	同期調相機	静止形無効電力補償
(2)	並 列	直列リアクトル	電力用コンデンサ	界磁調整器	PWM 制御
(3)	直 列	電力用コンデンサ	直列リアクトル	同期調相機	静止形無効電力補償
(4)	直 列	直列リアクトル	分路リアクトル	界磁調整器	PWM 制御
(5)	直 列	分路リアクトル	直列リアクトル	同期調相器	PWM 制御

ココがポイント！

調相設備の役割と，調相設備の種類（電力用コンデンサ，分路リアクトル，同期調相機，静止形無効電力補償装置（SVC））と特徴をまとめておくこと。

解法

送電線路の電圧変動の調整のため，無効電力を調整する装置を調相設備という。負荷変動に対応して力率を調整し，電圧を一定に保つため，調相設備を負荷と(ア)**並列**に接続する。

調相設備には，電流の位相を進めるために使われる(イ)**電力用コンデンサ**，電流の位相を遅らせるために使われる(ウ)**分路リアクトル**，また，両方の調整が可能な(エ)**同期調相機**や近年ではリアクトルやコンデンサの容量をパワーエレクトロニクスを用いて制御する(オ)**静止形無効電力補償**装置（SVC）もある。

解答　(1)

考察

・調相設備は，無効電力を調整することにより電圧調整ができることを理解する必要がある。一例として，電力用コンデンサ（電圧上昇）の働きを電気回路とベクトル図から確認しよう。

●電力用コンデンサ-電圧上昇

一般の送電線で遅れ負荷のとき，電力用コンデンサを設置すると電圧降下が改善される。

図1のように，送電線の1相当たりのモデルを考える。

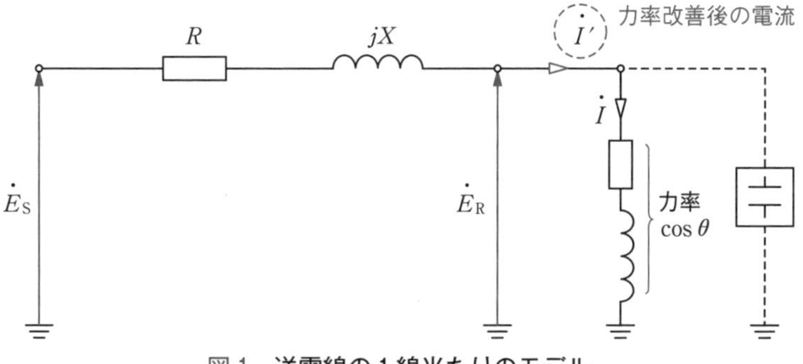

図1　送電線の1線当たりのモデル

送電端の相電圧を $\dot{E}_{\mathrm{S}}$，受電端の相電圧を $\dot{E}_{\mathrm{R}}$，送電線の1線当たりの抵抗を R，リアクタンスを X，負荷の力率を $\cos\theta$，線電流を $\dot{I}$ とする。

受電端の相電圧 $\dot{E}_R$ を基準とすると，図2のベクトル図が書ける。

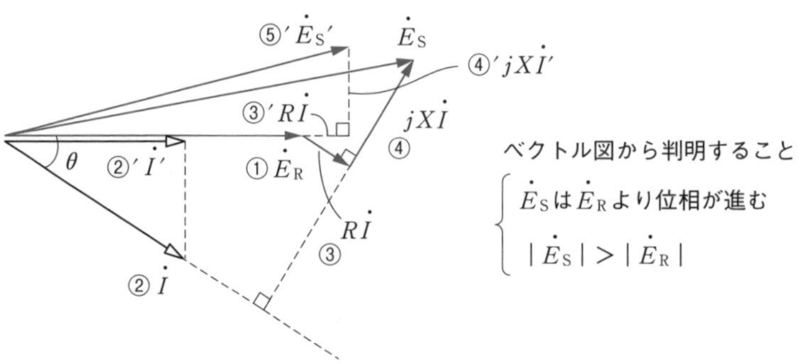

図2　$\dot{E}_s$ と $\dot{E}_R$ のベクトル図
（①→②→③→④→⑤の順に作図する）

いま，受電端に電力用コンデンサを設置して（図1），負荷力率を100%に改善し，受電端電流が $\dot{I}'$ になったとする。図2のベクトル図から，力率改善すると，送電端相電圧 $|\dot{E}_S|$ は力率改善前より小さくなる。送電線相電圧は力率改善の前後で変わらないので，結局，力率改善すると，線路電流が減少するため線路電圧降下が減少するので，受電端相電圧 E_R が改善されることがわかる。

このように，無効電力の調整によって電圧調整できることが理解できるであろう。

・なお，分路リアクトルの働き（電圧降下）については，後の問7−3（266ページ），問7−4（269ページ）で確認する。

・また，調相設備の種類と特徴について，表1にまとめておく。

表1　調相設備の比較

	電力用コンデンサ	分路リアクトル	同期調相機	静止形無効電力補償装置（SVC）
価　格	低	低	高	高
年経費	小	小	大	小
保　守	易	易	難（煩雑）	易
無効電力吸収能力	進相用	遅相用	進相・遅相用	進相・遅相用
調整段階	段階的	段階的	連続的	連続的

・電力用コンデンサと分路リアクトルは従来から設置され実績があるが，調整が段階的になる。分路リアクトルは大都市の地下変電所に設置され，電圧上昇の抑制のため夜間に投入される。同期調相機と SVC は，進相・遅相にも対応し連続的に調整できるので，一部で採用されてきている。

・類題は，平成 18 年（A 問題-問 5）に出題されている。

4-4 調相設備 ②
▶ 電力系統の無効電力の調整方法

問 H13-A 問6

電力系統において無効電力を調整する方法として，適切でないのは次のうちどれか。

(1) 負荷時タップ切換変圧器のタップを切り換えた。
(2) 重負荷時に，電力用コンデンサを系統に接続した。
(3) 軽負荷時に，分路リアクトルを系統に接続した。
(4) 負荷に応じて同期調相機の界磁電流を調整した。
(5) 静止形無効電力補償装置（SVC）により，無効電力を調整した。

ココがポイント！

電力系統における電圧調整のための調相設備の働きを理解すること。

解法

(1) 負荷時タップ切換変圧器のタップ切換えは，直接，変圧器の巻数比を変えて出力電圧を調整するので，無効電力を調整するものではない。(**誤り**)

(2) (3) 重負荷時に，電力用コンデンサを系統に接続すると，電圧が上昇する。また，軽負荷時に，分路リアクトルを系統に接続すると，電圧が下降する。(正しい)

(4) 同期調相機の界磁電流を調整することで，遅相・進相の両方に対して連続的に制御できる。(正しい)

(5) 静止形無効電力補償装置（SVC）により，電力用コンデンサや分路リアクトルに流れる電流を連続的に制御できる。(正しい)

解答 (1)

4-5 調相設備 ③
▶ 変電所の電圧調整のための同期調相機の運転

問　H10-A 問 5

変電所で電圧調整のために用いられる同期調相機に関する次の文章について，空白箇所(ア)，(イ)，(ウ)，(エ)，(オ)および(カ)に記入する字句として，正しいものを組み合わせたのは(1)～(5)のうちどれか。

電力系統が (ア) のときは，同期調相機の界磁を (イ) ，電力系統から進み電流をとって (ウ) 負荷として働かせ電圧降下を抑制する。逆に電力系統が (エ) のときは，同期調相機の界磁を (オ) ，電力系統から遅れ電流をとって (カ) 負荷として働かせ電圧上昇を抑制する。

	(ア)	(イ)	(ウ)	(エ)	(オ)	(カ)
(1)	重負荷	強　め	容量性	軽負荷	弱　め	誘導性
(2)	重負荷	弱　め	容量性	軽負荷	強　め	誘導性
(3)	軽負荷	強　め	誘導性	重負荷	弱　め	容量性
(4)	軽負荷	弱　め	誘導性	重負荷	強　め	容量性
(5)	重負荷	強　め	誘導性	軽負荷	弱　め	容量性

ココがポイント!

同期調相機の界磁電流の増減によって，無効電力を連続的に変えられることを理解すること。

解法

同期調相機は同期電動機の一種で，無効電力の調整のために設置される電気機器である。同期電動機の界磁電流と電機子電流の関係は図 1 のようになり，これを位相特性曲線（V 曲線）という。

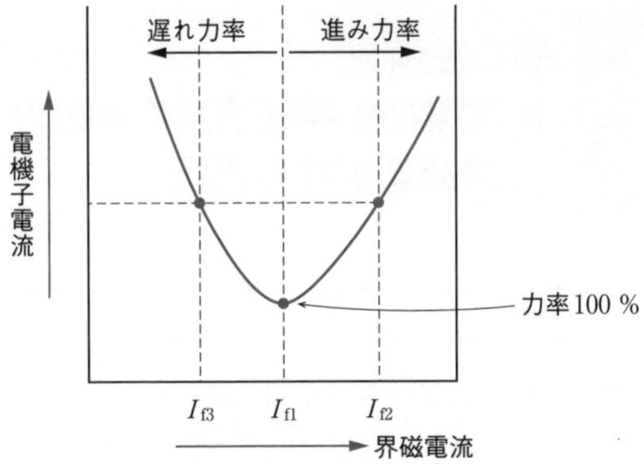

図1　**同期電動機の位相特性曲線（V曲線）**

まず，界磁電流の増減と電機子電流の力率について，同期電動機（等価回路）とベクトル図から確認しておこう。

同期電動機の1相当たりの等価回路を，**図2**に示す。

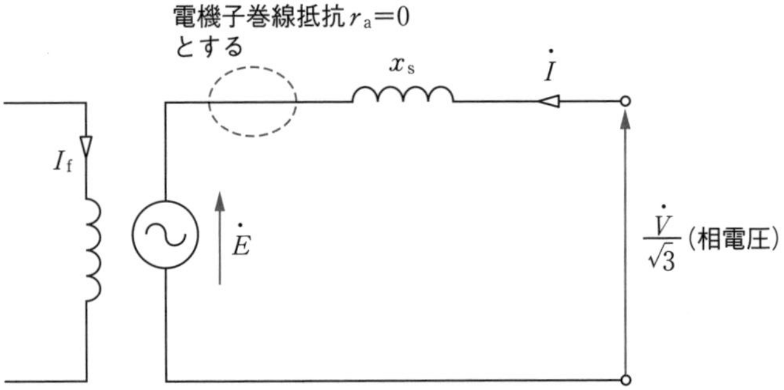

図2　**同期電動機の1相当たりの等価回路**

電動機の線間端子電圧を$\dot{V}$（相電圧は$\dot{V}/\sqrt{3}$），誘導起電力を$\dot{E}$，同期リアクタンスをx_s，電機子電流を$\dot{I}$とする。

図2における電圧平衡式は，キルヒホッフの第2法則（電圧則）より，

$$\frac{\dot{V}}{\sqrt{3}} = jx_s\dot{I} + \dot{E} \quad \cdots ①$$

ここで，**図1**のV曲線におけるI_{f1}（力率100%），I_{f2}（進み力率），I_{f3}（遅れ力率）のベクトル図を書いてみる。

● $\boldsymbol{I}_{f1}$（$\dot{\boldsymbol{I}}$ の力率 100%）

①式より，

$$\dot{E}=\frac{\dot{V}}{\sqrt{3}}-jx_s\dot{I} \quad \cdots②$$

$$\dot{E}=\frac{\dot{V}}{\sqrt{3}}+x_s\cdot(\underset{Ⓐ}{-j\dot{I}}) \quad \cdots②'$$

②式を作図すると，図 3 が書ける．

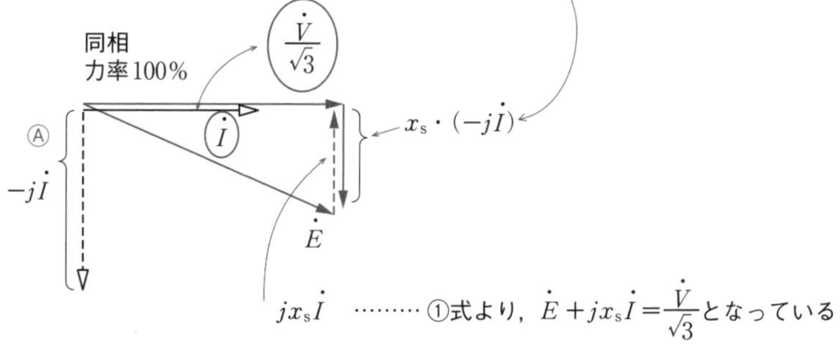

図 3　$\dot{I}$ が力率 100%のとき

力率が 100%のときは，$\dot{E}$ は第 3 象限に描かれ，その大きさ $|\dot{E}|$ は，端子相電圧 $\left|\frac{\dot{V}}{\sqrt{3}}\right|$ より大きくなる。（図 3）

● $\boldsymbol{I}_{f2}$（$\dot{\boldsymbol{I}}'$ が進み力率のとき，ただし $|\dot{\boldsymbol{I}}|$ の有効分は不変とする）

$\dot{I}'$ が進み力率になると，図 4 のように $\dot{E}'$ の大きさは図 3 の力率 100%に比べ増加する。つまり，I_{f2} になる（増磁する）と，電動機の力率は進む。

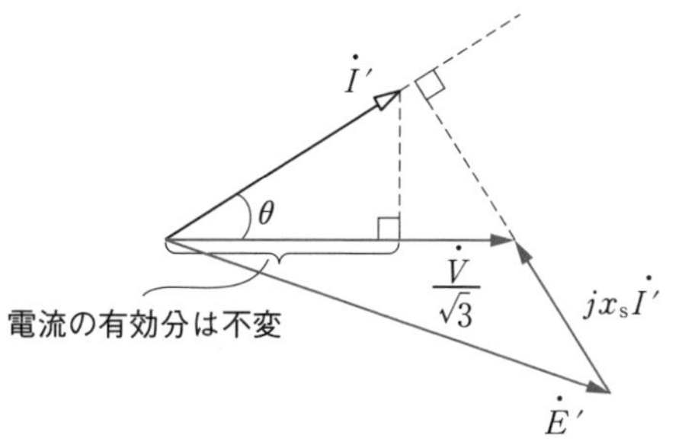

図 4　$\dot{I}'$ が進み力率のとき

● I_{f3}（$\dot{I}''$ が遅れ力率のとき，ただし $|\dot{I}|$ の有効分は不変とする）

$\dot{I}''$ が遅れ力率になると，図5のように $\dot{E}''$ の大きさは図3の力率100%に比べ減少する。つまり，I_{f3} になる（減磁する）と，電動機の力率は遅れる。

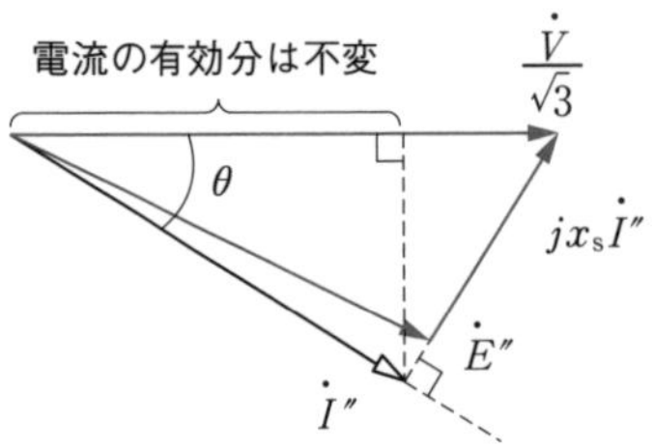

図5　$\dot{I}''$ が遅れ力率のとき

図3（力率100%），図4（進み力率），図5（遅れ力率）のベクトル図から，図1のV曲線の説明（中央：力率100%，右側：進み力率，左側：遅れ力率）が判明する。

以上より，空白箇所を補充する字句をまとめると，次のとおりとなる。

(ア)重負荷　→　増磁（進み力率，コンデンサの作用），電圧降下の抑制
⇓　⇓
界磁を(イ)強め　(ウ)容量性

(エ)軽負荷　→　減磁（遅れ力率，分路リアクトルの作用），電圧上昇の抑制
⇓　⇓
界磁を(オ)弱め　(カ)誘導性

解答　(1)

考察

・本問は，V曲線を丸暗記しておけば正答できるが，解法にあるように，同期電動機の等価回路とベクトル図が書けると確実なものになる。

・同期電動機のベクトル作図を伴う問題は，機械科目では平成24年（B問題-問16）と平成26年（B問題-問15）に出題されている。これらはベクトル図が書けないと正答できない。科目横断的なテーマとして確認されたい。

5章

電気的特性

5-1 末端集中負荷と電圧降下 ①
▶ 配電線における電圧降下率から最大負荷電力を算出

問　　H26-A 問7

こう長 2 km の三相 3 線式配電線路が，遅れ力率 85% の平衡三相負荷に電力を供給している。負荷の端子電圧を 6.6 kV に保ったまま，線路の電圧降下率が 5.0% を超えないようにするための負荷電力の最大値 [kW] として，最も近いものを次の(1)～(5)のうちから一つ選べ。

ただし，1 km 1 線当たりの抵抗は 0.45 Ω，リアクタンスは 0.25 Ω とし，その他の条件は無いものとする。なお，本問では送電端電圧と受電端電圧との相差角が小さいとして得られる近似式を用いて解答すること。

(1) 1 023　　(2) 1 799　　(3) 2 117　　(4) 3 117　　(5) 3 600

ココがポイント！

電圧降下に関する近似式（①式）および電圧降下率の定義式（②式）を理解すること。

送電端電圧 $V_S = V_R + \sqrt{3} I (R \cos\theta + X \sin\theta)$ [V]　…①

電圧降下率 $\alpha = \dfrac{V_S - V_R}{V_R} \times 100$ [%]　…②

ここで，電圧降下（$V_S - V_R$）に関する近似式（①式）について確認しておこう。なお，電験三種では，①式を用いれば，電圧降下を求める問題のほとんどを解くことができる。

図 1 のように，送電線の 1 相当たりのモデルを考える。

送電端と受電端の相電圧を $\dot{E}_S$，$\dot{E}_R$ [V]，それらの位相差（相差角）を δ とする。また，送電線の 1 線当たりの抵抗とリアクタンスを R，X [Ω]，負荷の力率を $\cos\theta$，線路に流れる電流（線電流）を $\dot{I}$ [A] とする。

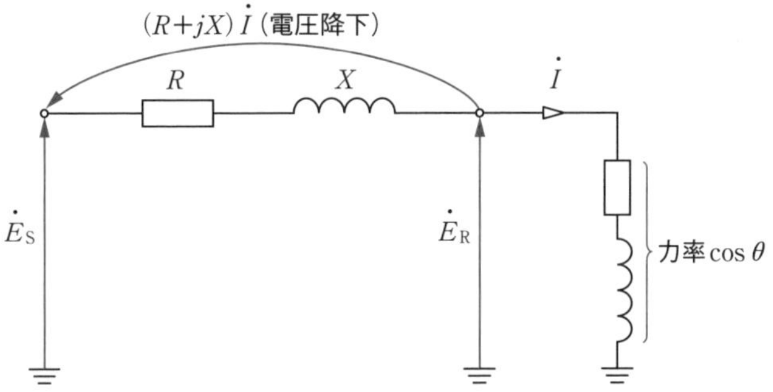

図1　送電線のモデル（1相当たり）

キルヒホッフの第2法則より，図1の電圧平衡式は，

$\dot{E}_S=(R+jX)\dot{I}+\dot{E}_R$　…③

受電端相電圧 $\dot{E}_R$ を基準ベクトルとすると，③式は図2のようなベクトル図で表せる。

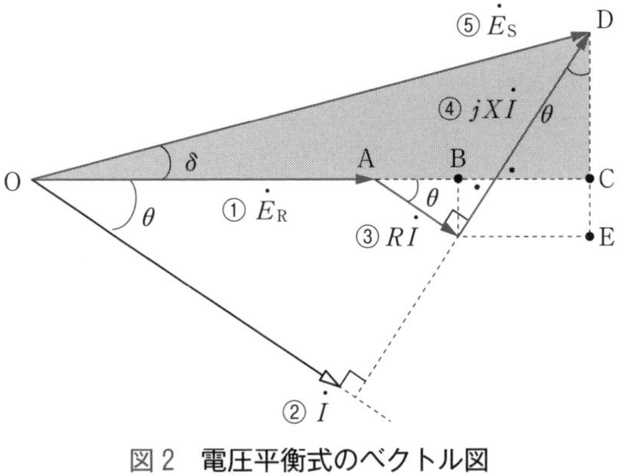

図2　電圧平衡式のベクトル図
（①→②→③→④→⑤の順に作図する）

図2の三角形OCDの辺の長さに着目すると，

$\overline{OC}^2+\overline{CD}^2=\overline{OD}^2$　…④

(底辺)²　(高さ)²　(斜辺)² → $E_S{}^2$

$(\overline{OA}+\overline{AB}+\overline{BC})^2$　$(\overline{DE}-\overline{CE})^2$

$$(E_R + RI\cos\theta + XI\sin\theta)^2 + (XI\cos\theta - RI\sin\theta)^2 = E_S^2 \quad \cdots ⑤$$

（注意） $\overline{OA}$，$\overline{AB}$，$\overline{BC}$，$\overline{DE}$，$\overline{CE}$ の線分の長さを**図2**から式として表すことが重要で，次の展開にもつながる。

ところで，$\dot{E}_S$ と $\dot{E}_R$ の位相差（相差角）δ が小さいとき❶は $\overline{OC} \fallingdotseq \overline{OD}$ であり，⑤式の左辺の第2項（高さの成分）は無視しても差し支えがない。すると，実数成分のみを考えることになり，両辺の $\sqrt{\ }$（根号）をとって，

$$\begin{aligned} E_S &= E_R + RI\cos\theta + XI\sin\theta \\ &= E_R + I(R\cos\theta + X\sin\theta) \quad \cdots ⑥ \end{aligned}$$

⑥式の両辺を $\sqrt{3}$ 倍すると，

$$\sqrt{3}E_S = \sqrt{3}E_R + \sqrt{3}I(R\cos\theta + X\sin\theta)$$

送電端と受電端の線間電圧をそれぞれ $V_S = \sqrt{3}E_S$，$V_R = \sqrt{3}E_R$ なので，

$$V_S = V_R + \sqrt{3}I(R\cos\theta + X\sin\theta)\ [\mathrm{V}] \quad \cdots ①$$ （再掲）　重要公式

となる。

解法

本問は，②式を用いて，電圧降下率が5.0%を超えないような負荷電力の最大値を求める問題である。

②式に①式を代入すると，

$$\alpha = \frac{V_S - V_R}{V_R} \times 100 = \frac{\sqrt{3}I(R\cos\theta + X\sin\theta)}{V_R} \times 100\ [\%] \quad \cdots ⑥$$

一方，線電流 I[A]は，負荷電力を P[W]として，

$$I = \frac{P}{\sqrt{3}V_R\cos\theta} \quad \cdots ⑦$$

⑦式を⑥式に代入すると，

❶相差角 δ が小さいことは問題文にも書かれているが，一般に配電線では相差角が小さい。

$$\alpha=\frac{\cancel{\sqrt{3}}\cdot\dfrac{P}{\cancel{\sqrt{3}}\,V_{\mathrm{R}}\cos\theta}(R\cos\theta+X\sin\theta)}{V_{\mathrm{R}}}\times 100$$

$$=\frac{P(R\cos\theta+X\sin\theta)}{V_{\mathrm{R}}{}^{2}\cos\theta}\times 100$$

したがって，負荷電力の最大値 P[kW] は，題意の数値を用いて，

$$P=\frac{\alpha}{100}\times\frac{V_{\mathrm{R}}{}^{2}\cos\theta}{R\cos\theta+X\sin\theta}$$

$$=\frac{5}{100}\times\frac{6\,600^{2}\times 0.85}{0.45\times 2\times 0.85+0.25\times 2\times\underbrace{\sqrt{1-0.85^{2}}}_{\sin\theta=\sqrt{1-\cos^{2}\theta}}}$$

$$\fallingdotseq\frac{5}{100}\times\frac{6\,600^{2}\times 0.85}{0.765+0.263}$$

$$\fallingdotseq 1\,800\times 10^{3}\,[\mathrm{W}]=1\,800\,[\mathrm{kW}]\quad\rightarrow\quad 1\,799\ \mathrm{kW}$$

と求められる。

解答　(2)

考察

- 本問は，電圧降下に関する基本的な問題である。ベクトル作図→式の導出という過程は最も重要である（ただし，計算問題を解く上では，ベクトル作図は直接的には必要でない）。
- この種の問題は，重要公式である①式を変形して答えを求めなくてはならないので，演習を数多くこなしておきたい。

5-2 末端集中負荷と電圧降下 ②
▶ 送電線において電圧降下率や受電端電圧を一定に保つ皮相電力，無効電力の算出

問　H20-B 問 16

電線1線の抵抗が5Ω，誘導性リアクタンスが6Ωである三相3線式送電線について，次の(a)および(b)に答えよ。

(a) この送電線で受電端電圧を60 kVに保ちつつ，かつ，送電線での電圧降下率を受電端電圧基準で10%に保つには，負荷の力率が80%（遅れ）の場合に受電可能な三相皮相電力の値[MV·A]として，最も近いのは次のうちどれか。

(1) 27.4　(2) 37.9　(3) 47.4　(4) 56.8　(5) 60.5

(b) この送電線の受電端に，遅れ力率60%で三相皮相電力63.2 MV·Aの負荷を接続しなければならなくなった。この場合でも受電端電圧を60 kVに，かつ，送電線での電圧降下率を受電端電圧基準で10%に保ちたい。受電端に設置された調相設備から系統に供給すべき無効電力の値[Mvar]として，最も近いのは次のうちどれか。

(1) 12.6　(2) 15.8　(3) 18.3　(4) 22.1　(5) 34.8

ココがポイント！

前問5−1と同様，電圧降下率が一定となるときの皮相電力や無効電力を求めるもので，電圧降下および電圧降下率の公式を活用する。

解法

(a) 電圧降下率を一定に保つときの三相皮相電力の算出

問題を解く方針を定めるために，題意の送電線モデル（1相当たり）を書いてみる（**図1**）。

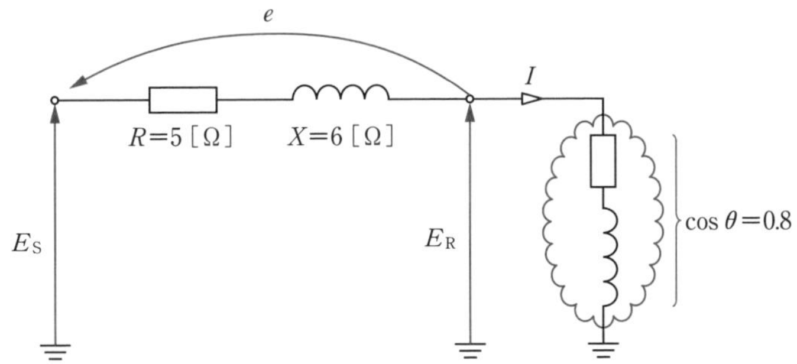

図1　**題意の送電線モデル（1相当たり）**

問5－1では，$\dot{E}_S$と$\dot{E}_R$の相差角は小さいとことわりが入れてある。本問では，そのことわりもなく**図1**のモデルでは，大きさのみE_S，E_Rを表現している。

送電端と受電端の相電圧をE_S，E_R，負荷の力率を$\cos\theta$とする。また，送電線の1線当たりの抵抗とリアクタンスをR，X，線路に流れる電流をIとする。

送電端電圧をV_S，受電端電圧をV_R(=60[V])とすると，電圧降下率α(=10[%]，一定）より，

$$\alpha=\frac{V_S-V_R}{V_R}\times 100\,[\%]\qquad \therefore\ V_S=\left(1+\frac{\alpha}{100}\right)V_R=\left(1+\frac{10}{100}\right)\times 60=66\,[\mathrm{kV}]$$

$E_S=\dfrac{V_S}{\sqrt{3}}$，$E_R=\dfrac{V_R}{\sqrt{3}}$の関係があるので，1線当たりの電圧降下$e$は，

$$e=E_S-E_R=\frac{66}{\sqrt{3}}-\frac{60}{\sqrt{3}}=\frac{6}{\sqrt{3}}\,[\mathrm{kV}]$$

本問は，この値となるときの負荷の皮相電力Wを求めればよい。

$$V_S=V_R+\sqrt{3}I(R\cos\theta+X\sin\theta)\quad\cdots①$$

この①式（公式，100ページ参照）について，Iを皮相電力 Wを用いて表すと，

$$I=\frac{W}{\sqrt{3}\,V_R}\quad\cdots②$$

②式を①式に代入すると，

$$V_S=V_R+\sqrt{3}\cdot\frac{W}{\sqrt{3}\,V_R}(R\cos\theta+X\sin\theta)$$

$$(V_S-V_R)V_R=W(R\cos\theta+X\sin\theta)$$

これより，求める三相皮相電力 Wは，題意の数値を用いて，

$$W=\frac{(V_S-V_R)V_R}{R\cos\theta+X\sin\theta}=\frac{(66\times10^3-60\times10^3)\times60\times10^3}{5\times0.8+6\times\sqrt{1-0.8^2}}$$

$$\fallingdotseq47.37\times10^6\,[\mathrm{V\cdot A}]=47.37\,[\mathrm{MV\cdot A}]\ \rightarrow\ 47.4\ \mathrm{MV\cdot A}$$

と計算できる。

※前問5−1では有効電力を求めたが，本問では皮相電力を求めている。

前問5−1と同様に式を誘導すると，

$$\alpha=\frac{V_S-V_R}{V_R}\times100=\frac{\sqrt{3}I(R\cos\theta+X\sin\theta)}{V_R}\times100$$

$$=\frac{W(R\cos\theta+X\sin\theta)}{V_R}\times100$$

$$\therefore\ W=\frac{\alpha}{100}\cdot\frac{{V_R}^2}{R\cos\theta+X\sin\theta}=\frac{10}{100}\cdot\frac{(60\times10^3)^2}{5\times0.8+6\times0.6}$$

$$\fallingdotseq47.37\times10^6\,[\mathrm{V\cdot A}]$$

（b）受電端電圧と電圧降下率を一定に保つような無効電力（コンデンサ容量）の算出

設問（a）で求めた負荷の皮相電力 $W=47.37\,[\mathrm{MV\cdot A}]$よりも，負荷の状態が変化した後の皮相電力 $W'=63.2\,[\mathrm{MV\cdot A}]$の方が大きく，また力率も悪いので，このままでは V_S，V_Rの大きさの維持ができなくなってしまう。したがって，力率改善のためにコンデンサを接続しなければならない（図2）。

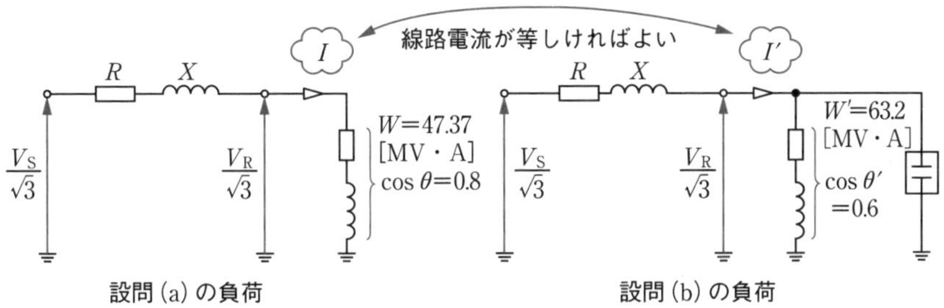

図2　力率改善用コンデンサの接続（イメージ）

図3のように，受電端の負荷の電力をベクトル図で表すと，

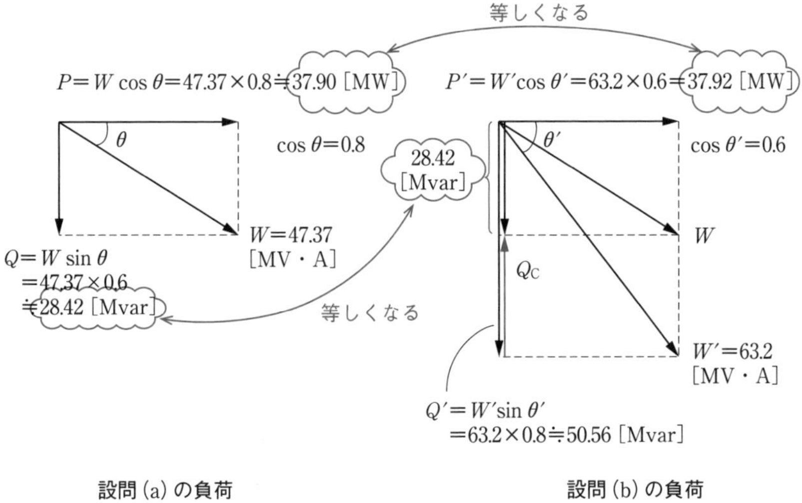

図3　受電端負荷の見える化

図3から，負荷の電力が W から W' に変化しても，無効電力が変わらないような電力用コンデンサ Q_C[Mvar] を求めればよいから，無効電力 Q_C は，

$$Q_C = Q' - Q = 50.56 - 28.42 = 22.14\,[\mathrm{Mvar}] \quad \rightarrow \quad 22.1\ \mathrm{Mvar}$$

と求められる。

解答　(a) − (3)，(b) − (4)

考察

・設問(a)は，電圧降下に関する公式を用いて皮相電力を求める問題である。内容的には，前問5−1と全く同じである。

・設問(b)は，「負荷が変化しても電圧降下が等しい」⇒「負荷の皮相電力が等しい」⇒「無効電力が負荷の変化前後で変化しないためのコンデンサ容量を求める」と考えることができたかどうか，また，図3のベクトル作図（受電端負荷の見える化）が解法の要である。

・本問では，結果的に「負荷の有効電力は不変（一定）」であることから，図3のベクトル作図によって電力用コンデンサの容量が求められた。しかし，このこと（負荷の有効電力は不変）に気づけなかった場合は，一般には以下のような解法で解くことになる。

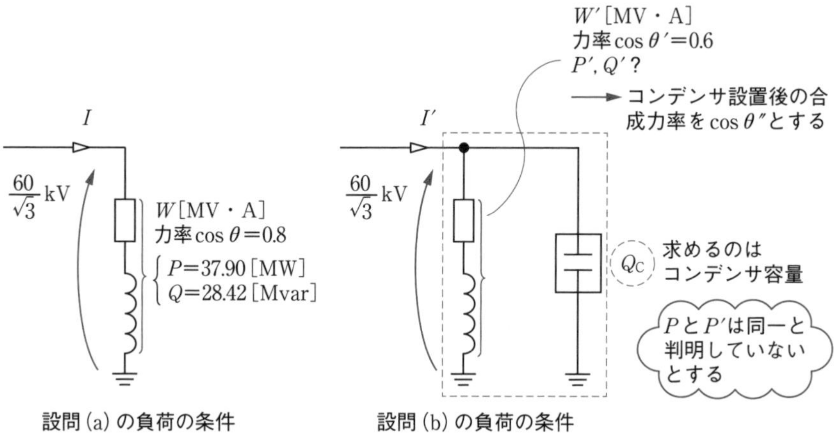

図4　受電端電圧を維持する電力用コンデンサを求める一般的解法の条件整理

負荷の条件（W'[MV·A]，$\cos\theta'=0.6$）が変化し，電力用コンデンサを設置して合成力率が $\cos\theta''$ になり，送電線に流れる電流の大きさは不変で，受電端電圧 $V_R=60$[kV]に維持されたとする。そのときでも電圧降下の式は成立するので，①式は次式のように表される。

$$V_S - V_R = \sqrt{3}\,I'(R\cos\theta'' + X\sin\theta'')$$

66 kV　60 kV　分母分子に V_R をかける　電圧降下は不変

$$= \frac{\sqrt{3}\,V_R I'\cos\theta''\cdot R + \sqrt{3}\,V_R I'\sin\theta''\cdot X}{V_R}$$

負荷変化後の有効電力 P'　負荷変化後のコンデンサを設置したときの無効電力（$Q' - Q_C$）

$$= \frac{P'R + (Q' - Q_C)X}{V_R} \quad \cdots③$$

求めたい電力用コンデンサ Q_C は，③式より，

$$(V_S - V_R)V_R = P'R + Q'X - Q_C X$$

$$\therefore\ Q_C = \frac{1}{X}\{P'R + Q'X - (V_S - V_R)V_S\} \quad \cdots④$$

このとき設問(b)の負荷は，図 3 の右図から，すでに $P' = 37.92$ [MW]，$Q = 50.56$ [Mvar] が求められているので，④式に各数値を代入すると，

$$Q_C = \frac{1}{6}\{37.92\times10^6\times5 + 50.56\times10^6\times6 - (66\times10^3 - 60\times10^3)\times60\times10^3\}$$

$$= 22.16\times10^6\,[\mathrm{var}] = 22.16\,[\mathrm{M\,var}]$$

図 3 では，$P' = P$ として，無効電力が不変であればよいことから電力用コンデンサの容量 Q_C を求めることができた。一般には，P'，Q' の値が任意であれば，④式から求めることになり，相当難しい内容の問題となる。P'，Q' の値が任意の応用例題を次に検討する。

●応用例題（設問(b)の負荷変化後の条件を変えたもの）

$P' = 45$ [MW]，$\cos\theta' = 0.6$，$Q' = 60$ [Mvar] のとき，$V_R = 60$ [kV] に維持するための Q_C' の値 [Mvar] を求めよ。

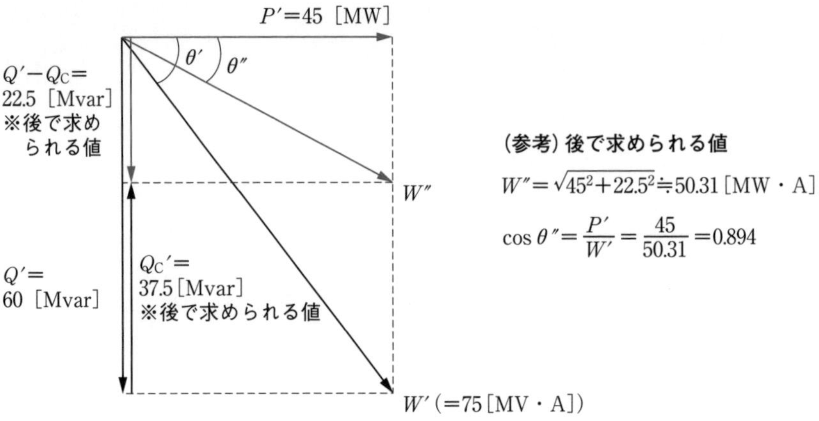

図5　応用例題の負荷電力のベクトル図

このとき必要なコンデンサ容量 Q_C' は，④式に各数値を代入して，

$$Q_C'=\frac{1}{6}\{45\times10^6\times5+60\times10^6\times6-(66\times10^3-60\times10^3)\times60\times10^3\}$$

$$=37.5\times10^6\,[\mathrm{var}]=37.5\,[\mathrm{Mvar}]$$

このような応用問題は出題されないと思うが，電圧降下の公式を変形して④式から求める相当手間のかかる問題である。

(検算)

① 設問(a)の場合

$$I=\frac{47.37\times10^6}{\sqrt{3}\times60\times10^3}=455.8\,[\mathrm{A}]$$

$$V_S-V_R=\sqrt{3}I(R\cos\theta+X\sin\theta)$$

$$=\sqrt{3}\times455.8\times(5\times0.8+6\times0.6)=6\,000\,[\mathrm{V}]$$

負荷変化前後では，電圧降下は一致する

② 応用例題

$$I'=\frac{P'}{\sqrt{3}\times V_R\cos\theta'}=\frac{45\times10^6}{\sqrt{3}\times60\times10^3\times0.894}=484.4\,[\mathrm{A}]$$

$$V_S-V_R=\sqrt{3}I'(R\cos\theta''+X\sin\theta'')$$

$$=\sqrt{3}\times484.4\times\left(5\times0.894+6\times\underbrace{\sqrt{1-0.894^2}}_{\fallingdotseq 0.448}\right)=6\,006\,[\mathrm{V}]$$

以上のように，設問(b)は，負荷の有効電力が変わらないことに気づいて，無効電力が変化しないとして解ければ容易である。しかし，応用例題のように，有効電力が変化したという一般的な問題が出題されると，④式の導出（電圧降下の公式の変形）など相当手間のかかる問題となる。多くの問題演習を通して応用力を身につけることが必要であろう。

5-3 末端集中負荷と電圧降下 ③
▶ 配電線における負荷の線間電圧と電線の断面積の算出

問　H20-B 問 17

図のような三相高圧配電線路 A－B がある。B 点の負荷に電力を供給するとき，次の(a)および(b)に答えよ。

ただし，配電線路の使用電線は硬銅より線で，その抵抗率は $\frac{1}{55}\,\Omega\cdot\text{mm}^2/\text{m}$，線路の誘導性リアクタンスは無視するものとし，A 点の電圧は三相対称であり，その線間電圧は 6 600 V で一定とする。また，B 点の負荷は三相平衡負荷とし，1 相当たりの負荷電流は 200 A，力率 100％で一定とする。

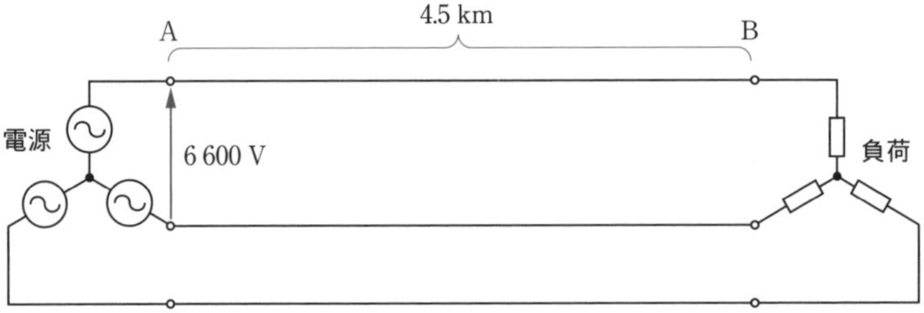

(a) 配電線路の使用電線が各相とも硬銅より線の断面積が 60 mm^2 であったとき，負荷 B 点における線間電圧の値 [V] として，最も近いのは次のうちどれか。

(1) 6 055　(2) 6 128　(3) 6 205　(4) 6 297　(5) 6 327

(b) 配電線路 A－B 間の線間の電圧降下を 300 V 以内にすることができる電線の断面積 [mm^2] を次のうちから選ぶとすれば，最小のものはどれか。

ただし，電線は各相とも同じ断面積とする。

(1) 60　(2) 80　(3) 100　(4) 120　(5) 150

ココがポイント！

線路の電圧降下に関する公式（①式）および電線の電気抵抗を表す公式（②式）を覚えておくこと。

設問(a)は，電圧降下に関する公式（①式）から受電端電圧 V_R[V]を求める問題である。

$$V_S = V_R + \sqrt{3}I(R\cos\theta + X\sin\theta) \quad \cdots①$$

なお，設問(b)について，電線の電気抵抗R[Ω]は，電線の抵抗率をρ[Ω･mm²/m]，断面積をS[mm²]，長さをl[m]とすると，②式で表される。

$$R = \rho\frac{l}{S} \quad \cdots②$$

解法

(a) 負荷B点における線間電圧（受電端電圧）の算出

設問の状況を整理するために，題意の配電線モデル（1相当たり）を書いてみよう（図1）。

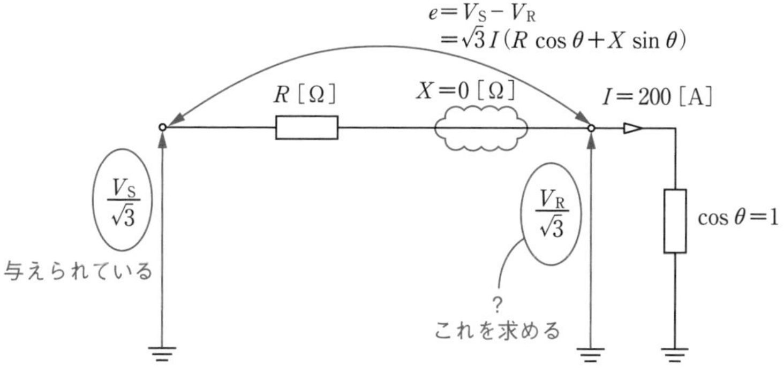

図1　**題意の配電線モデル（1相当たり）**

送電端と受電端圧の線間電圧をV_S，V_R，負荷の力率を$\cos\theta$（$\cos\theta=1$）とする。また，配電線の1線当たりの抵抗とリアクタンスをR，X（$=0$[Ω]），線路に流れる電流をI（$=200$[A]）とする。

電圧降下に関する公式（①式）と題意の数値より，

$$V_R = V_S - \sqrt{3}I(R\cos\theta + X\sin\theta) = V_S - \sqrt{3}I(R\times 1 \underbrace{- X}_{=0}\times 0)$$
$$= V_S - \sqrt{3}IR \quad \cdots ③$$

一方，電線の抵抗 R[Ω]は，②式と題意の数値より，

$$R = \rho[\Omega\cdot\cancel{\text{mm}^2}/\cancel{\text{m}}]\times\frac{l[\cancel{\text{m}}]}{S[\cancel{\text{mm}^2}]} = \frac{1}{55}\times\frac{4.5\times10^3}{60} \fallingdotseq 1.364[\Omega]$$

したがって，負荷B点における線間電圧（受電端電圧）V_R は，③式に各数値を代入して，

$$V_R = V_S - \sqrt{3}IR = 6\,600 - \sqrt{3}\times200\times1.364$$
$$\fallingdotseq 6\,600 - 473 = 6\,127[\text{V}] \quad\rightarrow\quad 6\,128\ \text{V}$$

と求められる。

(b) A−B間の線間の電圧降下を300 V以内にするような電線の断面積の算出

配電線の電圧降下 $e = V_S - V_R$ は，③式より，本問では $\sqrt{3}IR$ で表される。電圧降下が300 Vのときの電線の抵抗を R'[Ω]，断面積を S'[mm²]とすると，

$$\frac{\sqrt{3}IR'}{\sqrt{3}IR} = \frac{300}{473} = \frac{\cancel{\rho}\dfrac{l}{S'}}{\cancel{\rho}\dfrac{l}{S}} = \frac{S}{S'} \qquad \therefore S' = \frac{473}{300}\times S = \frac{473}{300}\times60 \fallingdotseq 95[\text{mm}^2]$$

したがって，求める答えは，この値の直近上位である100 mm² である。

解答　(a) − (2)，(b) − (3)

考察

・設問(a)は，**図1**（1相当たりの配電線モデル）から受電端電圧を求めるものであり，電圧降下に関する公式の応用で対応できる。

・設問(b)は，電圧降下の軽減のために電線を太線化するという，実務に直結するテーマである。

・配電距離が長くなった場合は，許容電流に関係なく，電圧降下の許容範囲に収めるための電線の太線化（断面積）がテーマとなってくる。この場合についても，演習しておきたい。

5-4 末端集中負荷と電圧降下 ④
▶ 昇圧器を含む配電線における二次側電圧および受電端電圧の算出

問 H23-B 問 17

単相 2 線式配電線があり，この末端に 300 kW の需要家がある。

この配電線の途中，図に示す位置に 6 300 V/6 900 V の昇圧器を設置して受電端電圧を 6 600 V に保つとき，次の(a)および(b)の問に答えよ。

ただし，配電線の 1 線当たりの抵抗は 1 Ω/km，リアクタンスは 1.5 Ω/km とし，昇圧器のインピーダンスは無視するものとする。

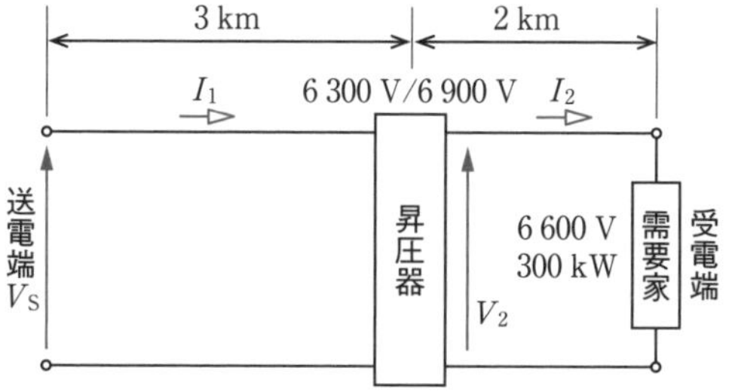

(a) 末端の需要家が力率 1 の場合，受電端電圧を 6 600 V に保つとき，昇圧器の二次側の電圧 V_2 [V] の値として，最も近いものを次の(1)～(5)のうちから一つ選べ。

(1) 6 691　(2) 6 757　(3) 6 784　(4) 6 873　(5) 7 055

(b) 末端の需要家が遅れ力率 0.8 の場合，受電端電圧を 6 600 V に保つとき，送電端の電圧 V_S [V] の値として，最も近いものを次の(1)～(5)のうちから一つ選べ。

(1) 6 491　(2) 6 519　(3) 6 880　(4) 7 016　(5) 7 189

ココがポイント！

単相2線式配電線における電圧降下に関する公式（①式）および昇圧器の特性（一次側と二次側の皮相電力は等しい）を理解すること。

図1のように，単相2線式配電線のモデルを考えてみよう。

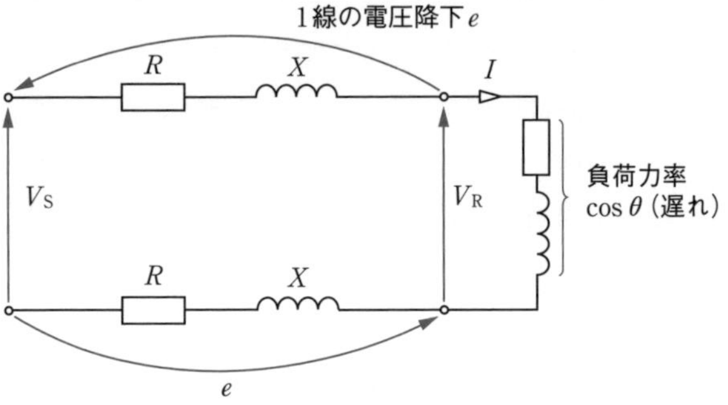

図1　単相2線式配電線のモデル

送電端電圧を V_S，受電端電圧を V_R，配電線の1線当たりの抵抗を R，リアクタンスを X，負荷の力率を $\cos\theta$，負荷電流を I とすると，①式が成り立つ。

往復なので，1線当たりの2倍

$$V_S = V_R + 2\, I(R\cos\theta + X\sin\theta) \quad \cdots①$$

配電線の1線当たりの電圧降下 e

なお，本問では，配電線の途中に昇圧器（6 300 V/6 900 V）が設置されているので，①式を2回利用して設問(b)の答え（送電端電圧）を求めることになる。

また，昇圧器（変圧器）の特性より，一次側と二次側の皮相電力が等しいことから，一次電流が求められる。

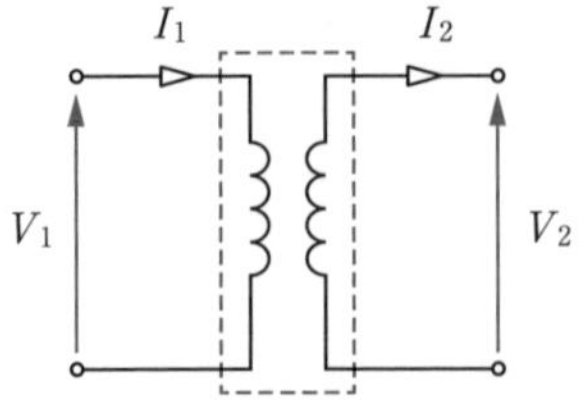

図2　6 300 V/6 900 V の昇圧器

一次側の電圧を V_1，電流をI_1，二次側の電圧を V_2，電流を I_2 として，

$$V_1 I_1 = V_2 I_2 \qquad \therefore\ I_1 = \frac{V_2}{V_1} I_2 \quad \cdots ②$$

解法

(a) 負荷電力 300 kW，力率 1 の場合における昇圧器の二次側電圧の V_2 算出

題意の配電線の全体を，**図 3** に示す。

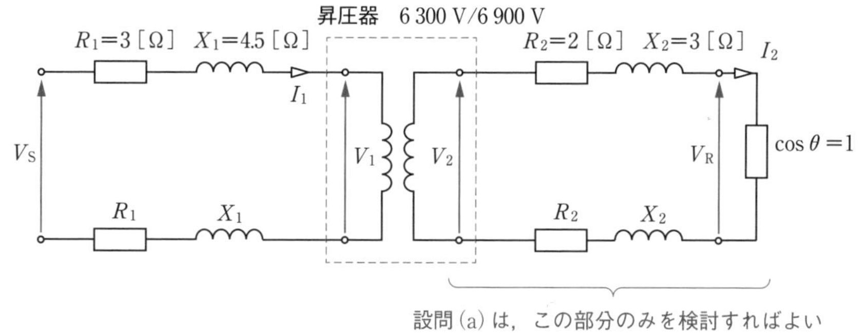

図 3　**題意の配電線の全体**

送電端電圧を V_S，受電端電圧を V_R，昇圧器の一次側の配電線 1 線当たりの抵抗を R_1，リアクタンスを X_1，二次側の配電線 1 線当たりの抵抗を R_2，リアクタンスを X_2，一次側の電流を I_1，二次側の電流を I_2，負荷の力率を $\cos\theta$ とする。

$$R_1 = 3 \times 1 = 3[\Omega],\quad X_1 = 3 \times 1.5 = 4.5[\Omega]$$
$$R_2 = 2 \times 1 = 2[\Omega],\quad X_2 = 2 \times 1.5 = 3[\Omega]$$

昇圧器の二次側の電圧 V_2 を求めるので，①式を適用すると③式が得られる。

$$V_2 = V_R + 2I_2(R_2\cos\theta + X_2\sin\theta) \quad \cdots ③$$

ここで，負荷電流 I_2 は，負荷電力 $P = 300$ [kW] なので，

$$I_2 = \frac{P}{V_R\cos\theta} = \frac{300 \times 10^3}{6\,600 \times 1} = 45.\overset{5}{\cancel{45}}\,[\mathrm{A}]$$

これと題意の数値を③式に代入すると，昇圧器の二次側の電圧 V_2[V] は，

$$V_2=6\,600+2\times 45.5\times(2\times 1+3\times 0)=6\,782\,[\mathrm{V}] \quad \rightarrow \quad 6\,784\ \mathrm{V}$$

と求められる。

(b) 負荷電力 300 W，力率 0.8 の場合における送電端電圧の算出

題意の配電線の全体を，図 4 に示す。

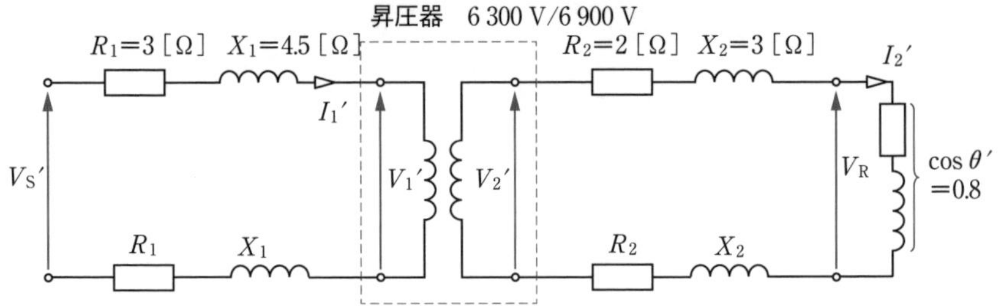

図 4　配電線の全体

送電端電圧を V_S'，受電端電圧を V_R，昇圧器の一次側の電流を I_1'，二次側の電流を I_2'，負荷の力率を $\cos\theta'$ とする。

昇圧器の高電圧側と低電圧側に電圧降下に関する公式を適用する。ただし，昇圧器の一次側の電流は，②式から求めなければならない。

ここで，負荷電流 I_2' は，負荷電力 $P=300$ [kW] なので，

$$I_2'=\frac{P}{V_R\cos\theta'}=\frac{300\times 10^3}{6\,600\times 0.8}\fallingdotseq 56.82\,[\mathrm{A}]$$

昇圧器の二次側の電圧 V_2' [V] は，①式より，

$$V_2'=V_R+2I_2'(R_2\cos\theta'+X_2\sin\theta')$$
$$=6\,600+2\times 56.8\times(2\times 0.8+3\times\sqrt{1-0.8^2})\fallingdotseq 6\,986\,[\mathrm{V}]$$

また，昇圧器の一次側の電圧 V_1' と電流 I_1' は，

$$V_1'=\frac{6\,300}{6\,900}V_2'=\frac{6\,300}{6\,900}\times 6\,986\fallingdotseq 6\,379\,[\mathrm{V}]$$

$$I_1'=\frac{6\,900}{6\,300}I_2'=\frac{6\,900}{6\,300}\times 56.82\fallingdotseq 62.2\,[\mathrm{A}]$$

よって，送電端電圧 V_S' [V] は，

$$V_S' = V_1' + 2I_1'(R_1 \cos\theta' + X_1 \sin\theta')$$

$$= 6\,379 + 2\times 62.2\times(3\times 0.8 + 4.5\times\sqrt{1-0.8^2}) \fallingdotseq 7\,013\,[\mathrm{V}] \quad \rightarrow \quad 7\,016\ \mathrm{V}$$

と求められる。

解答　(a) － (3)，(b) － (4)

考察

・本問は，単相２線式配電線の電圧降下に関する公式を丁寧に適用すれば，送電端（電源側）の電圧は求めることができる。ただし，昇圧器の一次側電圧，一次側電流の算出には，変圧器の知識が必要となる。

・本問は，配電線の途中に昇圧器を設置したときの配電線の電圧改善がテーマの一つである。

配電線では，末端ほど電圧降下が大きくなる。設問(b)の末端集中負荷，送電端から距離と線間電圧のイメージは，**図５**のようになる。

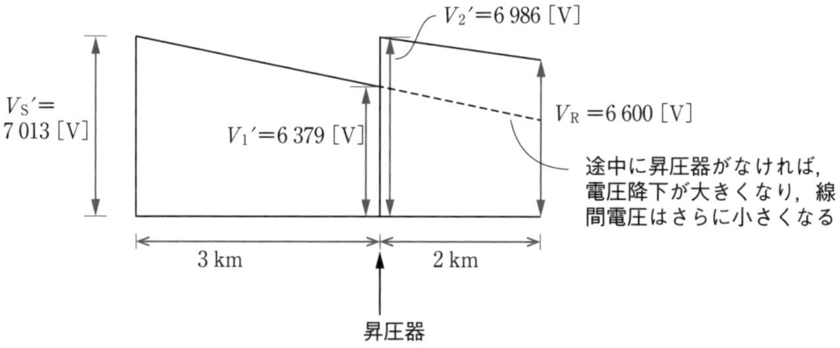

図５　**配電線の電圧降下のイメージ**

実際のこう長が長く，電圧降下が大きい三相３線式配電線では，配電線の電圧を一定の値に維持する自動電圧調整器が配電線路の途中に設置され，配電線の電圧を自動で調整している。この配電線の電圧調整方法は，記述の正誤判定や空白箇所を補充する問題の対策として覚えておく必要がある。

5-5 複数負荷と電圧降下 ①
▶ 単相 2 線式の配電線路における電圧降下と負荷電流の算出

問　H22-B 問 17

図は単相 2 線式の配電線路の単線図である。電線 1 線当たりの抵抗と長さは，a−b 間で 0.3 Ω/km，250 m，b−c 間で 0.9 Ω/km，100 m とする。次の(a)および(b)に答えよ。

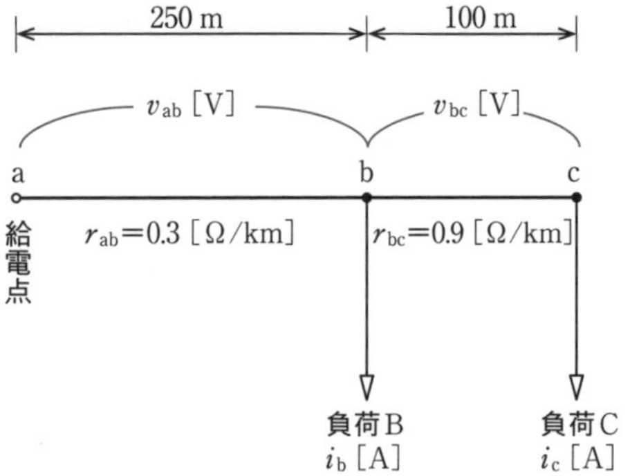

(a) b−c 間の 1 線の電圧降下 v_{bc} [V] および負荷 B と負荷 C の負荷電流 i_b, i_c [A] として，正しいものを組み合わせたのは次のうちどれか。

ただし，給電点 a の線間の電圧値と負荷点 c の線間の電圧値の差を 12.0 V とし，a−b 間の 1 線の電圧降下 v_{ab}=3.75 [V] とする。負荷の力率はいずれも 100%，線路リアクタンスは無視するものとする。

	v_{bc} [V]	i_b [A]	i_c [A]
(1)	2.25	10.0	40.0
(2)	2.25	25.0	25.0
(3)	4.50	10.0	25.0
(4)	4.50	0.0	50.0
(5)	8.25	50.0	91.7

(b) 次に，図の配電線路で抵抗に加えて a−c 間の往復線路のリアクタンスを考慮する。このリアクタンスを 0.1 Ω とし，b 点には無負荷で $i_b=0$ [A]，c 点には受電電圧が 100 V，遅れ力率 0.8，1.5 kW の負荷が接続されているものとする。

このとき，給電点 a の線間の電圧値と負荷点 c の線間の電圧値 [V] の差として，最も近いのは次のうちどれか。

(1) 3.0　(2) 4.9　(3) 5.3　(4) 6.1　(5) 37.1

ココがポイント!

・電圧降下を算出する二つの方法を理解すること。
・単線図を複線図に書き直し，電圧降下を見える化すること。

前問 5−1～5−4 は，末端に負荷が一つだけ設置されている場合（末端集中負荷）の，配電線等における電圧降下を求める問題であった。本問以降の問 5−5～5−8 では，末端に複数の負荷が設置されている場合の，配電線における電圧降下を求めなくてはいけない。一般の配電線では，このように複数の負荷が分布している。

●二つの負荷が設置されている場合の電圧降下

本問のように，配電線の途中や末端に二つの負荷が設置されている場合，配電線路の電圧降下は次の二つの方法で算出できる。

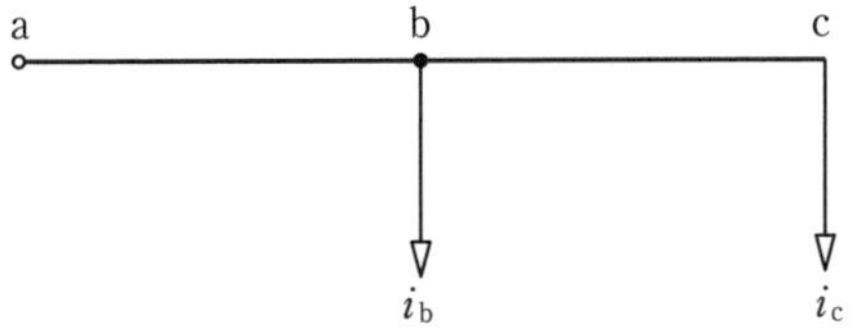

方　法	概　要
① 区間ごとの算出	・i_b と i_c による a−b 間の電圧降下 ・i_c による b−c 間の電圧降下 } 足し合わせる
② 負荷ごとの算出	・i_b による a−b 間の電圧降下 ・i_c による a−c 間の電圧降下 } 足し合わせる

a−b 間の電圧降下（b 点の電圧）を求めるときは，①を用いなければならない（②の方法では求めることができない）。なお，a−c 間の配電線路全体の電圧降下を求めるときは，①と②のいずれでもよい。

●複線図による見える化

本問は，単相 2 線式の配電線路における電圧降下を求める問題である。問題には単線図が与えられているが，題意の条件を明確にするためにも，複線図を書いて電圧降下の見える化を図る必要があろう。

解法

(a) b−c 間の 1 線の電圧降下，負荷 B および負荷 C の負荷電流の算出

与えられた単線図を複線図に書き直すと，図 1 のようになる。

題意より，負荷の力率はいずれも 100％で，線路リアクタンスは無視することから，電線 1 線当たりの電圧降下は，各区間ごとに①式で表される。

$$I(R\underbrace{\cos\theta}_{=1}+\underbrace{X}_{\text{無視}}\underbrace{\sin\theta}_{=0}) \fallingdotseq IR \quad \cdots①$$

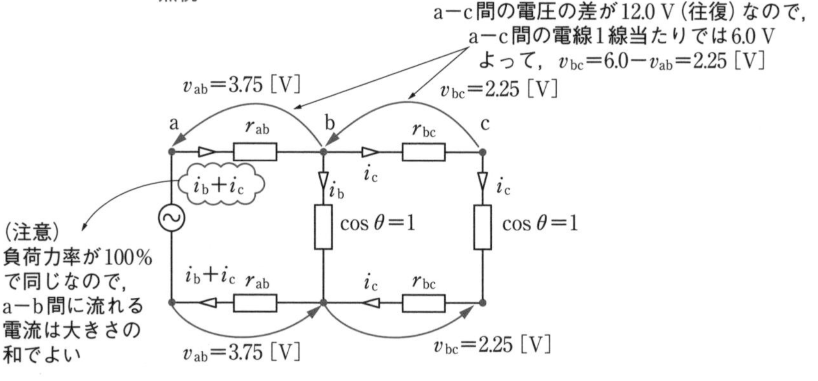

図 1　単相 2 線式配電線のモデル

よって，a−b 間の電線 1 線当たりの電圧降下 v_{ab} と，b−c 間の電線 1 線当たりの電圧降下 v_{bc} は，①式から，

$$v_{ab}=(i_b+i_c)r_{ab}=(i_b+i_c)\times(0.3[\Omega/\cancel{\text{km}}]\times0.25[\cancel{\text{km}}])$$
$$=0.075(i_b+i_c)=3.75[\text{V}] \quad \cdots②$$

$$v_{\mathrm{bc}}=i_c r_{\mathrm{bc}}=i_c\times(0.9[\Omega/\mathrm{km}]\times 0.1[\mathrm{km}])$$
$$=0.09 i_c=2.25[\mathrm{V}]\quad\cdots③$$

③式より，

$$i_c=\frac{2.25}{0.09}=25[\mathrm{A}]$$

これと②式より，

$$i_b+i_c=\frac{3.75}{0.075}=50[\mathrm{A}]\qquad\therefore\ i_b=50-25=25[\mathrm{A}]$$

と求められる。

(b) a－c 間のリアクタンスを考慮したときの，線路の電圧降下の算出

線路リアクタンスを考慮し，与えられた単線図を複線図に書き直すと，**図 2** のようになる。

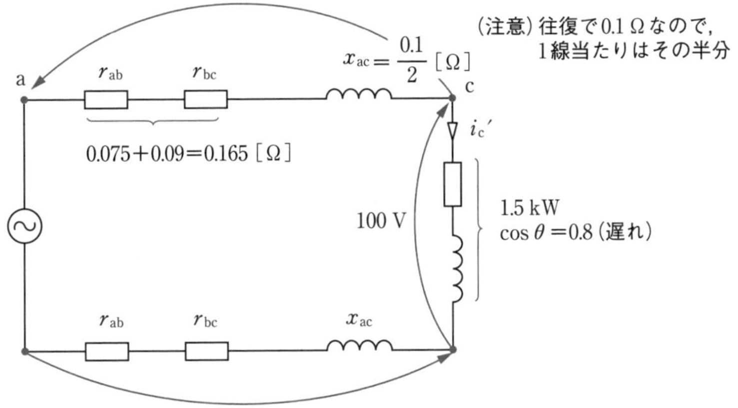

図 2　**線路リアクタンスを考慮した配電線路の複線図**

図 2 から，点 a と点 c の線間電圧の差は，往復の電圧降下であるから，

$$2i_c'\{(r_{\mathrm{ab}}+r_{\mathrm{bc}})\cos\theta+x_{\mathrm{ac}}\sin\theta\}\quad\cdots④$$

を求めればよい。

ところで，i_c' は，**図 2** と題意の数値より，

$$i_c'=\frac{1.5\times 10^3}{100\times 0.8}=18.75[\mathrm{A}]$$

であるから，これを④式に代入して，

$$2\times18.75\times(0.165\times0.8+0.05\times\sqrt{1-0.8^2})=6.075\,[\mathrm{V}]\quad\rightarrow\quad6.1\,\mathrm{V}$$

と求められる。

解答　(a) − (2)，(b) − (4)

考察

・本問では，配電線路の途中や末端に複数の負荷がある場合の，電線の電圧降下を区間ごとに算出する問題である。

・題意に与えられた条件は，複線図でないと明確に表すことができない。

v_{ab}，v_{bc} → 電線1線当たりの電圧降下
給電点aと負荷点cの電圧値の差 → 往復の電圧降下

これらを複線図（図1，図2）に正しく落とし込めることが必要である。

・a−b間に流れる電流の大きさは，力率が100%と同一であるので，「大きさの和」で求めることができる。しかし，後の問5−7，5−8では，負荷の力率が異なるので，「ベクトルの和」となることが理解できていないと解けない。難易度は問5−7，5−8と高くなるので，確認してほしい。

5-6 複数負荷と電圧降下 ②
▶ 4 地点の負荷による電圧降下と抵抗の算出

問 H15-B 問 17

図のような単相 2 線式配電線路で，K，L，M，N の 4 地点の負荷に電力を供給している。電線の種類，太さは全区間同一で，電線の抵抗は 1 km 当たり 0.48 Ω，負荷の力率はいずれも 100% として，次の(a)および(b)に答えよ。

ただし，線路リアクタンスは無視するものとする。

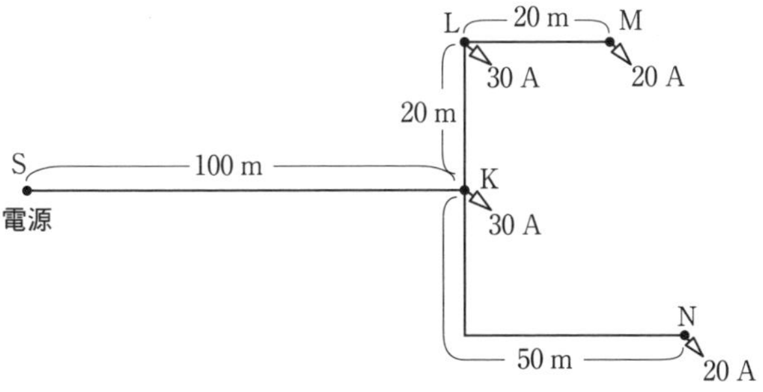

(a) 電源 S 点からの電圧降下が最も大きい地点での電圧降下の値 [V] として，最も近いのは次のうちどれか。

(1) 2.7　(2) 9.6　(3) 10.5　(4) 10.9　(5) 21.5

(b) L 地点の負荷が増加して 50 A になったとき，電圧降下の最も大きい地点での電圧降下が，前の値より大きくならないように S−K 間の電線を張り替えることとした。S−K 間の新しい電線 1 km 当たりの抵抗の最大値 [Ω] として，最も近いのは次のうちどれか。

(1) 0.28　(2) 0.34　(3) 0.38　(4) 0.42　(5) 0.46

ココがポイント!

・前問 5−5 と同様，電圧降下を算出する二つの方法を理解すること。
・負荷電流が増加しても電圧降下が変わらないための電線抵抗の条件を理解すること。

本問は，単相 2 線式配電線路における電圧降下を求める問題である。前問 5−5 では，二つの負荷による電圧降下を求めたが，本問では 4 地点に負荷が設置されている。複数の負荷による電圧降下を求める方法には，前問 5−5 でも解説した二つの考え方がある。

復習として，図 1 のように A と B の 2 地点に負荷が設置された配電線を考えてみよう。

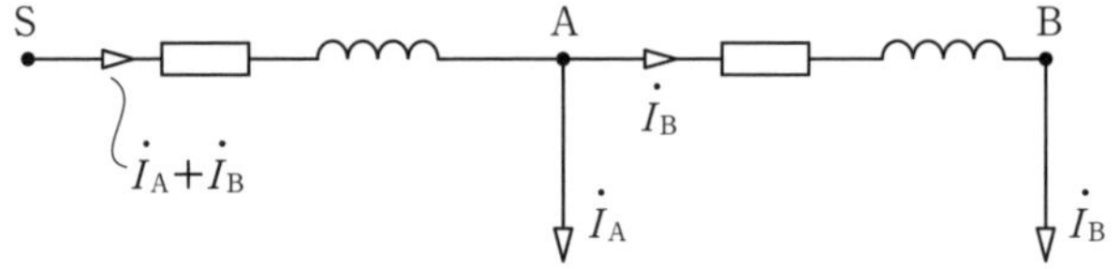

図 1　2 地点に負荷が設置された配電線

① 区間ごとの算出

S−A 間に流れる二つの負荷電流 $\dot{I}_A+\dot{I}_B$ による電圧降下 v_{SA} と，A−B 間に流れる電流 $\dot{I}_B$ による電圧降下 v_{AB} を求め，両者を足し合わせることで S−B 間の電圧降下を求める。

一般的な方法であり，S−A 間の電圧降下（A 点の電圧）を求めることもできる。

② 負荷ごとの算出

負荷電流 $\dot{I}_A$ による S−A 間の電圧降下と，負荷電流 $\dot{I}_B$ による S−B 間の電圧降下を求め，両者を足し合わせることで S−B 間の電圧降下を求める。

この方法では，S−A 間の電圧降下を求めることができないほか，負荷の数が多くなるほど煩雑な計算となってしまう。

以上から，①の方が有利な解法であり，この方法で本問を解くことする。

解法

本問は，4 地点の負荷による電圧降下を求めるが，各区間に流れる電流が求められれば，電圧降下は次の①式（公式）で算出できる。

$$V_S = V_R + 2\,I(R\cos\theta + X\sin\theta)\,[\mathrm{V}] \quad \cdots ① \text{（再掲）}$$

電線 1 線当たりの電圧降下

往復なので 2 倍

本問では，題意より，$X=0$（線路リアクタンスは無視），負荷力率 $\cos\theta=1$ なので，各区間の往復の電圧降下 v は，①式より，

$$v = 2IR \quad \cdots ②$$

つまり，各区間に流れる電流 I と抵抗値 R がわかれば，電圧降下 v を算出できる。

(a) 電源 S 点からの電圧降下が最も大きい地点での電圧降下の算出

図 2 のように，各区間の抵抗を r_{SK}，r_{KL}，r_{LM}，r_{KN} [Ω]，電圧降下を v_{SK}，v_{KL}，v_{LM}，v_{KN} [V] とする。また，題意より，各区間を流れる電流は，**図 2** に示すとおりである。

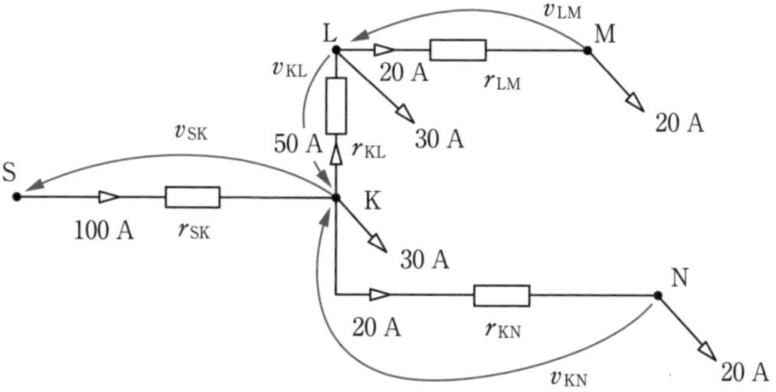

図 2　**各区間の電圧降下**

電圧降下が最も大きくなるのは，電源 S 点から最も離れた地点である M 点または N 点であることは容易に推測できる。

各区間の電圧降下は，②式により，以下のように計算できる。

$$v_{SK}=2\times100[A]\times r_{SK}[\Omega]=2\times100[A]\times(0.48[\Omega/km]\times0.1[km])=9.6[V]$$
$$v_{KL}=2\times50[A]\times r_{KL}[\Omega]=2\times50[A]\times(0.48[\Omega/km]\times0.02[km])=0.96[V]$$
$$v_{LM}=2\times20[A]\times r_{LM}[\Omega]=2\times20[A]\times(0.48[\Omega/km]\times0.02[km])=0.384[V]$$
$$v_{KN}=2\times20[A]\times r_{KN}[\Omega]=2\times20[A]\times(0.48[\Omega/km]\times0.05[km])=0.96[V]$$

以上から，S−M 間の電圧降下 v_{SM}[V]，S−N 間の電圧降下 v_{SN}[V] は，

$$v_{SM}=v_{SK}+v_{KL}+v_{LM}=9.6+0.96+0.384=10.944[V]$$
$$v_{SN}=v_{SK}+v_{KN}=9.6+0.96=10.56[V]$$

したがって，電源 S 点からの電圧降下が最も大きいのは M 地点であり，その値は約 10.9 V である。

(b) L 地点の負荷が 50 A で，電圧降下の最大地点・最大値が変わらない S−K 間の電線 1 km 当たりの抵抗の算出

L 地点の負荷が 30 A から 50 A に増加したとき，変化する諸量の値を図 3 に示すとおりとする。

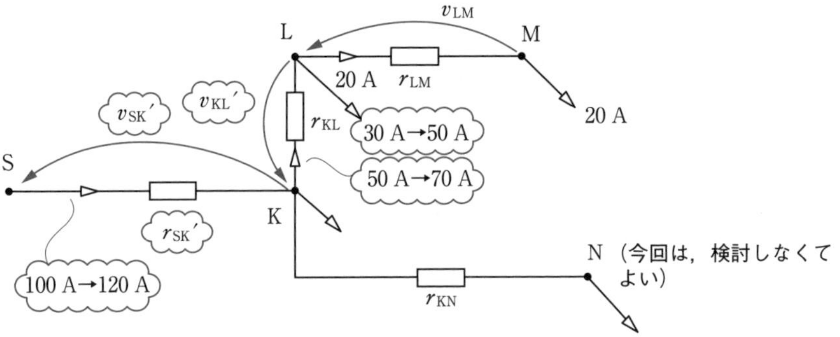

図 3　L 地点の負荷が 50 A に増加したときの様子

ここでは，M 地点での電圧降下の値が変わらないようにするため，S−K 間の抵抗を小さくして r_{SK}'[Ω] にすればよいので，図 2～図 3 から，

$$\underbrace{v_{SK}+v_{KL}+v_{LM}}_{\text{電流変化前の M 地点における電圧降下}}=\underbrace{v_{SK}'+v_{KL}'+v_{LM}}_{\text{電流変化後の M 地点における電圧降下}}\quad\cdots③$$

$$10.944 = \underbrace{2 \times 120 \times r_{SK}'}_{v_{SK}'} + \underbrace{2 \times 70 \times (0.48 \times 0.02)}_{v_{KL}'} + \underbrace{0.384}_{v_{LM}}$$

$$10.944 = 240 r_{SK}' + 1.344 + 0.384$$

$$\therefore \ r_{SK}' = \frac{9.216}{240} = 0.0384\,[\Omega] \quad (\text{S－K 間：100 m})$$

したがって，1 km 当たりでは 0.38 Ω となり，これが求める最大値である。

解答　(a) － (4)，(b) － (3)

考察

・本問は，4 地点の負荷による電圧降下を求める問題である。各区間（4 区間）の電圧降下を求め，その大きさを計算すれば，答えは求められる。ただし，解法にあるように数値が細かくなるので，丁寧に計算しなければならない。

・また，設問(b)では，ある区間の電流が増加したため，M 地点での電圧降下が不変となるためには，S－K 間の抵抗を低減（抵抗を太線化）しなければならないことを理解する必要がある。

ちなみに，抵抗値は断面積 S に反比例するので，太線化するときの断面積 S' は，次のように求められる。ただし，抵抗の抵抗率を ρ，長さを l とする。

$$\frac{r_{SK}'}{r_{SK}} = \frac{\rho \dfrac{l}{S'}}{\rho \dfrac{l}{S}} = \frac{S}{S'} = \frac{0.384}{0.48} \qquad \therefore \ S' = \frac{0.48}{0.384} S = 1.25\,S$$

つまり，電線の断面積をもとの 1.25 倍にしなければならないことがわかる。

5-7 複数負荷と電圧降下 ③
▶ 力率が異なる負荷による電圧降下の算出

問　H13-B 問 12

図のような，A 点および B 点に負荷を有する三相 3 線式高圧配電線がある。電源側 S 点の線間電圧を 6 600 V とするとき，次の(a)および(b)に答えよ。

ただし，配電線 1 線当たりの抵抗およびリアクタンスはそれぞれ 0.3 Ω/km とする。

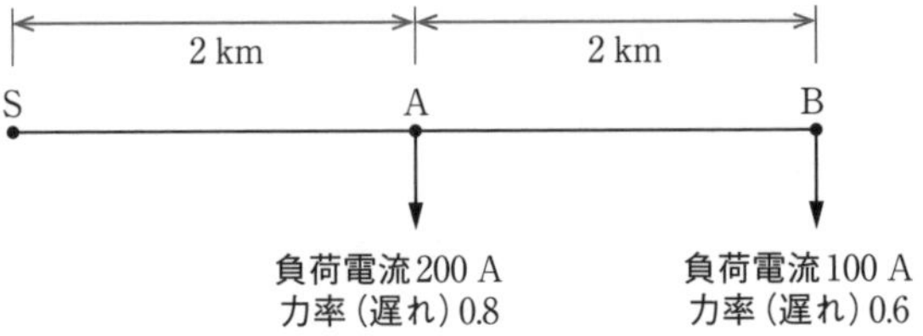

(a) S－A 間に流れる有効電流の値 [A] として，正しいのは次のうちどれか。

(1) 140　(2) 160　(3) 200　(4) 220　(5) 240

(b) B 点における線間電圧の値 [V] として，最も近いのは次のうちどれか。

(1) 5 770　(2) 6 020　(3) 6 130　(4) 6 260　(5) 6 460

ココがポイント！

力率が異なる二つの負荷による電圧降下について理解すること。

2 地点の負荷による電圧降下を求める問題であり，前問 5－5，5－6 と比較すると次表のような特徴がある。

問	備考
5−5	二つの負荷の力率はともに1なので，電源側の区間に流れる電流は「大きさの和」として求められる。
5−6	四つの負荷の力率はすべて1なので，負荷の数が多くても，各区間に流れる電流の和は「大きさの和」として求められる。
5−7（本問）	二つの負荷の力率が異なるので，電源側の区間に流れる電流は「ベクトルの和」として求める必要がある。したがって，前問5−5，5−6よりも難易度が高い内容である。

図1の配電線路において，電源側の区間（S−A 間）に流れる電流をベクトル和として求めてみよう。

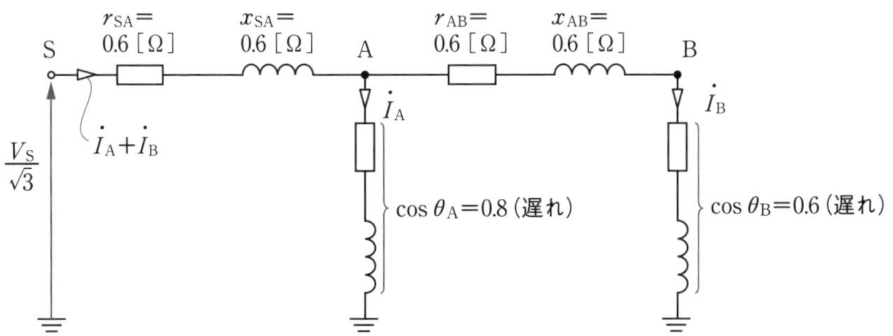

図1　力率が異なる負荷による電圧降下

電源側S点の相電圧を $\frac{V_S}{\sqrt{3}}$ とし，S−A 間の抵抗とリアクタンスを r_{SA}，x_{SA}，A−B 間の抵抗とリアクタンスを r_{AB}，x_{AB} とする。また，A点の負荷電流と負荷力率を $\dot{I}_A$，$\cos\theta_A=0.8$，B点の負荷電流と負荷力率を $\dot{I}_B$，$\cos\theta_B=0.6$ とする。

$$r_{SA}=0.3\times2=0.6[\Omega],\quad x_{SA}=0.3\times2=0.6[\Omega]$$
$$r_{AB}=0.3\times2=0.6[\Omega],\quad x_{AB}=0.3\times2=0.6[\Omega]$$

配電線の電圧降下はS−A 間（電流ベクトルの和 $\dot{I}_A+\dot{I}_B$）とA−B 間（電流ベクトル $\dot{I}_B$）に分けて求めるが，ここではS−A 間のみを検討してみよう。

各負荷の電流を複素数で表すと以下のようになり，S−A 間に流れる電流

I_{SA} が求められる。

$$\dot{I}_A = 200(\cos\theta_A - j\sin\theta_A) = 200(0.8 - j0.6) = 160 - j120\,[\mathrm{A}]$$

$$\dot{I}_B = 100(\cos\theta_B - j\sin\theta_B) = 100(0.6 - j0.8) = 60 - j80\,[\mathrm{A}]$$

$$\therefore\ \dot{I}_A + \dot{I}_B = (160 - j120) + (60 - j80) = 220 - j200\,[\mathrm{A}]$$

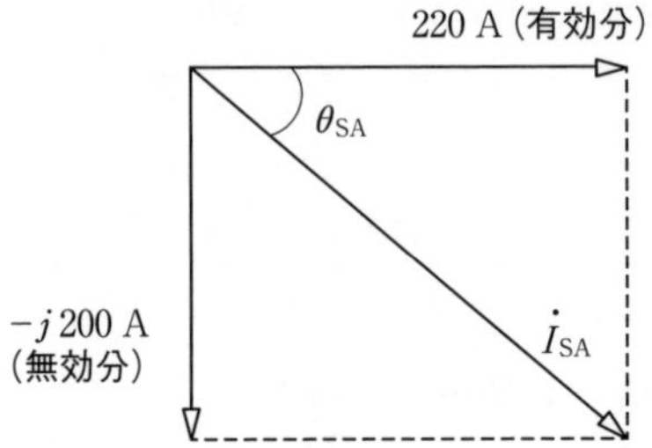

図 2　S−A 間の負荷電流のベクトル図

$$\left|\dot{I}_{SA}\right| = |\dot{I}_A + \dot{I}_B| = \sqrt{220^2 + 200^2} \fallingdotseq 297.3\,[\mathrm{A}]$$

$$\cos\theta_{SA} = \frac{220}{297.3} \fallingdotseq 0.740,\quad \sin\theta_{SA} = \frac{200}{297.3} \fallingdotseq 0.673$$

S−A 間の電圧降下は，S 点と A 点の線間電圧を V_S，V_A とすれば，電圧降下に関する重要公式により，

$$V_S = V_A + \sqrt{3}I_{SA}(r_{SA}\cos\theta_{SA} + x_{SA}\sin\theta_{SA}) \quad \cdots①$$

$$= V_A + \sqrt{3} \times 297.3 \times (0.6 \times 0.740 + 0.6 \times 0.673) = V_A + 436.6$$

となり，これより V_A が求められる。

一方，①式を詳しく検討してみよう。

$$V_S = V_A + \sqrt{3}(r_{SA} \times \underline{I_{SA}\cos\theta_{SA}} + x_{SA} \times \underline{I_{SA}\sin\theta_{SA}}) \quad \cdots②$$

S−A 間に流れる電流の有効分（220 A）　　S−A 間に流れる電流の無効分（200 A）

各区間の 1 線当たりの電圧降下は，電流の有効分と無効分が求められれば，②式から算出することができる（一般に，①式より計算が煩雑にならずに済むことが多い）。それぞれの負荷の力率が異なる場合は，電流の有効分と無効分を求めて，②式から算出できることを覚えておかなければならない。

解法

(a) S－A 間に流れる有効電流の算出

図2から，

$$\dot{I}_{\mathrm{A}}+\dot{I}_{\mathrm{B}}=\underbrace{220}_{\text{電流の有効分}}-j\underbrace{200}_{\text{電流の無効分}}\,[\mathrm{A}]\quad\text{（再掲）}$$

したがって，S－A 間に流れる有効電流は 220 A である。

(b) B 点における線間電圧の算出

A 点の線間電圧 V_{A} は，②式より，

$$\begin{aligned}V_{\mathrm{A}}&=V_{\mathrm{S}}-\sqrt{3}(r_{\mathrm{SA}}\times I_{\mathrm{SA}}\cos\theta_{\mathrm{SA}}+x_{\mathrm{SA}}\times I_{\mathrm{SA}}\sin\theta_{\mathrm{SA}})\\&=6\,600-\sqrt{3}(0.6\times220+0.6\times200)=6\,600-252\sqrt{3}\\&\fallingdotseq6\,164\,[\mathrm{V}]\end{aligned}$$

したがって，B 点の線間電圧 V_{B} は，電圧降下に関する公式から，

$$\begin{aligned}V_{\mathrm{B}}&=V_{\mathrm{A}}-\sqrt{3}I_{\mathrm{B}}(r_{\mathrm{AB}}\cos\theta_{\mathrm{B}}+x_{\mathrm{AB}}\sin\theta_{\mathrm{B}})\\&=6\,164-\sqrt{3}\times100(0.6\times0.6+0.6\times0.8)\\&=6\,164-84\sqrt{3}\fallingdotseq6\,019\,[\mathrm{V}]\quad\rightarrow\quad6\,020\ \mathrm{V}\end{aligned}$$

と求められる。

解答　(a) － (4)，(b) － (2)

考察

・電験三種の電力科目では，複素数計算はそれほど必要とされないが，本問のように，負荷の力率が異なる場合には必要となることがある。

・本問のように，負荷の力率が異なる場合には，電圧降下の計算は煩雑な①式によるのではなく，②式を用いて求められることを覚えておかなくてはならない。そうしないと，設問(a)のような問題には対応できなくなってしまう。

5-8 複数負荷と電圧降下 ④
▶ 力率が異なる負荷による電圧降下を，電力から電流を経由して算出

問　H27-B 問16

図は，三相3線式変電設備を単線図で表したものである。

現在，この変電設備は，a点から3 800 kV·A，遅れ力率0.9の負荷Aと，b点から2 000 kW，遅れ力率0.85の負荷Bに電力を供給している。b点の線間電圧の測定値が22 000 Vであるとき，次の(a)および(b)の問に答えよ。

なお，f点とa点の間は400 m，a点とb点の間は800 mで，電線1条当たりの抵抗とリアクタンスは1 km当たり0.24 Ωと0.18 Ωとする。また，負荷は平衡三相負荷とする。

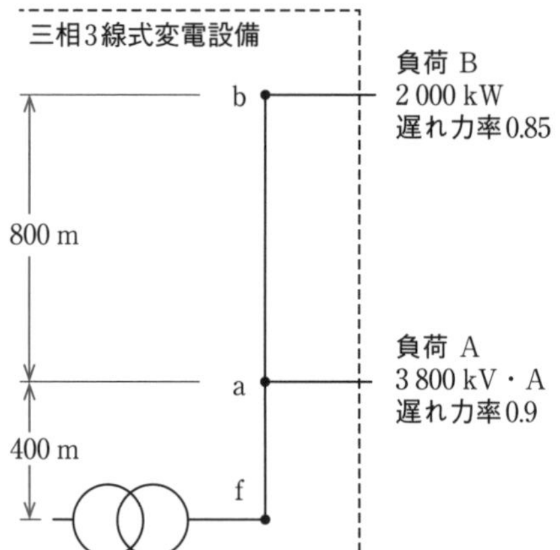

(a) 負荷Aと負荷Bで消費される無効電力の合計値[kvar]として，最も近いものを次の(1)～(5)のうちから一つ選べ。

(1) 2 710　(2) 2 900　(3) 3 080　(4) 4 880　(5) 5 120

(b) f−b間の線間電圧の電圧降下 V_{fb} [V]の値として，最も近いものを次の(1)～(5)のうちから一つ選べ。

ただし，送電端電圧と受電端電圧との相差角が小さいとして得られる近似式を用いて解答すること。

(1) 23　　(2) 33　　(3) 59　　(4) 81　　(5) 101

ココがポイント！

・負荷の皮相電力や有効電力から，負荷電流を求められること。
・電圧降下に関する総合的な知識を持っていること。

前問 5−7 に続き，二つの力率が異なる負荷による電圧降下を求める問題である。前問 5−7 と異なる点は，末端の b 点の線間電圧が題意に与えられていることと，2 地点の負荷電流の代わりに皮相電力 [kV·A] や有効電力 [kW] が与えられていることである。したがって，負荷電流を直交座標表示で（複素数として）求め，電流の有効分，無効分を正しく求めることが必要となる。

さらに，負荷 A の流れる電流を求めるときには，まず a 点の線間電圧を求めなければならないので，区間ごとに電圧降下を求めるときには，a−b 間の電圧降下を先に求めておく必要がある。

解法

(a) 負荷 A と負荷 B で消費される無効電力の合計値の算出

電圧降下とは全く関係がない設問なので，**図 1**，**図 2** において，負荷 A，B の皮相電力（W_A，W_B），有効電力（P_A，P_B），無効電力（Q_A，Q_B）がつくる直角三角形のベクトル図から，それぞれの無効電力 Q_A，Q_B を求めればよい。

$P_A = W_A \cos\theta_A = 3\,800 \times 0.9 = 3\,420$ [kW]

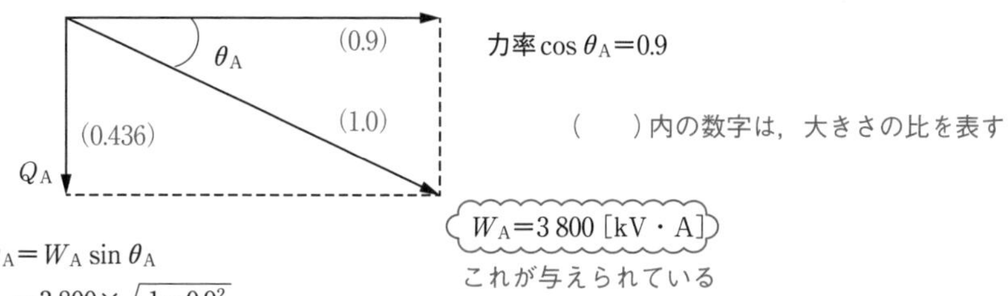

$Q_A = W_A \sin\theta_A$
$= 3\,800 \times \sqrt{1-0.9^2}$
$\fallingdotseq 3\,800 \times 0.436$
$\fallingdotseq 1\,657$ [kvar]

図 1　**負荷 A の電力**

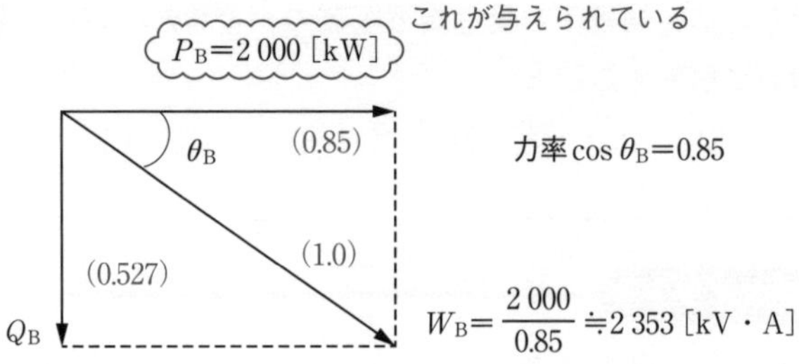

$$
\begin{aligned}
Q_B &= W_B \sin\theta_B \\
&= 2\,353 \times \sqrt{1-0.85^2} \\
&\fallingdotseq 2\,353 \times 0.527 \\
&\fallingdotseq 1\,240\ [\text{kvar}]
\end{aligned}
$$

図2　負荷Bの電力

したがって，図1，図2から，負荷Aと負荷Bの無効電力の合計値 Q[kvar] は，

$$Q = Q_A + Q_B = 1\,657 + 1\,240 = 2\,897\,[\text{kvar}] \quad \rightarrow \quad 2\,900\ \text{kvar}$$

と求められる。

(b) f−b 間の線間電圧の電圧降下 V_{fb} の算出

題意を整理すると，図3のようになる。

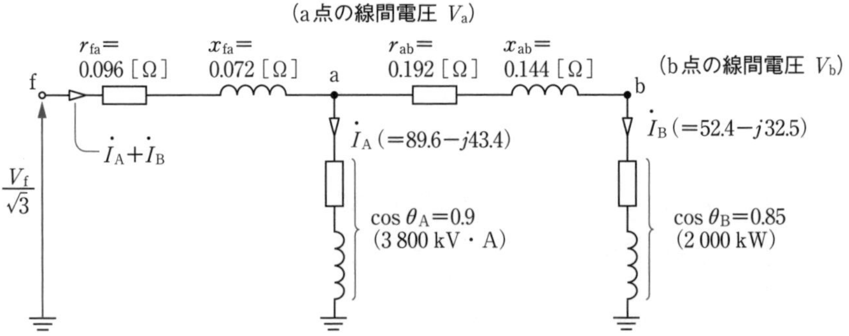

図3　題意の配電線

変圧器側の f 点の相電圧を $\dfrac{V_f}{\sqrt{3}}$（線間電圧を V_f），a 点の線間電圧を V_a，b

点の線間電圧を V_b とする。また，f−a 間の抵抗とリアクタンスを r_{fa}，x_{fa}，a−b 間の抵抗とリアクタンスを r_{ab}，x_{ab} とする。

$$r_{fa}=0.24\times0.4=0.096[\Omega],\quad x_{fa}=0.18\times0.4=0.072[\Omega]$$
$$r_{ab}=0.24\times0.8=0.192[\Omega],\quad x_{ab}=0.18\times0.8=0.144[\Omega]$$

電圧降下は，区間ごとに f−a 間（V_{fa}）と a−b 間（V_{ab}）を求めるので，負荷 A と負荷 B の電流 $\dot{I}_A$，$\dot{I}_B$ を複素数として表すことから始める。

負荷電流 $\dot{I}_B$ は，有効電力 $P_B=2\,000$[kW] が題意に与えられていることに注意して，線間電圧 $V_b=22\,000$[V]，遅れ力率 $\cos\theta_B=0.85$ より，

$$\dot{I}_B=\frac{P_B}{\sqrt{3}\,V_b\cos\theta_B}(\cos\theta_B-j\sin\theta_B)=\frac{2\,000\times10^3}{\sqrt{3}\times22\,000\times0.85}(0.85-j0.527)$$
$$\fallingdotseq61.7(0.85-j0.527)\fallingdotseq52.4-j32.5[\mathrm{A}]\quad\cdots①$$

負荷電流 $\dot{I}_A$ については，a 点の線間電圧 V_a を先に求める必要がある。電圧降下の重要公式に各数値を代入すると，

$$V_a=V_b+V_{ab}=V_b+\sqrt{3}I_B(r_{ab}\cos\theta_B+x_{ab}\sin\theta_B)$$
$$=22\,000+\sqrt{3}\times61.7\times(0.192\times0.85+0.144\times0.527)$$
$$\fallingdotseq22\,000+25.6\fallingdotseq22\,026[\mathrm{V}]\quad\cdots②$$

よって，負荷電流 $\dot{I}_A$ は，皮相電力 $W_A=3\,800$[kV·A] が題意に与えられていることに注意して，線間電圧 $V_a=22\,026$[V]，遅れ力率 $\cos\theta_A=0.9$ より，

$$\dot{I}_A=\frac{W_A}{\sqrt{3}\,V_a}(\cos\theta_A-j\sin\theta_A)\fallingdotseq\frac{3\,800\times10^3}{\sqrt{3}\times22\,026}(0.9-j0.436)$$
$$\fallingdotseq99.6(0.9-j0.436)\fallingdotseq89.6-j43.4[\mathrm{A}]\quad\cdots③$$

③式＋①式より，f−a 間の電流 $\dot{I}_A+\dot{I}_B$ は，

$$\dot{I}_A+\dot{I}_B=(89.6-j43.4)+(52.4-j32.5)$$
$$=142.0-j75.9[\mathrm{A}]\quad\cdots④$$

となり，**図 4** のように表せる。

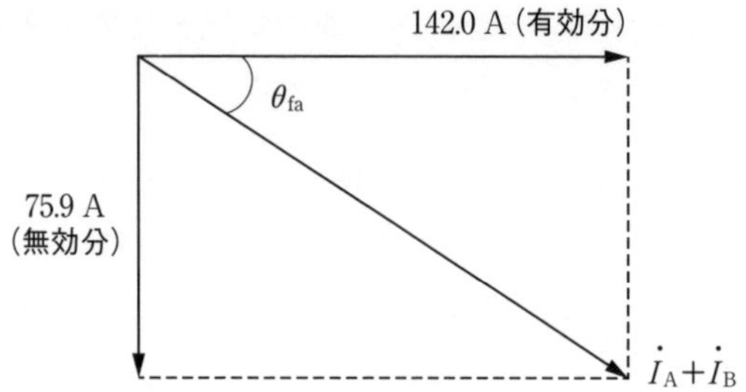

図4　f−a 間の電流ベクトル

これより，f−a 間の電圧降下 V_{fa} は，

$$V_{fa}=\sqrt{3}|\dot{I}_A+\dot{I}_B|(r_{fa}\cos\theta_{fa}+x_{fa}\sin\theta_{fa})$$

$$=\sqrt{3}(r_{fa}\underbrace{|\dot{I}_A+\dot{I}_B|\cos\theta_{fa}}_{\text{f−a 間の電流の有効分（142.0 A）}}+x_{fa}\underbrace{|\dot{I}_A+\dot{I}_B|\sin\theta_{fa}}_{\text{f−a 間の電流の無効分（75.9 A）}})$$

$$=\sqrt{3}(0.096\times142.0+0.072\times75.9)\fallingdotseq33.1\,[\mathrm{V}]\quad\cdots⑤$$

よって，f−b 間の電圧降下 V_{fb} は，f−a 間の電圧降下 V_{fa} と a−b 間の電圧降下 V_{ab} の和となるので，②式と⑤式より，

$$V_{fb}=V_{fa}+V_{ab}=33.1+25.6=58.7\,[\mathrm{V}]\quad\rightarrow\quad59\,\mathrm{V}$$

と求められる。

解答　(a) − (2)，(b) − (3)

考察

・力率が異なる二つの負荷による電圧降下を求める問題である。区間ごとに電圧降下を求めるが，負荷電流を有効分と無効分に分けて表せることや，負荷 A の電流を求める際には，a 点の線間電圧を先に求めておかないと算出できないなど，算出手順が身についていないと正答できない。計算過程も数値が細かいので，図1〜図4のように，直角三角形（ベクトル図）として諸量の関係を見える化することも必要となるであろう。

・本問は，電圧降下に関する総合問題である。短時間で正解に至るためには丁寧な計算が必要とされるが，相当な練習が必要であろう。

5-9 ベクトル作図 ①
▶ 送受電端電圧に位相差があるときの送電電力の算出（1）

問 H30-B 問 17

図のように，抵抗を無視できる 1 回線短距離送電線路のリアクタンスと送電電力について，次の(a)および(b)の問に答えよ。ただし，1 相分のリアクタンス $X = 11\,[\Omega]$，受電端電圧 V_r は 66 kV で常に一定とする。

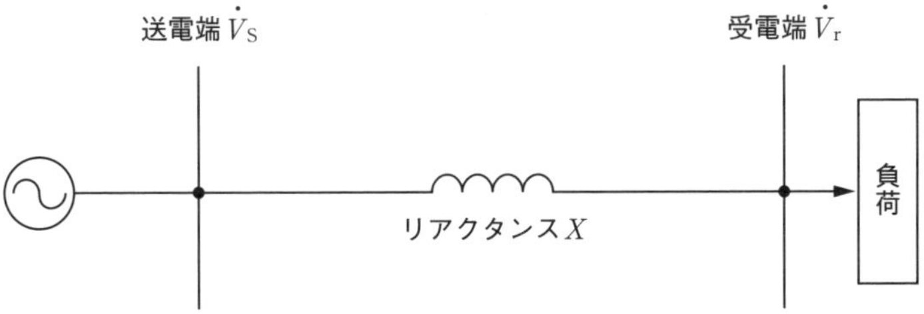

(a) 基準容量を 100 MV·A，基準電圧を受電端電圧 V_r としたときの送電線路のリアクタンスをパーセント法で示した値 [%] として，最も近いものを次の(1)～(5)のうちから一つ選べ。

(1) 0.4　(2) 2.5　(3) 25　(4) 40　(5) 400

(b) 送電端電圧 V_s を 66kV，相差角（送電端電圧 $\dot{V}_s$ と受電端電圧 $\dot{V}_r$ の位相差）δ を 30° としたとき，送電電力 P_s [MW] の値として，最も近いものを次の(1)～(5)のうちから一つ選べ。

(1) 22　(2) 40　(3) 198　(4) 343　(5) 3 960

ココがポイント!

・パーセント（百分率）インピーダンスの定義を理解し，公式（①式）を正しく適用できること。
・送電端電圧と受電端電圧の大きさと位相差が与えられたとき，送電電力を表す公式を正しく適用できること（ベクトル図から理解できていること）。

パーセント（百分率）インピーダンスについて再度，確認しておく。パーセントインピーダンスは，定格電圧に対するインピーダンス電圧[1]の比を百分率[%]で表した値である。回路のインピーダンスを Z[Ω]，定格電圧を $\dfrac{V_n}{\sqrt{3}}$[V]，定格電流を I_n[A]とすると，パーセントインピーダンス$\%Z$[%]は①式で表される。

$$\%Z=\frac{I_n\cdot Z}{\dfrac{V_n}{\sqrt{3}}}\times 100\,[\%]\quad\cdots①$$

インピーダンス電圧（分子 $I_n\cdot Z$）
相電圧（線間電圧 V_n ではないことに注意）（分母 $\dfrac{V_n}{\sqrt{3}}$）

解法

(a) パーセント（百分率）リアクタンスの算出

①式のインピーダンス Z[Ω]をリアクタンス X[Ω]で置き換え，次のように変形する。

$$\%X=\frac{I_n\cdot X}{\dfrac{V_n}{\sqrt{3}}}\times 100=\frac{\dfrac{P_n}{\sqrt{3}\,V_n}\cdot X}{\dfrac{V_n}{\sqrt{3}}}\times 100\quad(P_n：定格容量（基準容量）)$$

$$=\frac{P_n\cdot X}{V_n^{\,2}}\times 100\quad\cdots②$$

パーセント（百分率）リアクタンス$\%X$[%]の値は，②式に題意の数値を代入して，

❶定格電流が流れているときのインピーダンスによる電圧降下をインピーダンス電圧という。

$$\%X = \frac{100 \times 10^6 \times 11}{(66 \times 10^3)^2} \times 100 \fallingdotseq 25\ [\%]$$ （基準電圧は受電端電圧）

と求められる。

(b) 送受電端電圧に位相差があるときの送電電力の算出

抵抗を無視した送電線の等価回路（1 相当たり）は，**図 1** のようになる。

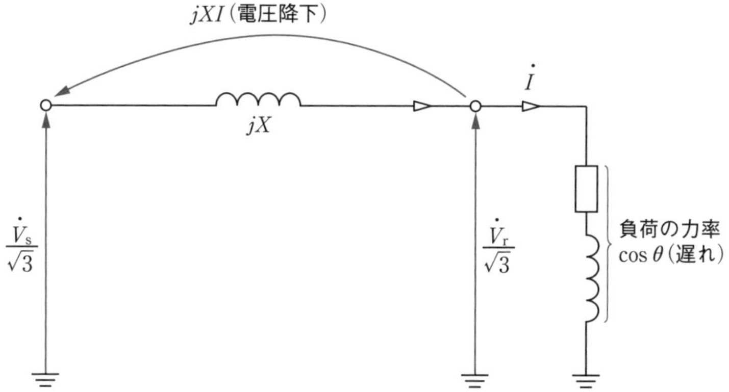

図 1　**抵抗を無視した送電線の等価回路（1 相当たり）**

線路に流れる電流を $\dot{I}$ [A]，負荷力率を $\cos\theta$（遅れ）とする。このとき，受電端の相電圧 $\frac{\dot{V}_r}{\sqrt{3}}$ を基準ベクトルとするベクトル図は，**図 2** のようになる。

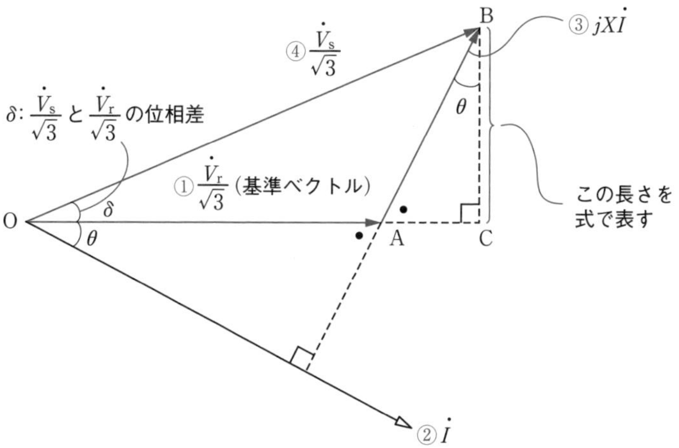

図 2　**送電線のベクトル図**

作図手順

① 基準ベクトル $\dfrac{\dot{V}_{\mathrm{r}}}{\sqrt{3}}$ を書く。

② 基準ベクトルよりも位相が θ だけ遅れたところに電流 $\dot{I}$ を書く。

③ リアクタンス降下を，$\dot{I}$ より位相を 90° だけ進めて書く。（∴ $jX\dot{I}$）

④ 電圧平衡式から $\dfrac{\dot{V}_{\mathrm{s}}}{\sqrt{3}}=\dfrac{\dot{V}_{\mathrm{r}}}{\sqrt{3}}+jX\dot{I}$ を書く。

いま，図2において，$\overline{\mathrm{BC}}$ の長さを式で表すと，

$$\left|\frac{\dot{V}_{\mathrm{s}}}{\sqrt{3}}\right|\sin\delta=XI\cos\theta \quad \cdots③ \qquad \therefore\ I\cos\theta=\frac{1}{X}\cdot\frac{\dot{V}_{\mathrm{s}}}{\sqrt{3}}\sin\delta \quad \cdots④$$

キルヒホッフの第2法則（電圧則）より，図1の電圧平衡式として，

$$\underbrace{\frac{\dot{V}_{\mathrm{s}}}{\sqrt{3}}}_{\text{起電力}} = \underbrace{jX\dot{I}+\frac{\dot{V}_{\mathrm{r}}}{\sqrt{3}}}_{\text{閉回路の電圧降下}} \quad \cdots⑤$$

が成り立つので，これを図2の手順①～④に従って書けばよい。

三相の受電電力 P_{s}（＝送電電力）は，

$$P_{\mathrm{s}}=3\cdot\left(\underbrace{\frac{V_{\mathrm{r}}}{\sqrt{3}}I\cos\theta}_{\text{1相分の有効電力}}\right) \quad \cdots⑥$$

④式を⑥に代入して，

$$P_{\mathrm{s}}=\sqrt{3}\,V_{\mathrm{r}}\left(\frac{1}{X}\cdot\frac{V_{\mathrm{s}}}{\sqrt{3}}\sin\delta\right)=\frac{V_{\mathrm{s}}V_{\mathrm{r}}}{X}\sin\delta \quad \cdots⑦ \quad \boxed{\text{重要公式}}$$

P_{s} [MW] の値は，この⑦式に与えられた数値を代入して，

$$P_{\mathrm{s}}=\frac{(66\times10^{3})\times(66\times10^{3})}{11}\times\underbrace{\sin 30^{\circ}}_{=\frac{1}{2}}=198\times10^{6}\,[\mathrm{W}]=198\,[\mathrm{MW}]$$

と求められる。

解答 (a) − (3), (b) − (3)

考察

・電力科目では従来，送電端電圧と受電端電圧の位相差 δ を扱った計算問題は出題されてこなかった。しかし，近年は平成 27 年（B 問題-問 17），平成 30 年（本問）と立て続けに出題されている。

・⑦式（送電電力を表す式）は重要公式である。機械科目の「同期発電機」や「同期電動機」の出力を求める公式であり，活用できなければならない。なお，公式を導出する根拠となる図 2 のベクトル作図が非常に重要であることは言うまでもない。

・図 1，図 2 は，一般的な送電線（負荷が遅れ力率）におけるベクトル図である。遅れ力率のとき，$\left|\dfrac{\dot{V}_{\mathrm{s}}}{\sqrt{3}}\right| > \left|\dfrac{\dot{V}_{\mathrm{r}}}{\sqrt{3}}\right|$ となることは確認できるであろう。ただし本問では，題意から $V_{\mathrm{s}} = V_{\mathrm{r}} = 66\,[\mathrm{kV}]$ とされている。これを図示すると，結果的に図 3 のようになる。

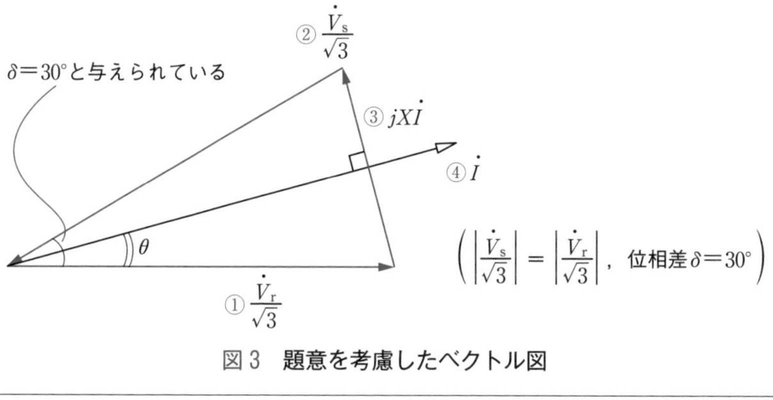

図 3　題意を考慮したベクトル図

作図手順

① 基準ベクトルを書く。

② 題意の条件，大きさ，位相を配慮して書く。

③ 線路の電圧降下を書き加える。

④ 線路電流 $\dot{I}$ を $jX\dot{I}$ に直交するように書く。

$V_s = V_r$ の条件であれば，図3のとおり負荷の力率は「進み」でなければならない。これは，ベクトル作図してみないと判明しない。

・位相差 δ について掘り下げて考えてみよう。送電電力の公式（⑦式）が電力科目で出題されなかったのは，どのような理由であろうか？

送電線の電圧降下は大きくても10%程度であり，そのときのベクトル図は図5のとおりとなる。図5からわかるように，位相差 δ は無視できるほど小さく，生じないに等しいので，電力科目では出題されてこなかったというわけである。

一方，機械科目の「同期機」のテーマでは，同期リアクタンスの大きさ x_s がきわめて大きいので，δ も大きな値となってしまう。このように，送電電力の公式（⑦式）が機械科目で出題される理由が理解できるであろう。

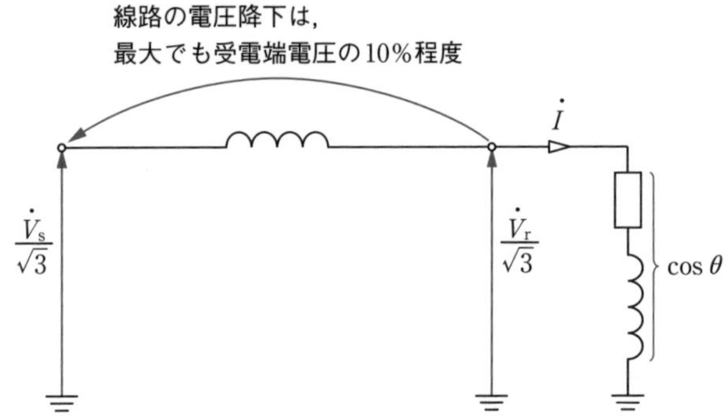

図4　送電線の等価回路（再掲）

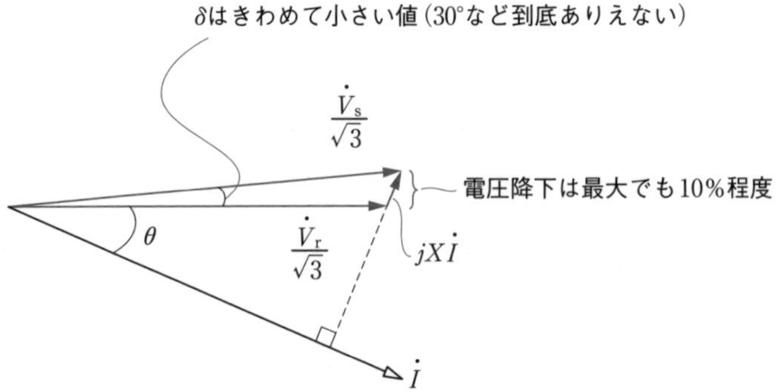

図5　実際の送電線のベクトル図

5-10 ベクトル作図 ② ▶ 送受電端電圧に位相差があるときの送電電力の算出 (2)

問　　H27-B 問 17

図に示すように，線路インピーダンスが異なる A，B 回線で構成される 154 kV 系統があったとする。A 回線側にリアクタンス 5%の直列コンデンサが設置されているとき，次の(a)および(b)の問に答えよ。なお，系統の基準容量は，10 MV·A とする。

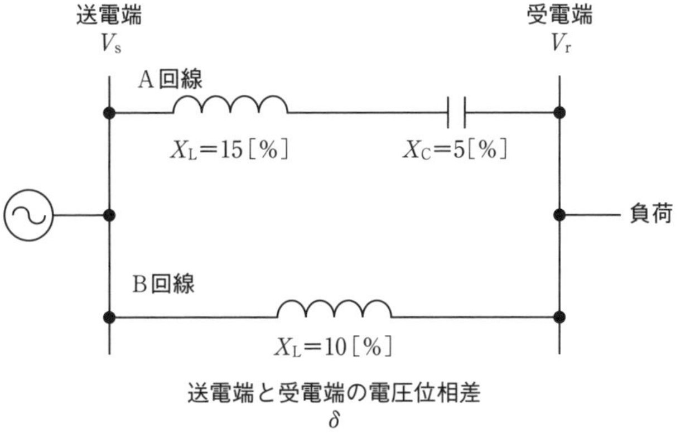

(a) 図に示す系統の合成線路インピーダンスの値 [%] として，最も近いものを次の(1)～(5)のうちから一つ選べ。

(1) 3.3　(2) 5.0　(3) 6.0　(4) 20.0　(5) 30.0

(b) 送電端と受電端の電圧位相差 δ が 30 度であるとき，この系統での送電電力 P [MW] の値として，最も近いものを次の(1)～(5)のうちから一つ選べ。

ただし，送電端電圧 V_s，受電端電圧 V_r は，それぞれ 154 kV とする。

(1) 17　(2) 25　(3) 83　(4) 100　(5) 152

ココがポイント!

電力系統へ直列コンデンサの設置がテーマで，ポイントは次の二つである。

・2回線送電線の並列回路における合成インピーダンスが求められること。

・送受電端電圧に位相差があるときの送電電力の公式を理解し，正しく適用できること。

なお，上記に加え，設問(b)では，パーセント（百分率）インピーダンスからインピーダンスの値[Ω]を求められることもポイントである（前問5−9，②式の応用）。

解法

(a) 系統の合成線路インピーダンスの算出

A，B両回線のリアクタンス（X_L，X_C）の値がパーセント（百分率）で与えられていて，基準容量は同一の10 MV·Aである。したがって，基準容量への換算は不要であり，合成インピーダンスの値は並列回路の合成インピーダンスを求める要領で算出できる。

図1から，合成線路インピーダンスX[%]の値は，

$$X=\frac{X_{LA}'\times X_{LB}}{X_{LA}'+X_{LB}}=\frac{10\times10}{10+10}=5\,[\%]$$

と求められる。

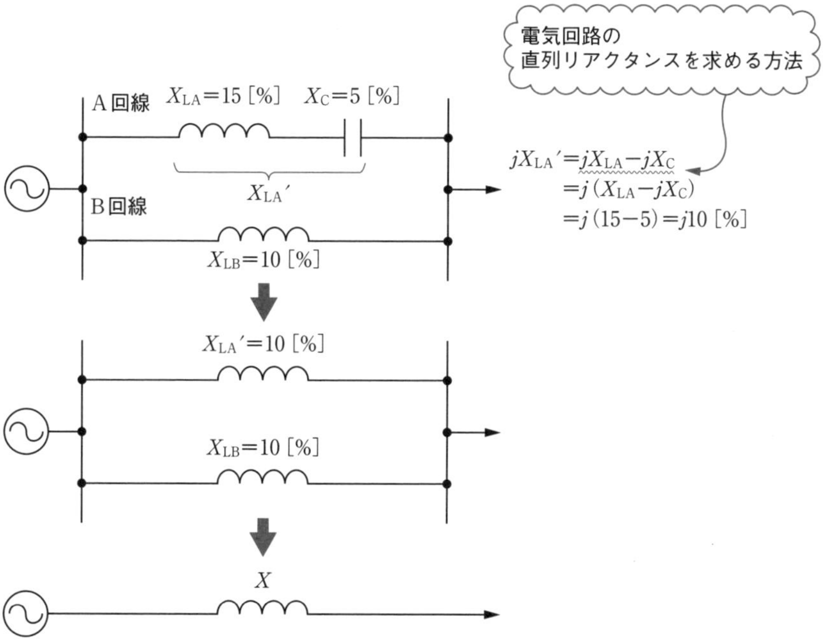

図1　合成インピーダンスの算出

(b) 送受電端電圧の位相差 δ が与えられたときの送電電力の算出

内容的には前問5−9と同じであり，142ページの⑦式を用いて答えを求めればよい。

設問(a)より $\%X=5$ [%] なので，リアクタンス X [Ω] の値は次のように求められる。定格電圧を V_n(=154 [kV])，基準容量を P_n(=10 [MV·A]) とする。

$$X=\frac{\%X}{100}\cdot\frac{V_n{}^2}{P_n}=\frac{5}{100}\times\frac{(154\times10^3)^2}{10\times10^6}=118.58\ [\Omega]$$

したがって，送電電力 P [MW] の値は，送電端電圧を V_S，受電端電圧を V_R として，

$$P=\frac{V_s V_r}{X}\sin\delta=\frac{(154\times10^3)^2}{118.58}\times\sin 30°$$
$$\fallingdotseq 100\times10^6\ [\mathrm{W}]=100\ [\mathrm{MW}]$$

と求められる。

解答　(a) －(2), (b) －(4)

考察

・本問は，前問 5−9 とほぼ同じ内容の類似問題である。ここでは，単位法❶で送電電力 P を求めてみる。

基準容量 10 MV·A を 1 とすると，

$V_s = V_r = 1$（基準電圧）

$$P = \frac{V_s V_r}{X}\sin\delta = \frac{1\times 1}{0.05}\times\sin 30° = 10\,[\mathrm{p.u.}]$$

$\sin 30° = \dfrac{1}{2}$

5%‐‐‐→0.05 を代入

基準容量の 10 倍の送電電力
→10 MW×10 倍＝100 MW

単位法について理解できていれば，$X = 118.58\,[\Omega]$ を求める手間を省くことができる。単位法の扱いに不慣れな場合は，公式 $\left(P = \dfrac{V_s V_r}{X}\sin\delta\right)$ に数値を代入して求める方がよい。

・直列コンデンサについて，送電線のリアクタンス $X\,[\Omega]$ を小さくすることは，公式 $P = \dfrac{V_s V_r}{X}\sin\delta$ において分母が小さくなることなので，送電電力 P は大きくなる。すなわち，送電線に直列コンデンサを接続することにより，送電電力の増大を図れる効果がある。ただし，線路リアクタンスを減少することは，①短絡電流の増大，② LC 直列回路により異常電圧が生じる可能性がある等の欠点もあるので，一般に送電線には採用されていない。直列コンデンサの効果については，文章正誤判定問題，空所補充問題での出題が考えられるので，その点についても本問を通して確認しておきたい。

❶電圧や電流，インピーダンスなどを基準量に対する倍率（小数）で表す方法である。pu（ピーユー）法ともいう。

5-11 ベクトル作図 ③ ▶ π 形回路のアドミタンスおよびリアクタンスの算出

問 H24-B 問 16

三相 3 線式 1 回線無負荷送電線の送電端に線間電圧 66.0 kV を加えると，受電端の線間電圧は 72.0 kV，1 線当たりの送電端電流は 30.0 A であった。この送電線が，線路アドミタンス B[mS] と線路リアクタンス X[Ω] を用いて，図に示す等価回路で表現できるとき，次の(a)および(b)の問に答えよ。

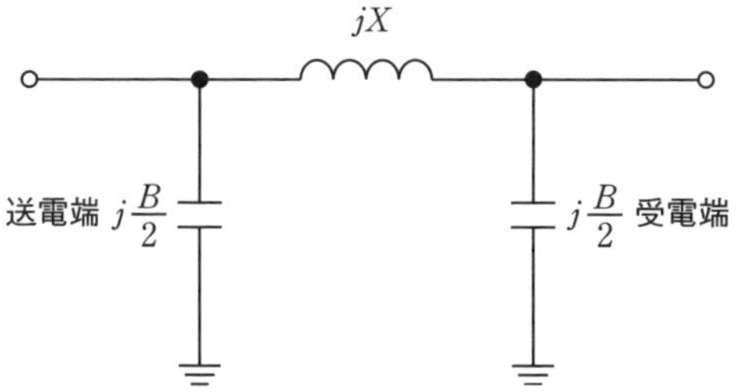

(a) 線路アドミタンス B[mS] の値として，最も近いものを次の(1)～(5)のうちから一つ選べ。

(1) 0.217　(2) 0.377　(3) 0.435　(4) 0.545　(5) 0.753

(b) 線路リアクタンス X[Ω] の値として，最も近いものを次の(1)～(5)のうちから一つ選べ。

(1) 222　(2) 306　(3) 384　(4) 443　(5) 770

ココがポイント！

送電線の等価回路の扱いや，複素数計算，ベクトル作図ができること。（本問は，内容的には単相交流回路の計算問題といえる。）

●送電線の等価回路

① 短距離送電線

送電線1線当たりを，**図1**のように抵抗 R とリアクタンス X の直列回路と見なす。電圧降下や電力損失を求める問題では，このように1線当たりのインピーダンスとして扱う内容がほとんどである。

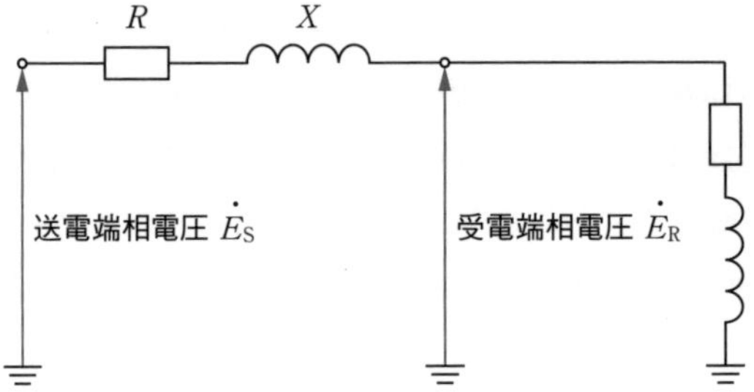

図1　**短距離送電線の等価回路**

（注意） 電験三種の計算問題では，位相を問う出題はほとんどないので，大きさ $|\dot{E}_S|$，$|\dot{E}_R|$ を考えられればよい。

② 中距離送電線

対地静電容量 C を考慮して等価回路を考える。ただし，このように考えなければ解けない内容は，電験三種での出題は希《まれ》である。

なお本問では，**図2**，**図3**のように，対地静電容量 C を送電端と受電端に分割して配置し，さらに抵抗 R を無視した内容になっている。

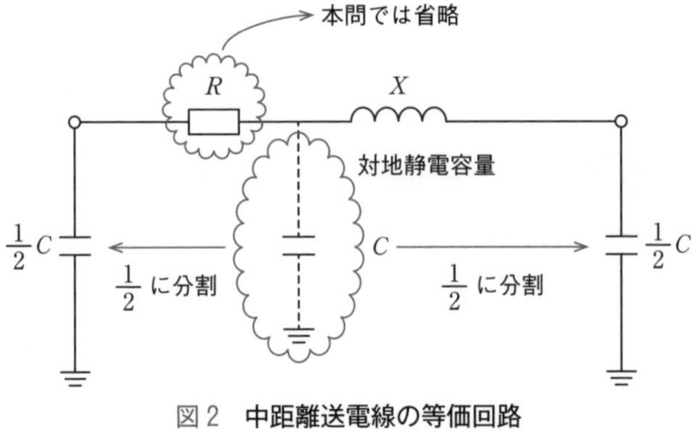

図2　**中距離送電線の等価回路**

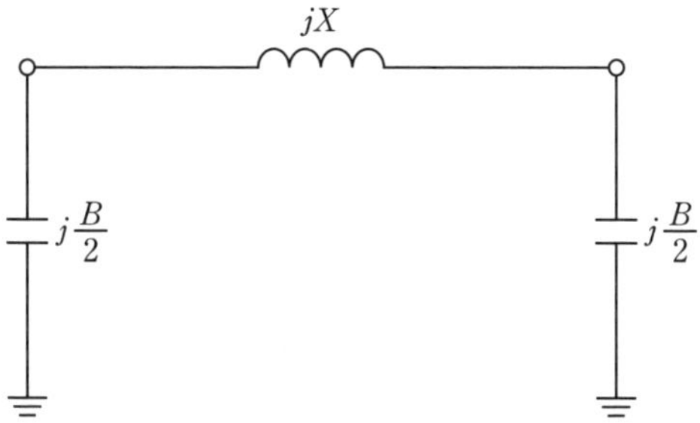

図 3　本問の送電線の等価回路（π 形回路）

インピーダンス $\dot{Z}$ は，リアクタンスを X_{C}，角周波数を ω として，次のように表される。

$$\dot{Z}=-jX_{\mathrm{C}}=\frac{1}{jX_{\mathrm{C}}}=\frac{1}{j\omega\left(\dfrac{1}{2}C\right)}=\frac{2}{j\omega C}$$

よって，アドミタンス❶ $\dot{Y}$ は $\dot{Z}$ の逆数なので，次のように表される。

$$\dot{Y}=\frac{1}{-jX_{\mathrm{C}}}=j\frac{1}{2}\omega C=j\frac{B}{2}\qquad(B=\omega C)$$

解法

三相 3 線式無負荷送電線のうちの，どの部分を問われているかを確認しておく（図 4）。

❶アドミタンスが複素数 $\dot{Y}=G+jB$ で表されるとき，G を**コンダクタンス**，B を**サセプタンス**という。G が無視できる場合，アドミタンス $\dot{Y}=jB$ の大きさは B となる。

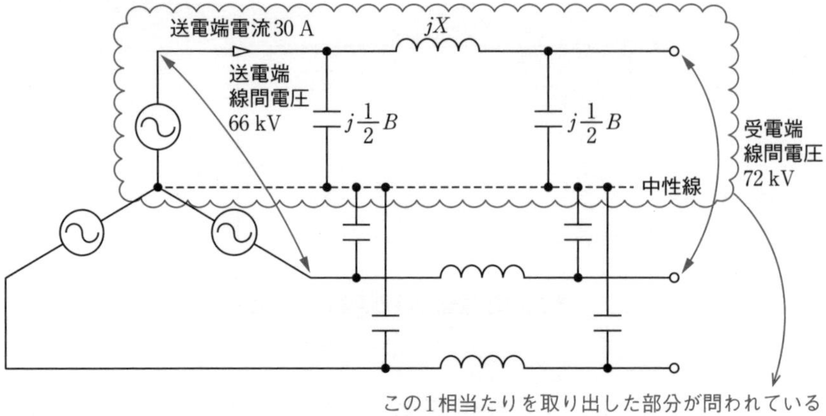

図4　**電気回路の確認**

さらに，その等価回路において，**図5**のように各値の量記号を定義する。

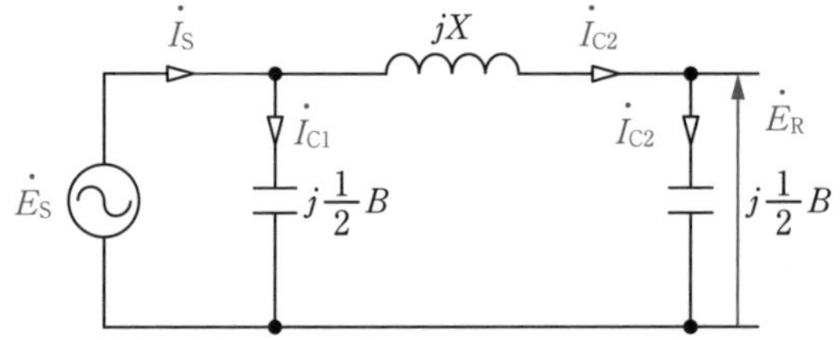

$\dot{E}_{S}$：送電端相電圧，$\dot{E}_{R}$：受電端相電圧，$\dot{I}_{C1}$：送電端のアドミタンスに流れる電流，$\dot{I}_{C2}$：受電端のアドミタンスに流れる電流，$\dot{I}_{S}$：送電端電流

図5　**等価回路**

さらに，状況を整理するために，**図5**を**図6**のように書き換える。

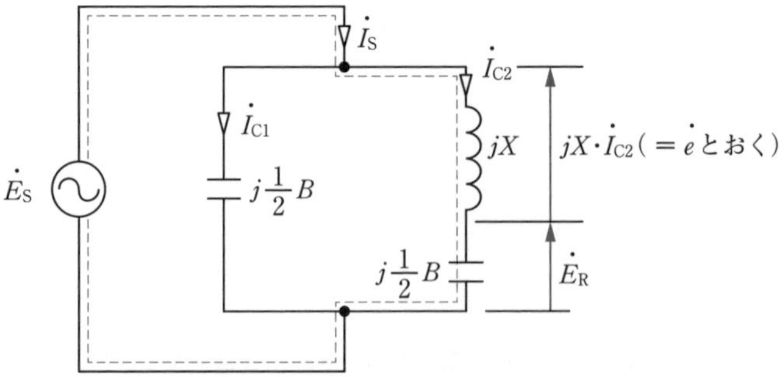

図6　**わかりやすく書き換えた直並列回路**

未知数 X, B を求めるために，キルヒホッフの第２法則（電圧則）を破線の閉回路に適用すると，

$$\underset{\text{起電力}}{\dot{E}_{\mathrm{S}}} = \underset{\text{閉回路の電圧降下}}{jX\cdot\dot{I}_{\mathrm{C2}}+\dot{E}_{\mathrm{R}}} \quad \cdots①$$

$$=jX\cdot j\frac{B}{2}\dot{E}_{\mathrm{R}}+\dot{E}_{\mathrm{R}} \quad \left(\because\ \dot{I}_{\mathrm{C2}}=j\frac{B}{2}\cdot\dot{E}_{\mathrm{R}}\right)$$

流れる電流は，アドミタンスと電圧の積である

$$=-\frac{1}{2}BX\dot{E}_{\mathrm{R}}+\dot{E}_{\mathrm{R}}$$

$$=\left(1-\frac{1}{2}BX\right)\dot{E}_{\mathrm{R}} \quad \cdots②$$

ここに未知数 B, X が含まれている

さらに，キルヒホッフの第１法則（電流則）を適用して，

$$\dot{I}_{\mathrm{S}}=\dot{I}_{\mathrm{C1}}+\dot{I}_{\mathrm{C2}}=j\frac{B}{2}\dot{E}_{\mathrm{S}}+j\frac{B}{2}\dot{E}_{\mathrm{R}}$$

$$=j\frac{1}{2}B\left(\dot{E}_{\mathrm{S}}+\dot{E}_{\mathrm{R}}\right) \quad \cdots③$$

ここに未知数 B が含まれている

これをアドミタンス B について解くと，次のようになる。

$$B=\frac{2\dot{I}_{\mathrm{S}}}{j\left(\dot{E}_{\mathrm{S}}+\dot{E}_{\mathrm{R}}\right)}=-j\frac{2\dot{I}_{\mathrm{S}}}{\dot{E}_{\mathrm{S}}+\dot{E}_{\mathrm{R}}} \quad \cdots④$$

B の値を求めるには，$\dot{E}_{\mathrm{S}}+\dot{E}_{\mathrm{R}}$ の値を求める必要がある。$\dot{E}_{\mathrm{S}}+\dot{E}_{\mathrm{R}}$ の値を求めるために，**図 5** で定義した電圧 $\dot{E}_{\mathrm{S}}$, $\dot{E}_{\mathrm{R}}$, 電流 $\dot{I}_{\mathrm{S}}$, $\dot{I}_{\mathrm{C1}}$, $\dot{I}_{\mathrm{C2}}$ のベクトル図を，$\dot{E}_{\mathrm{R}}$ を基準ベクトルとして書いてみる（**図 7**）。

●ベクトル作図の手順

① $\dot{E}_{\mathrm{R}}$ を基準ベクトルとして書く。

② 受電端のアドミタンスに流れる電流 $\dot{I}_{\mathrm{C2}}$ を，$\dot{E}_{\mathrm{R}}$ より位相を 90° 進めて書く。

$$\dot{I}_{\mathrm{C2}}=j\frac{B}{2}\cdot\dot{E}_{\mathrm{R}} \quad \cdots⑤$$

$\dot{E}_{\mathrm{R}}$ より位相が 90° 進み

③ 線路での電圧降下 $\dot{e}$ を書く。

$$\dot{e}=jX\cdot\dot{I}_{C2}=jX\cdot j\frac{B}{2}\cdot\dot{E}_R=-\frac{1}{2}BX\dot{E}_R\quad\cdots⑥$$

$\dot{E}_R$ より位相が 180° 遅れる（進む） → 逆位相

④ $\dot{E}_S$ を書く。

$$\dot{E}_S=\dot{e}+\dot{E}_R=-\frac{B}{2}\cdot X\dot{E}_R+\dot{E}_R=\left(1-\frac{1}{2}BX\right)\dot{E}_R\quad\cdots②\ （再掲）$$

この部分は 1 より小さい，つまり，$\dot{E}_S$ の方が $\dot{E}_R$ より小さい
また，この部分は有理数なので，$\dot{E}_S$ と $\dot{E}_R$ は同相である
（同相であることは，②式を書かないと判明しない）

⑤ 送電端のアドミタンスに流れる電流 $\dot{I}_{C1}$ を，$\dot{E}_R$ より位相を 90° 進めて書く。

$$\dot{I}_{C1}=j\frac{B}{2}\cdot\dot{E}_S\quad\cdots⑦$$

（$\dot{E}_S$ と $\dot{E}_R$ が同相なので，$\dot{I}_{C1}$ と $\dot{I}_{C2}$ も同相
また，$|\dot{E}_S|<|\dot{E}_R|$ なので，$|\dot{I}_{C1}|<|\dot{I}_{C2}|$）

⑥ 送電端電流 $\dot{I}_S$ を書く。

$$\dot{I}_S=\dot{I}_{C1}+\dot{I}_{C2}\quad\cdots⑧$$

①～⑥の手順でベクトル図を書くと，図 7 のようになる。

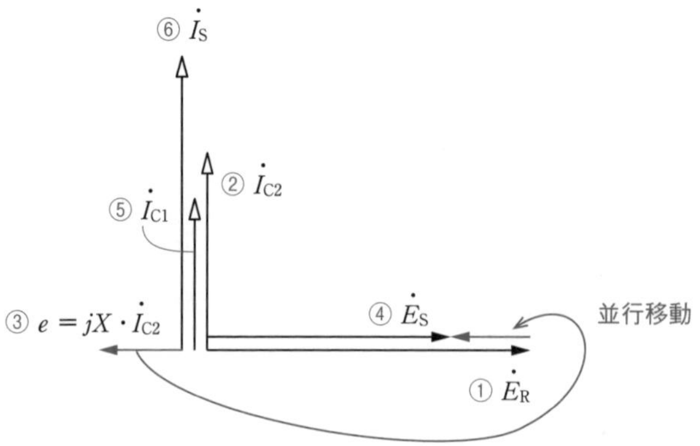

$$\begin{cases} E_S=\dfrac{66}{\sqrt{3}}\times10^3\,[\mathrm{V}] \\ E_R=\dfrac{72}{\sqrt{3}}\times10^3\,[\mathrm{V}] \\ I_S=30\,[\mathrm{A}] \end{cases}$$

図 7　ベクトル図

$\dot{E}_S$ と $\dot{E}_R$ が同相であることが判明したので，④式から B を求めると，

$$B=\frac{2\left|\dot{I}_S\right|}{\left|\dot{E}_S+\dot{E}_R\right|}=\frac{2\times 30}{\left(\dfrac{66\times 10^3}{\sqrt{3}}+\dfrac{72\times 10^3}{\sqrt{3}}\right)}=\frac{\sqrt{3}\times 60}{(66+72)\times 10^3}$$

$$\fallingdotseq 7.53\times 10^{-4}\,[\mathrm{S}]=0.753\times 10^{-3}\,[\mathrm{S}]=0.753\,[\mathrm{mS}]$$

したがって，リアクタンス $X\,[\Omega]$ の値は，②式から，

$$\left|\dot{E}_S\right|=\left(1-\frac{1}{2}BX\right)\left|\dot{E}_R\right|$$

$$\frac{E_S}{E_R}=1-\frac{1}{2}BX$$

$$\frac{1}{2}BX=1-\frac{E_S}{E_R}$$

$$\therefore\ X=\frac{2\left(1-\dfrac{E_S}{E_R}\right)}{B}=\frac{2\left(1-\dfrac{\dfrac{66\times 10^3}{\sqrt{3}}}{\dfrac{72\times 10^3}{\sqrt{3}}}\right)}{0.753\times 10^{-3}}\fallingdotseq 222\,[\Omega]$$

と求められる。

解答　(a) － (5)，(b) － (1)

考察

・アドミタンスの扱いに不慣れな受験者は多いことだろう。本問では，**図 5** に流れる電流 $\dot{I}_{C2}$ が単純な積の形で表されることにアドミタンスの有用性がある。

$$\dot{I}_{C2}=\dot{Y}\cdot\dot{E}_R$$

これがインピーダンス $\dot{Z}$ のままだと，分数の形 $\left(\dot{I}_{C2}=\dfrac{\dot{E}_R}{\dot{Z}}\right)$ になって式が複雑になってしまう。

このアドミタンスは，機械科目の誘導機や変圧器の等価回路における無負荷電流を求めるときに登場するので，よく確認しておきたい。

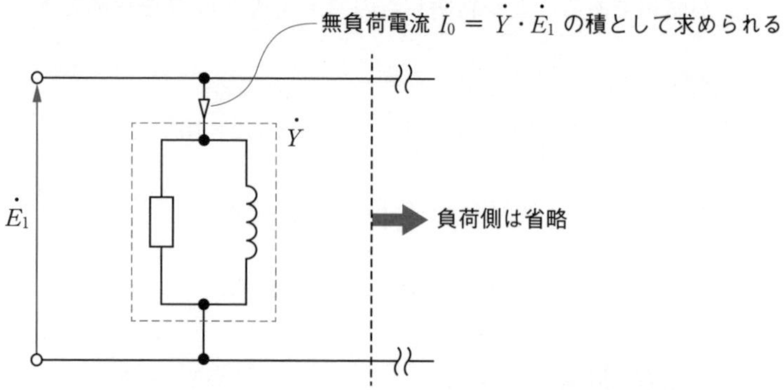

図 8　誘導機や変圧器の等価回路における無負荷電流

・送電線に対地静電容量があるときについて考える。本問のように，送電線の対地静電容量を考慮すると，フェランチ効果により，受電端電圧が送電端電圧より上昇する。フェランチ効果は，文章正誤判定問題で出題される（後の問 7−3 参照，266 ページ）。フェランチ効果の影響・対策も含めて確認しておきたい。

・本問は電気回路の応用であるが，中距離送電線の等価回路（π 形回路）と複素数による表し方（①～④式），ベクトル作図（**図 7**）など，理論科目の内容をしっかり理解できていないと対応はできない。電験三種の出題内容では，最高難度といえよう。

本問よりやや易しい等価回路の問題として，同じ π 形回路を扱った，インダクタンス L，静電容量 C が与えられている問題が昭和 57 年に出題されている。拙著『計算問題が一番解ける本』の**電力 63**（S57-Q21 B 問題）に掲載・解説してあるので，参照してほしい。こちらの方がベクトルの作図も不要で，取り組みやすい問題であろう。この問題も，フェランチ効果を確認する内容として出題されている。

5-12 電圧変動率 ▶ コンデンサ投入時の電圧変動率からパーセントインピーダンスを算出

問 H29-B 問 17

特別高圧三相 3 線式専用 1 回線で，6 000 kW（遅れ力率 90%）の負荷 A と 3 000 kW（遅れ力率 95%）の負荷 B に受電している需要家がある。

次の(a)および(b)の問に答えよ。

(a) 需要家全体の合成力率を 100% にするために必要な力率改善用コンデンサの総容量の値 [kvar] として，最も近いものを次の(1)～(5)のうちから一つ選べ。

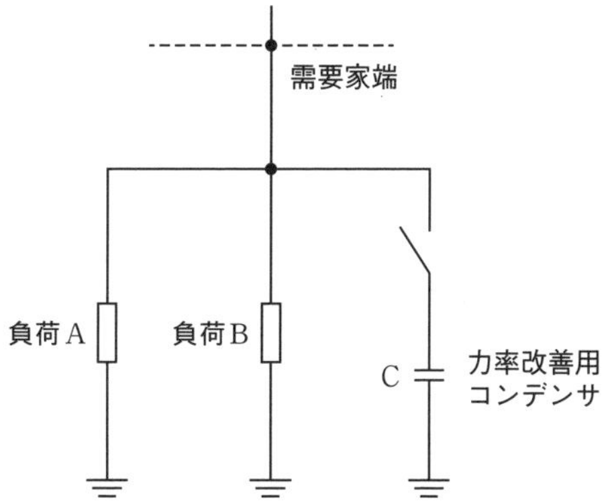

(1) 1 430　(2) 2 900　(3) 3 550　(4) 3 900　(5) 4 360

(b) 力率改善用コンデンサの投入・開放による電圧変動を一定値に抑えるために力率改善用コンデンサを分割して設置・運用する。下図のように分割設置する力率改善用コンデンサのうちの 1 台（C1）は容量が 1 000 kvar である。C1 を投入したとき，投入前後の需要家端 D の電圧変動率が 0.8% であった。需要家端 D から電源側を見たパーセントインピーダンスの値 [%]（10 MV･A ベース）として，最も近いものを次の(1)～(5)のうちから一つ選べ。

ただし，線路インピーダンスXはリアクタンスのみとする。また，需要家構内の線路インピーダンスは無視する。

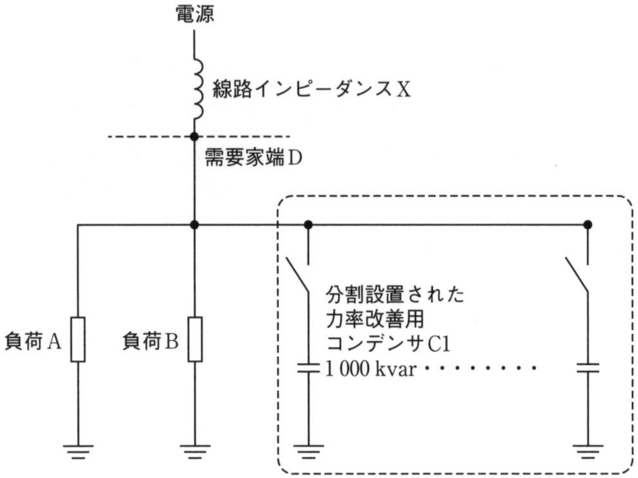

(1) 1.25　(2) 8.00　(3) 10.0　(4) 12.5　(5) 15.0

ココがポイント!

設問(a)は電験三種で頻繁に出題されている「力率改善」のテーマ，設問(b)は「無効電力の変化に伴う受電端電圧の変動」をテーマとした内容である。特に，設問(b)は難易レベルが高い。

解法

(a) 力率改善用コンデンサの総容量の算出

力率改善を理解するために，有効電力，無効電力，皮相電力の三者関係をベクトル図（直角三角形）で表し，見える化する。

負荷A，負荷Bの力率を $\cos\theta_A$，$\cos\theta_B$ として，負荷A，負荷Bの有効電力 P_A，P_B，無効電力 Q_A，Q_B，皮相電力 W_A，W_B の関係をベクトル図で表すと，図1，図2のようになる。そして図1，図2から，Q_A，W_A，Q_B，W_B の値が求められる。

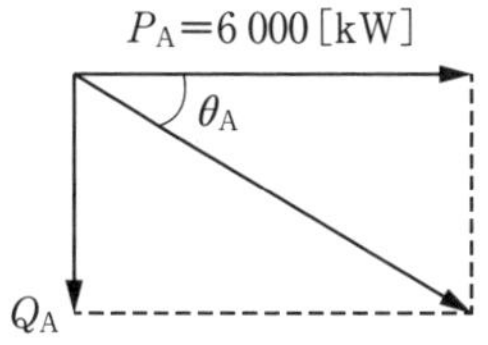

$\cos\theta_A=0.9$

有効電力と力率の値から，皮相電力と無効電力の値を確実に求められるようにしたい

$$W_A=\frac{P_A}{\cos\theta_A}=\frac{6\,000}{0.9}=6\,667\,[\mathrm{kV\cdot A}]$$

$$\begin{aligned}Q_A&=W_A\sin\theta_A=W_A\sqrt{1-\cos^2\theta_A}\\&=6\,667\times\sqrt{1-0.9^2}\\&=6\,667\times0.436=2\,906\,[\mathrm{kvar}]\end{aligned}$$

図1　**負荷Aのベクトル図から W_A，Q_A を算出**

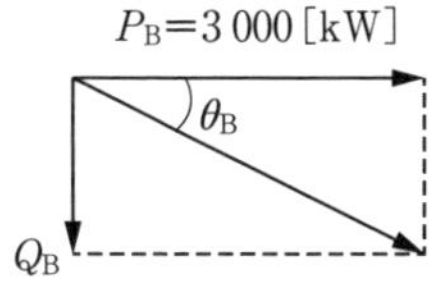

$\cos\theta_B=0.95$

$$W_B=\frac{P_B}{\cos\theta_B}=\frac{3\,000}{0.95}=3\,158\,[\mathrm{kV\cdot A}]$$

$$\begin{aligned}Q_B&=W_B\sin\theta_B=W_B\sqrt{1-\cos^2\theta_B}\\&=3\,158\times\sqrt{1-0.95^2}\\&=3\,158\times0.312=986\,[\mathrm{kvar}]\end{aligned}$$

図2　**負荷Bのベクトル図から W_B，Q_B を算出**

負荷Aと負荷Bの有効電力 P_A，P_B，無効電力 Q_A，Q_B のベクトルを合成すると，**図3**のようになる。

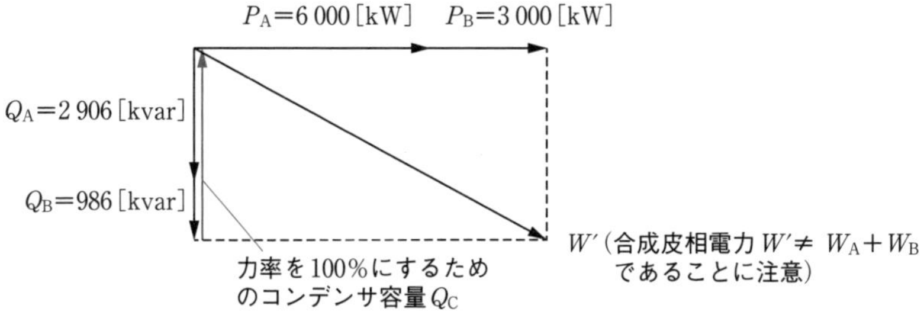

図3　**負荷Aと負荷Bのベクトルの合成**

需要家全体の合成力率を100％にするためには，無効電力を零にすればよい。よって，**図3**から，必要なコンデンサ容量 Q_C [kvar] の値は，

$$Q_C = Q_A + Q_B = 2\,906 + 986 = 3\,892\,[\mathrm{kvar}] \quad \rightarrow \quad 3\,900\ \mathrm{kvar}$$

と求められる。

(b) 需要家端Dから電源側を見たパーセントインピーダンスの算出

具体的な解法の前に，「電圧変動率」と「パーセント（百分率）インピーダンス」について確認しておく。

●電圧変動率

「電圧変動率」は，機械科目で頻繁に出題されるテーマの一つである。出力電圧を扱う「直流発電機」「同期発電機」「変圧器」などで登場するが，定義はすべて同じであり，次式で表される。

$$\text{電圧変動率}\ \varepsilon = \frac{V_0 - V_n}{V_n} \times 100\,[\%] \quad \cdots ①$$

V_0：無負荷時の端子電圧＝内部起電力（電力科目では「送電端電圧」）

V_n：定格時の端子電圧（電力科目では「受電端電圧」）

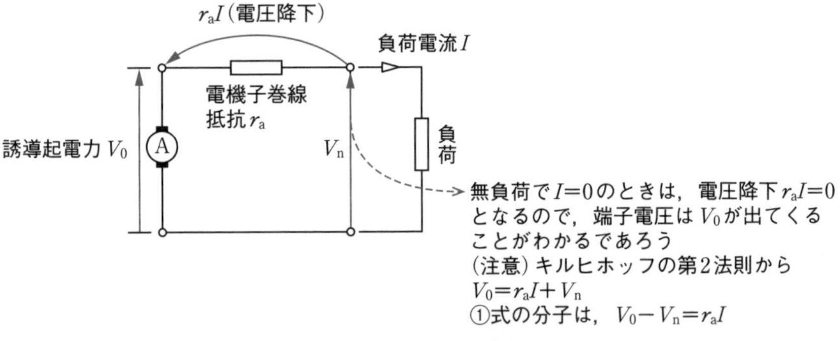

図4　直流発電機の電圧変動率

つまり，①式は直流発電機の場合，次式のように解釈してもよい。

$$\varepsilon = \frac{r_aI}{V_n} \times 100\,[\%] \quad \cdots ②$$

（r_aI：内部での電圧降下，V_n：定格電圧）

これを，送電線1相当たりの電圧変動率（電圧降下率）として考えてみる。そのため図5に，送電線のモデルを示す。

図4と図5の対応から，電圧降下率 ε は次のように表せる。

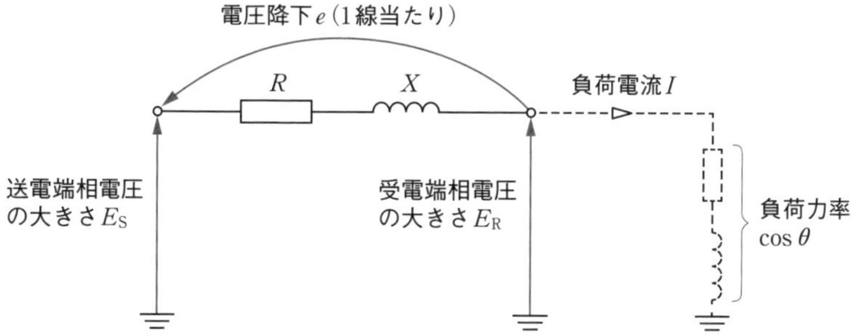

図5　送電線のモデル（電圧降下率の検討）

$$\varepsilon = \frac{E_S - E_R}{E_R} \times 100\,[\%] \quad \cdots ③$$

（①式において，V_0 を E_S に，V_n を E_R に置き換えた）

相電圧を $\sqrt{3}$ 倍して線間電圧で表す

線間の電圧降下 v

$$= \frac{V_S - V_R}{V_R} \times 100\,[\%] \quad \cdots ④$$

（問5−1の②式，100ページ）

④式に電圧降下の重要公式 $V_S = V_R + \sqrt{3} I (R\cos\theta + X\sin\theta)$ …⑤を代入すると，電圧変動率 ε[%]は次のように表せる。

$$\varepsilon = \frac{\sqrt{3} I (R\cos\theta + X\sin\theta)}{V_R} \times 100$$

$$= \frac{\sqrt{3} V_R I (R\cos\theta + X\sin\theta)}{V_R \times V_R} \times 100$$

分母分子に V_R をかける
ここが変形のポイント

負荷の有効電力 P　　負荷の無効電力 Q

$$= \frac{\sqrt{3} V_R I \cos\theta \cdot R + \sqrt{3} V_R I \sin\theta \cdot X}{{V_R}^2} \times 100$$

$$= \frac{PR + QX}{{V_R}^2} \times 100\,[\%] \quad \cdots ⑥$$

●パーセント（百分率）インピーダンス

一方，「パーセント（百分率）インピーダンス」の定義は次式で表される。

$$\%Z=\frac{I_n\cdot Z}{\frac{V_n}{\sqrt{3}}}\times 100\,[\%]\quad\cdots ⑦$$

（$I_n\cdot Z$ →）これも機械内部での電圧降下

（$\frac{V_n}{\sqrt{3}}$ →）定格相電圧（定格端子電圧を $\sqrt{3}$ で割る）

⑦式に $I_n=\dfrac{P_n}{\sqrt{3}\,V_n}$ を代入すると，

$$\%Z=\frac{\left(\frac{P_n}{\sqrt{3}\,V_n}\right)\cdot Z}{\frac{V_n}{\sqrt{3}}}\times 100=\frac{P_n\cdot Z}{{V_n}^2}\times 100\,[\%]\quad\cdots ⑧$$

機械科目の重要公式

⑥式をさらに変形して，⑧式から得られる $\%R=\dfrac{P_n\cdot R}{V_n}\times 100\,[\%]$，$\%X=\dfrac{P_n\cdot X}{V_n}\times 100\,[\%]$ を代入すると，

$$\varepsilon=\frac{PR}{{V_R}^2}\times 100+\frac{QX}{{V_R}^2}\times 100=\frac{P}{P_n}\cdot\frac{P_n\cdot R}{{V_R}^2}\times 100+\frac{Q}{P_n}\cdot\frac{P_n\cdot X}{{V_R}^2}\times 100$$

（$\frac{PR}{{V_R}^2}\times 100+\frac{QX}{{V_R}^2}\times 100$）⑥式を2項に分ける

（$\frac{P_n\cdot R}{{V_R}^2}\times 100$ →）$\%R$　（$\frac{P_n\cdot X}{{V_R}^2}\times 100$ →）$\%X$

$\%R$，$\%X$ に置き換えができるように $\dfrac{1}{P_n}$ を前に出す

V_R を基準電圧とするため，$V_R=V_n$ に置き換える

$$=\frac{P}{P_n}\cdot\%R+\frac{Q}{P_n}\cdot\%X$$

さらに，単位法を導入して，

$$=P\,[\mathrm{p.u.}]\cdot\%R+Q\,[\mathrm{p.u.}]\cdot\%X\quad\cdots ⑨$$

単位 [p.u.]
単位法（pu 法：Per Unit method）

➡ $P\,[\mathrm{p.u.}]=\dfrac{P}{P_n}$，$Q\,[\mathrm{p.u.}]=\dfrac{Q}{P_n}$　基準容量に対する割合（小数）

一般に，送電線では $R<X$ の場合が多く，本問では抵抗 $R=0$（無視している）なので，結局，電圧変動率 ε は，⑨式の第 2 項のみで表されることになる。

$$\varepsilon = Q\,[\mathrm{p.u.}]\cdot\%X \quad \cdots⑩$$

この⑩式に題意の条件を当てはめてみると，

$$\varepsilon = \frac{Q_C}{P_n}\cdot\%X$$

コンデンサ 1 台の容量 1 000 [kvar]＝1 [Mvar]（Q_C）

求めるのは線路のパーセントインピーダンス（$\%X$）

0.8%（ε）

与えられた基準容量 10 MV·A（P_n）

よって，線路のパーセントインピーダンス $\%X\,[\%]$ の値は，

$$\%X = \varepsilon\cdot\frac{P_n}{Q_C} = 0.8\times\frac{10}{1} = 8\,[\%]$$

と求められる。

解答　(a) － (4)　(b) － (2)

考察

・設問(a)は頻繁に出題されている「力率改善」がテーマであり，有効電力 P，無効電力 Q，皮相電力 W からなる直角三角形の見える化（ベクトル作図）が重要である。**図 3**（ベクトルの合成図）が書ければ，必要なコンデンサ容量は縦軸の長さとして見えてくる。合成力率が 100% ではなく任意の値であったとしても，$P_A+P_B \rightarrow W' \rightarrow Q' \rightarrow Q_C$ と順に計算を行えば，必要なコンデンサ容量の算出は容易であろう。

・設問(b)の送電線の受電端電圧変動率については，解法のとおり，内容が深く難易レベルも相当高い。電圧変動率（電力科目では電圧降下率）の定義，電圧降下の重要公式，パーセントインピーダンスの定義，単位法（pu 法）の取扱いなど内容豊富であり，本来の電験三種のレベルを超えているといえる。ただし，類題は過去にも平成 25 年（B 問題-問 16）に出題されており，

本問（平成29年）は2回目の出題である。解く公式としては⑩式だけなので答えは求められると思うが，電験三種の受験者であれば内容を理解してほしいものである。

さらに，設問(b)では，コンデンサの接続で電圧変動が生じるが，実際には，コンデンサの進み電流によって，受電電圧が上昇することを理解できなければならない。

進相無効電力の接続　→　端子電圧の上昇
(電力用コンデンサ)
遅相無効電力の接続　→　端子電圧の低下
(分路リアクトル)

設問(b)は電験三種の範囲を超えているが，今後も出題が予想されるため，解けるようにしておきたい。

5-13 電力損失 ①
▶ 配電線の供給電力と線路損失の算出

問 H18-B 問 16

三相 3 線式 1 回線の専用配電線がある。変電所の送り出し電圧が 6 600 V，末端にある負荷の端子電圧が 6 450 V，力率が遅れの 70% であるとき，次の(a)および(b)の問に答えよ。

ただし，電線 1 線当たりの抵抗は 0.45 Ω/km，リアクタンスは 0.35 Ω/km，線路のこう長は 5 km とする。

(a) この負荷に供給される電力 P_1[kW] の値として，最も近いのは次のうちどれか。

(1) 180　(2) 200　(3) 220　(4) 240　(5) 260

(b) 負荷が遅れ力率 80%，P_2[kW] に変化したが線路損失は変わらなかった。P_2[kW] の値として，最も近いのは次のうちどれか。

(1) 254　(2) 274　(3) 294　(4) 314　(5) 334

ココがポイント！

送配電線の電気的特性のうち，「電圧降下」と「電力損失」に関する標準的な問題である。

本問では，前問 5−1 に登場した重要公式（①式）を利用する。

送電端電圧 $V_S = V_R + \sqrt{3}I(R\cos\theta + X\sin\theta)$ [V]　…①

一方，ここでは電力損失について要点を確認しておく。

図 1 のように，三相 3 線式配電線の電力損失を考える。

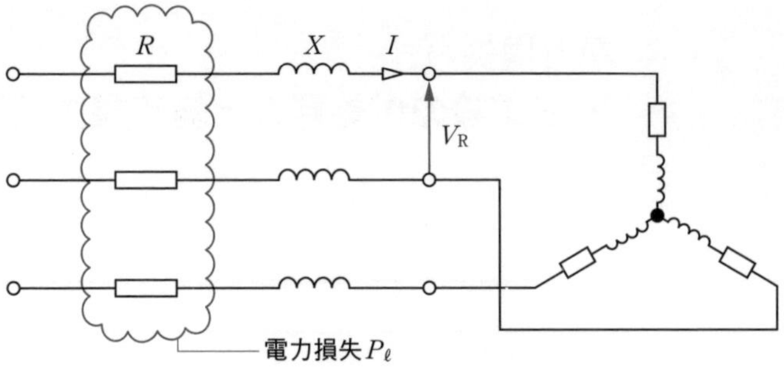

図1　三相3線式配電線

線路の抵抗を R[Ω]，受電端電圧を V_R[V]，負荷電力を P[W]，負荷力率を $\cos\theta$，線路電流を I[A]とすると，三相3線式配電線の電力損失 P_ℓ[W]は次のように表される。

$$P_\ell = 3\cdot(I^2R) \quad \cdots②$$

3条分　1条分（1相分）の電力損失

$$= 3\cdot\left(\frac{P}{\sqrt{3}\,V_R\cos\theta}\right)^2\cdot R$$

$$= \frac{P^2R}{{V_R}^2\cos^2\theta} \quad \cdots③$$

負荷力率の2乗に反比例

$$= \left(\frac{P}{\cos\theta}\right)^2\cdot\frac{R}{{V_R}^2} = W^2\cdot\frac{R}{{V_R}^2} \quad \cdots④$$

皮相電力 $W\left(=\frac{P}{\cos\theta}\right)$ の2乗に比例

解法

(a) 負荷に供給される電力 P_1 の算出

設問の状況を整理するために，題意の配電線のモデル（1相当たり）を書いてみよう（図2）。

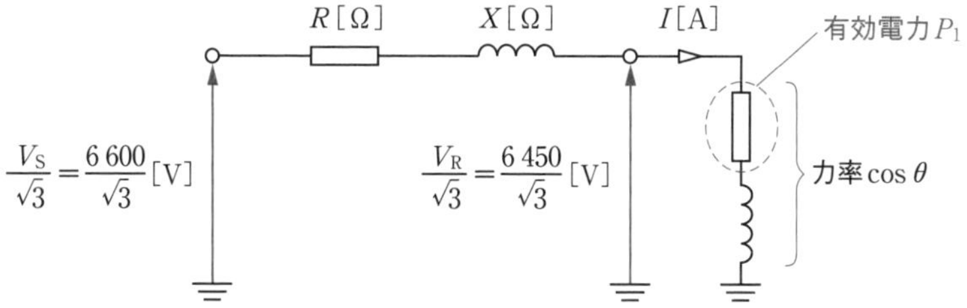

図 2　題意の配電線のモデル（1 相当たり）

受電電力 P_1[W] は，電圧降下を表す公式 $V_S = V_R + \sqrt{3}I(R\cos\theta + X\sin\theta)$ のうち，未知数である I の部分から求められる。

$$V_S = V_R + \sqrt{3} \cdot \left(\frac{P_1}{\sqrt{3}\,V_R\cos\theta}\right)(R\cos\theta + X\sin\theta)$$

これより，受電電力 P_1[W] は，

$$P_1 = \frac{(V_S - V_R)V_R\cos\theta}{R\cos\theta + X\sin\theta} = \frac{(6\,600 - 6\,450)\times 6\,450\times 0.7}{0.45\times 5\times 0.7 + 0.35\times 5\times \underbrace{\sqrt{1-0.7^2}}_{=0.714}}$$

$$= 239.8\times 10^3 = 240\,[\mathrm{kW}]$$

と求められる。

(b)　線路損失が変わらない負荷電力 P_2 の算出

負荷の変化前後の負荷電力 P_1，P_2 に対する力率を $\cos\theta_1$，$\cos\theta_2$，電力損失を $P_{\ell 1}$，$P_{\ell 2}$ とすると，④式から，

$$\frac{P_{\ell 2}}{P_{\ell 1}} = \frac{\left(\dfrac{P_2}{\cos\theta_2}\right)^2 \cdot \dfrac{R}{V_R^2}}{\left(\dfrac{P_1}{\cos\theta_1}\right)^2 \cdot \dfrac{R}{V_R^2}} = \left(\frac{P_2}{P_1}\right)^2 \cdot \left(\frac{\cos\theta_1}{\cos\theta_2}\right)^2 \quad \cdots⑤$$

題意より $P_{\ell 1} = P_{\ell 2}$ なので，負荷電力 P_2[W] は，

$$P_2=\frac{\cos\theta_1}{\cos\theta_2}\times P_1=\frac{0.7}{0.8}\times 240\times 10^3$$
$$=274\times 10^3\,[\mathrm{W}]=274\,[\mathrm{kW}]$$

と求められる。

解答　(a) − (4)　(b) − (2)

考察

電圧降下と電力損失に関する最も基本的な問題である。電圧降下，電力損失を表す重要公式を活用できなければならない。「電圧降下」と「電力損失」のテーマは，法規科目の「施設管理」の分野でも出題されるため，十分に演習を積んでおきたい。

5-14 電力損失 ②
▶ 2 回線送電線の電力損失率から電線の最小断面積を算出

問 H24-A 問 10

こう長 20 km の三相 3 線式 2 回線の送電線路がある。受電端で 33 kV，6 600 kW，力率 0.9 の三相負荷に供給する場合，受電端電力に対する送電損失を 5％以下にするための電線の最小断面積の値［mm²］として，計算値が最も近いものを次の(1)～(5)のうちから一つ選べ。

ただし，使用電線は，断面積 1 mm²，長さ 1 m 当たりの抵抗を $\frac{1}{35}$ Ω とし，その他の条件は無視する。

(1) 14.3　(2) 23.4　(3) 24.7　(4) 42.8　(5) 171

ココがポイント！

電力損失率に関する出題であり，電力損失の定義（①，②式）を確認しておくこと。

$$\text{電力損失率 } p=\frac{\text{電力損失 } P_\ell}{\text{受電電力} P}\times 100\,[\%] \quad \cdots①$$

$$\text{送電損失率 } p'=\frac{\text{電力損失 } P_\ell}{\text{送電電力 } P_{\mathrm{S}}}\times 100\,[\%] \quad \cdots②$$

$$=\frac{P_\ell}{P+P_\ell}\times 100\,[\%]$$

ただし，題意の「受電端電力に対する送電損失」とは，②式ではなく①式のことである。

なお，送電電力 P_{S}，電力損失 P_ℓ，受電電力 P の関係は，図 1 のようになる。

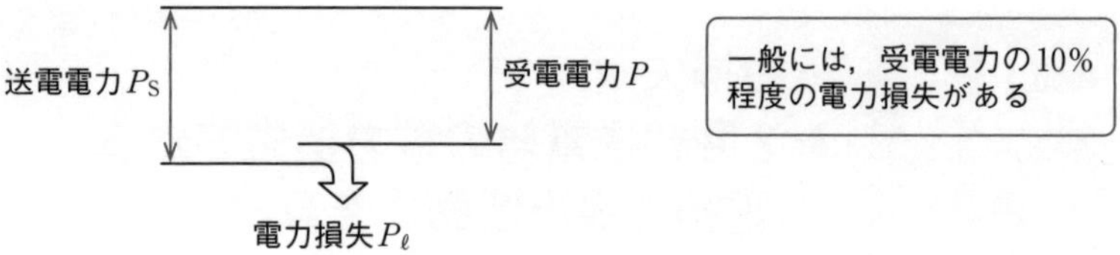

図1　送電電力，受電電力，電力損失の関係

解法

電力損失率 p が5%を超えないための電線の最小断面積 S は，次のような手順①，②で求めればよい。

① 電力損失率 p が5%を超えないための電線の最大抵抗値 R の算出

② 電線の抵抗値が R となる電線の断面積 S の算出

電力損失率 $p=5\,[\%]$ となる抵抗値 $R\,[\Omega]$ は，前問 5−13 の③式を①式に代入して，

$$p=\frac{\left(\dfrac{P^2R}{V_R{}^2\cos^2\theta}\right)}{P}\times 100=\frac{PR}{V_R{}^2\cos^2\theta}\times 100\,[\%]\quad\cdots③$$

③式を R について解き，題意の数値を代入すると，

$$R=\frac{p}{100}\cdot\frac{V_R{}^2\cos^2\theta}{P}=\frac{5}{100}\cdot\frac{(33\,000)^2\times 0.9^2}{\boxed{3\,300\times 10^3}}=13.365\,[\Omega]$$

（注意）本問は2回線送電線なので，1回線当たり3 300 kWを代入する

また，電線の抵抗 $R\,[\Omega]$ は，抵抗率を $\rho\,[\Omega\cdot\mathrm{mm}^2/\mathrm{m}]$，こう長を $l\,[\mathrm{m}]$，断面積を $S\,[\mathrm{mm}^2]$ とすると，

$$R=\rho\,[\Omega\cdot\mathrm{mm}^2/\mathrm{m}]\times\frac{l\,[\mathrm{m}]}{S\,[\mathrm{mm}^2]}\quad\cdots④$$

④式と各数値から，電線の最小断面積 S[mm²] は，

$$S=\frac{\rho l}{R}=\frac{\frac{1}{35}\times 20\times 10^3}{13.365}=42.8\,[\mathrm{mm}^2]$$

と求められる。

解答 (4)

考察

・電力損失率に関する応用問題である。電力損失率の定義（③式）を導出できることが必要となる。

・電験三種の問題では，「2 回線送電線」という題意の条件を見落とすと誤った答えを選ぶ可能性がある。本問では，1 回線送電線で 6 600 kW とすると，$R=6.69\,[\Omega]$，$S=86\,[\mathrm{mm}^2]$ となり，選択肢に 86 mm² がないので解答を見直すことなる。このように，普段から，問題文に書かれていることを冷静に読解する習慣が必要であろう。

5-15 配電方式の比較
▶三種類の配電方式における電力損失の比較

問　H12-A 問10

単相100Vの集中負荷に電力を供給するとき，100V単相2線式，100/200V単相3線式，100V三相3線式で供給する場合，三相3線式の線路抵抗損を1としたときの各供給方式の線路抵抗損の比として，正しいものを組み合せたのは次のうちどれか。

ただし，3線式の場合，負荷は図のように線間に均等分割されるものとし，負荷の総容量，配電距離および電線の材料・太さはすべて同一とする。

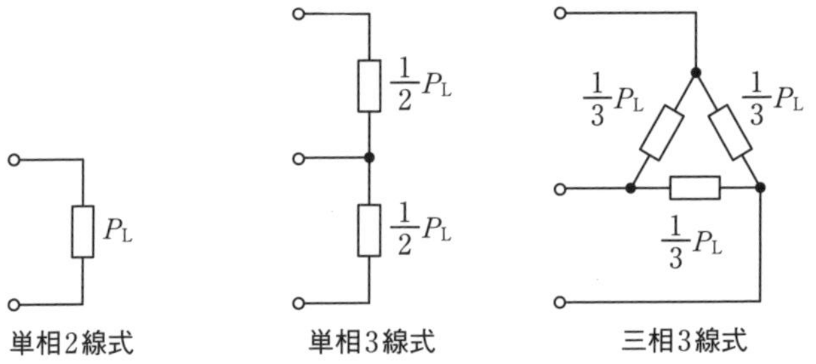

	単相2線式	単相3線式	三相3線式
(1)	2	$\frac{1}{2}$	1
(2)	2	$\frac{3}{4}$	1
(3)	3	$\frac{3}{2}$	1
(4)	$\sqrt{3}$	$\frac{\sqrt{3}}{2}$	1
(5)	3	$\frac{3}{4}$	1

ココがポイント！

各種の配電方式を比較して，電力損失の比を求める内容である。配電方式を比較する際は，題意の条件を正しく理解する必要がある。本問では，電線の長さ，断面積が等しく，電線1条当たりの電気抵抗が等しいこと，負荷の総容量が等しいことから電力損失の比が求められる。

一般に電力損失 P_ℓ [W] は，電線に流れる電流を I [A]，線路抵抗を R [Ω] として，①式で表される。したがって，まずは電線に流れる電流 I の値を求める必要がある。

$$P_\ell = I^2 R \times \text{条数} \quad \cdots①$$

（R：本問ではすべて等しい）

解法

各種の配電方式は，図1〜3のように表される。線路抵抗を R [Ω]，線間電圧を V [V] とする．

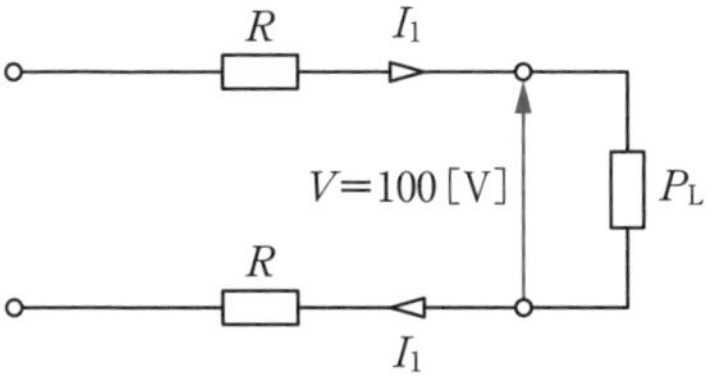

図1　**単相2線式**

単相2線式の配電線路を流れる線電流 I_1 [A] は，

$$I_1 = \frac{P_L}{V} \quad \cdots②$$

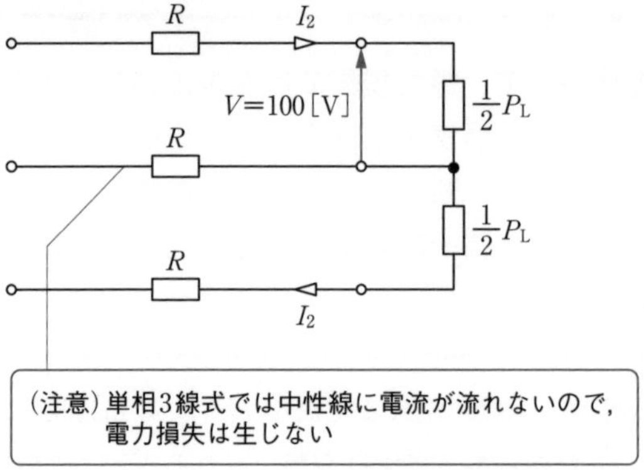

図2　**単相3線式**

単相3線式の配電線路を流れる線電流 I_2[A]は，

$$I_2=\frac{\frac{1}{2}P_L}{V}=\frac{1}{2}I_1 \quad \cdots ③$$

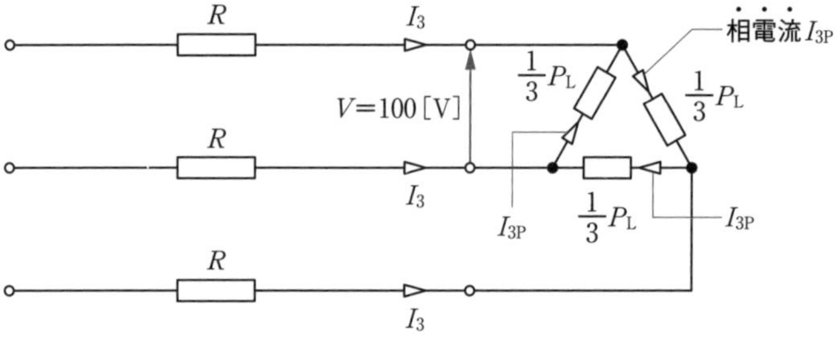

図3　**三相3線式**

三相負荷を流れる相電流 I_{3p}[A]は，

$$I_{3p}=\frac{\frac{1}{3}P_L}{V}=\frac{P_L}{3V}=\frac{1}{3}I_1$$

よって，三相3線式の配電線路を流れる線電流 I_3[A]は，Δ結線における相電流 I_{3p} と I_3 の関係から，

$I_3=\sqrt{3}I_{3\mathrm{p}}$ ここで理論科目の三相交流の扱いが出てくる

$$=\frac{\sqrt{3}}{3}I_1=\frac{1}{\sqrt{3}}I_1 \quad \cdots④$$

あるいは，三相電力 $P_{\mathrm{L}}=\sqrt{3}\,VI_3$ より，

$$I_3=\frac{P_{\mathrm{L}}}{\sqrt{3}\,V}=\frac{1}{\sqrt{3}}I_1$$

としてもよい。

次に，①式に従って，電力損失を表す。

単相２線式　$P_{\ell 1}=I_1{}^2\cdot R\times 2(\text{条})=2I_1{}^2R \quad \cdots⑤$

単相３線式　$P_{\ell 2}=I_2{}^2\cdot R\times 2(\text{条})=2\left(\frac{1}{2}I_1\right)^2R=\frac{1}{2}I_1{}^2R \quad \cdots⑥$

中性線に電力損失は生じない

三相３線式　$P_{\ell 3}=I_3{}^2\cdot R\times 3(\text{条})=3\left(\frac{1}{\sqrt{3}}I_1\right)^2R=I_1{}^2R \quad \cdots⑦$

以上から，三相３線式を基準とした大きさの比を求める。

$$\frac{P_{\ell 1}}{P_{\ell 3}}=\frac{2I_1{}^2R}{I_1{}^2R}=2,\quad \frac{P_{\ell 2}}{P_{\ell 3}}=\frac{\frac{1}{2}I_1{}^2R}{I_1{}^2R}=\frac{1}{2}$$

よって，各供給方式の線路抵抗損の比 $P_{\ell 1}:P_{\ell 2}:P_{\ell 3}$ は，

$$P_{\ell 1}:P_{\ell 2}:P_{\ell 3}=2:\frac{1}{2}:1$$

と求められる。

解答　(1)

考察

本問のような「配電方式の比較」をテーマとする問題は，公式などでは解けないため苦手意識を持つ受験者が多い。題意の条件を正しく認識できないと，解き進めることはできない。本問では，「抵抗」と「送電容量」が等しいことから，線電流の値を比較できればよい。三相3線式では三相交流の知識も必要となるので，いくつもの落とし穴がある。

●関連問題

送電電力，力率，送電距離，送電損失および線間電圧がそれぞれ等しいとき，三相3線式送電線に使用する銅量比は，単相2線式送電線に使用する銅量を1としたとき，どのような値（比）になるか。正しいものを次のうちから選べ。

(1)　1　　(2)　$\dfrac{2}{3}$　　(3)　$\dfrac{3}{2}$　　(4)　$\dfrac{3}{4}$　　(5)　$\dfrac{4}{3}$

【解法】

三相3線式と単相2線式を比較する内容である。題意の条件で重要なのは，送電電力と送電損失（電力損失）が等しいことである。

配電方式を見える化すると，図4〜5のように表される。

単相2線式の負荷電流を I_1，三相3線式の負荷電流を I_3，電線の抵抗値をそれぞれ R_1，R_3 とすると，それぞれの電力損失 $P_{\ell 1}$，$P_{\ell 3}$ は，

$$P_{\ell 1}=2I_1{}^2R_1=2\left(\frac{P_{\mathrm{L}}}{V}\right)^2R_1 \quad \cdots⑧$$

$$P_{\ell 3}=3I_3{}^2R_3=3\left(\frac{P_{\mathrm{L}}}{\sqrt{3}\,V}\right)^2R_3=\left(\frac{P_{\mathrm{L}}}{L}\right)^2R_3 \quad \cdots⑨$$

題意の条件 $P_{\ell 1}=P_{\ell 3}$ から，

$$2\left(\frac{\cancel{P_{\mathrm{L}}}}{\cancel{V}}\right)^2R_1=\left(\frac{\cancel{P_{\mathrm{L}}}}{\cancel{V}}\right)^2R_3 \qquad \therefore\ 2R_1=R_3 \quad \cdots⑩$$

一方，抵抗 R_1，R_3 は，電線の断面積 S_1，S_3 とすると，

$$R_1=\rho\frac{l}{S_1}, \qquad R_3=\rho\frac{l}{S_3} \quad \cdots⑪$$

⑪式を⑩式に代入すると，

$$2\cancel{\rho}\frac{\cancel{l}}{S_1}=\cancel{\rho}\frac{\cancel{l}}{S_3} \qquad \therefore\ S_1=2S_3 \quad \cdots⑫$$

以上から，使用する電線の銅量（体積）を Q_1，Q_2 とすると，

$$\frac{Q_3}{Q_1}=\frac{3条\times S_3\times l}{2条\times S_1\times l}=\frac{3}{2}\cdot\frac{S_3}{2S_3}=\frac{3}{4}$$

と求められる。

以上のように，題意の条件の認識および配電方式の見える化によって，先が見えるように演習しておきたい。

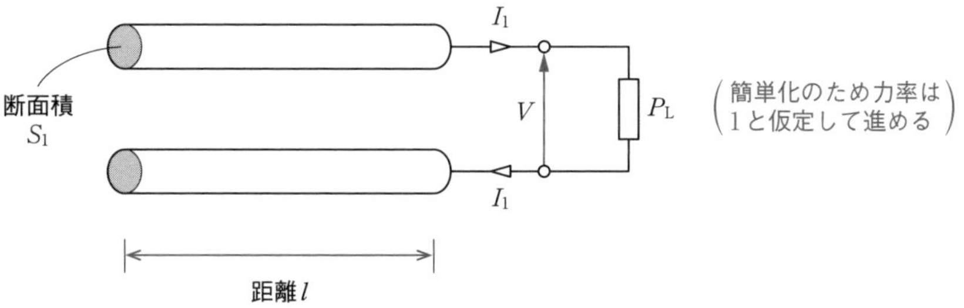

図 4　単相 2 線式

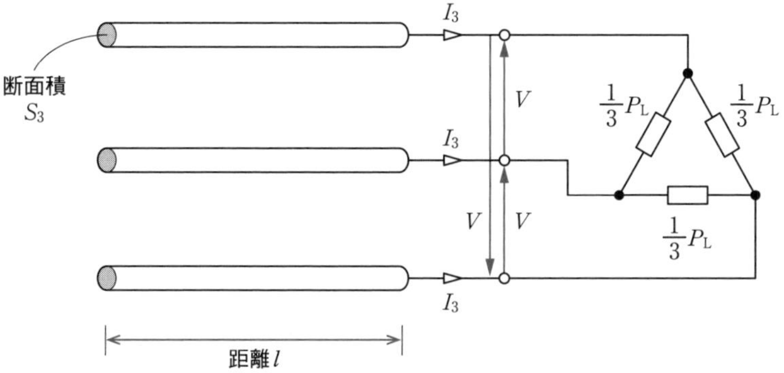

図 5　三相 3 線式

5-16 単相3線式①

▶ 単相3線式配電線の端子電圧，変圧器の一次電流の算出

問　H23-A 問9

一次電圧6 400 V，二次電圧210 V/105 Vの柱上変圧器がある。図のような単相3線式配電線路において三つの無誘導負荷が接続されている。負荷1の電流は50 A，負荷2の電流は60 A，負荷3の電流は40 Aである。L_1とN間の電圧V_a[V]，L_2とN間の電圧V_b[V]，および変圧器の一次電流I_1[A]の値の組合せとして，正しいものを次の(1)～(5)のうちから一つ選べ。

ただし，変圧器から低圧負荷までの電線1線当たりの抵抗を0.08 Ωとし，変圧器の励磁電流，インピーダンス，低圧配電線のリアクタンス，およびC点から負荷側線路のインピーダンスは考えないものとする。

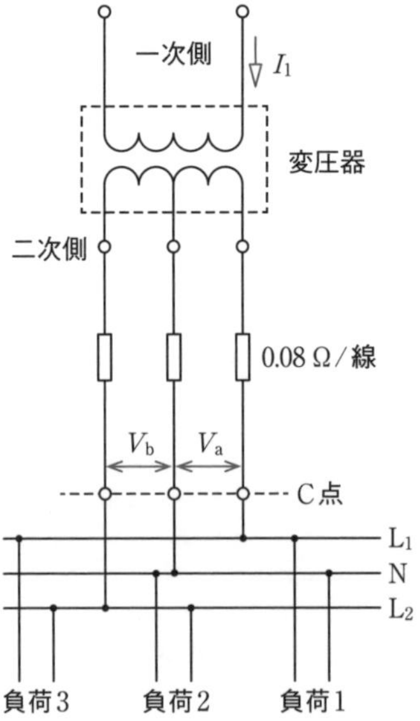

	V_a[V]	V_b[V]	I_1[A]
(1)	98.6	96.2	3.12
(2)	97.0	97.8	3.28
(3)	97.0	97.8	2.95
(4)	96.2	98.6	3.12
(5)	98.6	96.2	3.28

ココがポイント！

負荷端の端子電圧を求める問題で，このような内容は第一・二種電気工事士の筆記試験でも出題されているが，内容を理解したうえで正しく解答している受験者は少ない。ここでは，キルヒホッフの法則から丁寧に解答する。

単相3線式配電線は，電灯配電方式として広く採用されている。単相3線式を単相2線式と比べると，送電容量が大きく，電圧降下・電力損失が少ないという大きな利点がある。ただし，中性線の断線や接触不良によって，異常電圧が生じる可能性があることが欠点である。

解法

まず，問題図を図1のように，見慣れた形にわかりやすく書き直してみる。

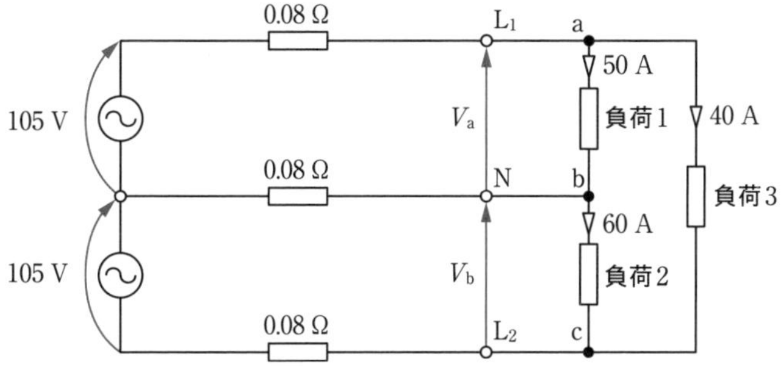

図1　単相3線式配電線

負荷はすべて無誘導性（インダクタンス成分がなく，力率100%の抵抗負荷）であるから，各端子への流入電流をキルヒホッフの第1法則（電流則）から求める。

・端子a：負荷1と負荷3を流れる電流を加算　50+40=90[A]
・端子c：負荷2と負荷3を流れる電流を加算　60+40=100[A]
・端子b：**図2**のように，端子b付近に着目して考えてみる。

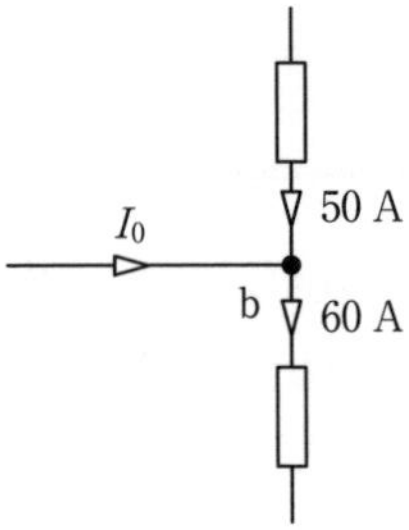

図2　**端子b付近の拡大図**

図2の矢印の方向を正として，中性線に流れる電流をI_0とすると，キルヒホッフの第1法則から，

$$\underbrace{50+I_0}_{\text{流入電流}}=\underbrace{60}_{\text{流出電流}} \qquad \therefore\ I_0=60-50=10\,[\mathrm{A}]$$

このように，電流I_0とその方向（図のとおり）が判明する。

端子a～c付近の電流分布が確定すると，**図3**のように電圧降下が生じていることがわかる。

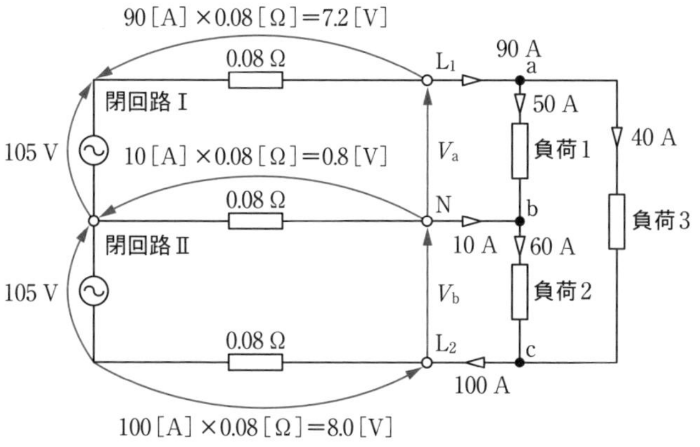

図 3　電圧降下の大きさと向き

図 3 上部の閉回路 I をわかりやすく書き直すと，図 4 のようになる。

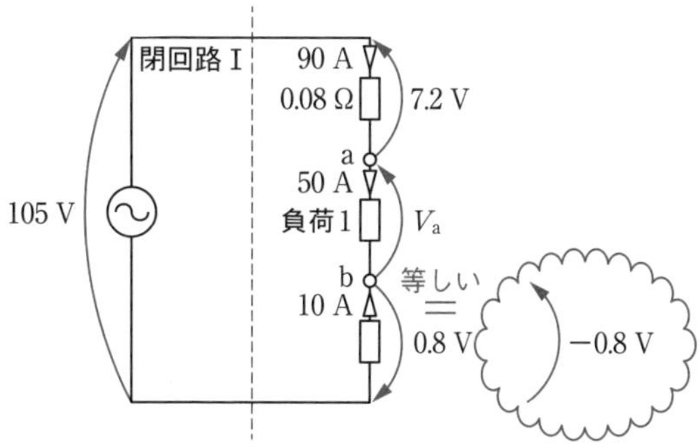

図 4　閉回路 I へのキルヒホッフの第 2 法則の適用

閉回路 I にキルヒホッフの第 2 法則を適用する。

起電力の総和＝電圧降下の総和

$105 = 7.2 + V_a + (-0.8)$

電圧降下ではなく，中性線で電圧上昇が生じている

$\therefore\ V_a = 105 - 7.2 + 0.8 = 98.6\,[\mathrm{V}]$

同様に，図 3 下部の閉回路 II をわかりやすく書き直すと，図 5 のようになる。

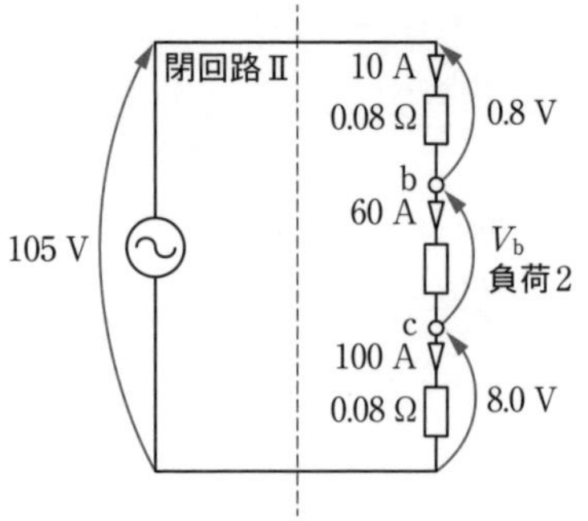

図 5　閉回路Ⅱへのキルヒホッフの第 2 法則の適用

閉回路Ⅱにキルヒホッフの第 2 法則を適用する。

$$105 = 0.8 + V_b + 8.0$$

$$\therefore\ V_b = 105 - 0.8 - 8.0 = 96.2\,[\mathrm{V}]$$

次に，変圧器の一次電流 I_1 [A] を求めてみる。変圧器の励磁電流は考えないので，変圧器の電力変成の特性から，一次側と二次側の皮相電力は等しいので，

$$6\,400 \times I_1 = 105 \times 90 + 105 \times 100 \qquad \therefore\ I_1 = \frac{105 \times 90 + 105 \times 100}{6\,400} = 3.12\,[\mathrm{A}]$$

と求められる。

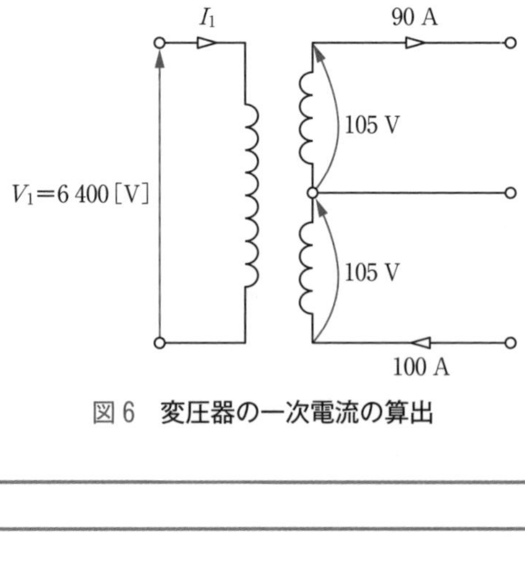

図 6　変圧器の一次電流の算出

解答　(1)

考察

・単相3線式の100 V負荷が不平衡のとき（中性線に電流が流れるとき）の端子電圧を求める問題は，繰り返し出題されている。

解法としては，次の手順①～③で確実に解くことができる。

①　電流分布を確定する。

②　電圧降下の大きさと方向を矢印の向きで表示する。

③　端子電圧をキルヒホッフの法則により求める。

・本問のように，単相3線式では単相負荷のバランスがとれている場合（中性線に流れる電流が零）は端子電圧が等しくなり，電流値が大きい方が端子電圧は低下する（本問の場合，a → b：50 A，b → c：60 A，$V_a > V_b$）。

これらの計算を正しく行うためには，中性線に流れる電流の大きさと方向を正しく把握しなければならない。

・負荷力率が1でない場合の応用問題を，拙著『計算問題が一番解ける本』の**電力67**（H5－Q24 B問題），**電力68**（H1－Q24 B問題）で掲載・解説してあるので，できれば参照されたい。

5-17 単相3線式②
▶ バランサの接続による線路損失の軽減量の算出

問　　H16-B 問17

図のように，電圧線および中性線の抵抗がそれぞれ 0.1 Ω および 0.2 Ω の 100/200 V 単相 3 線式配電線路に，力率が 100% で電流がそれぞれ 60 A および 40 A の二つの負荷が接続されている。この配電線路にバランサを接続した場合について，次の(a)および(b)の問に答えよ。

ただし，負荷電流は一定とし，線路抵抗以外のインピーダンスは無視するものとする。

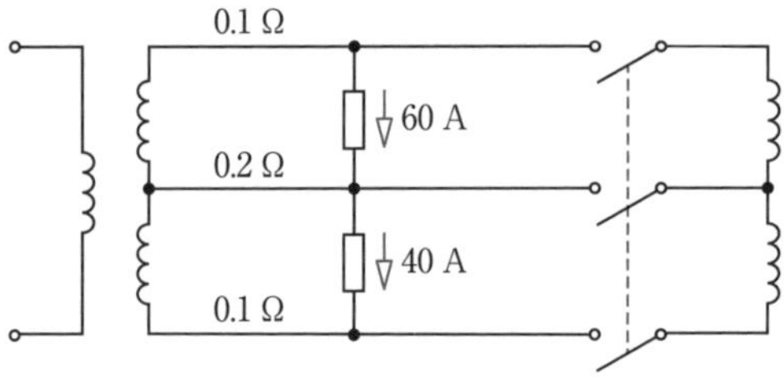

(a) バランサに流れる電流の値[A]として，正しいのは次のうちどれか。

(1) 5　(2) 7　(3) 10　(4) 15　(5) 20

(b) バランサを接続したことによる線路損失の減少量の値[W]として，正しいのは次のうちどれか。

(1) 50　(2) 75　(3) 85　(4) 100　(5) 110

ココがポイント！

配電線路にバランサを接続したときの，線路損失の減少量を求める計算問題である。

バランサは一種の単巻変圧器であり，単相３線式配電線路の末端に設置される。バランサの設置効果は次のようなものである。

バランサには，二つの単相負荷の差電流が流入あるいは流出し，中性線に流れる電流が零になって，両外線の負荷電流はいずれも等しくなる。したがって，単相負荷の端子電圧が等しく平衡する。また，配電線路に流れる電流の最大値が減少するので，結果として線路損失が減少する。

解法

(a) バランサに流れる電流の算出

バランサの接続前後において，配電線路に流れる電流を求めてみる。

バランサ接続前の配電線路の電流分布は，図１のようになる。中性線には，右から左に向かって 20 A の電流が流れている（キルヒホッフの第１法則）。

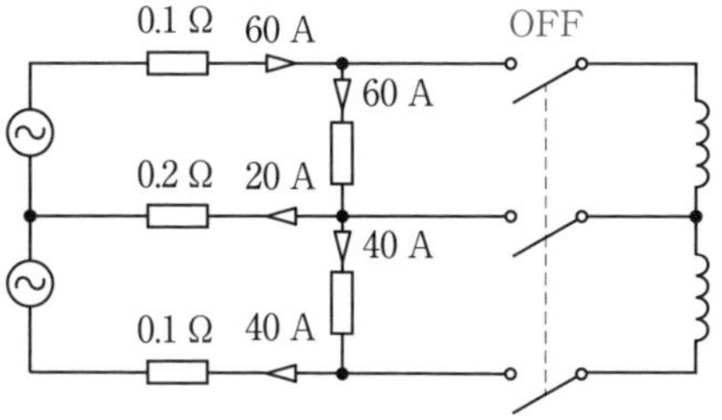

図１　**バランサ接続前の電流分布**

一方，バランサを接続すると，電流分布は図２のように変化する。

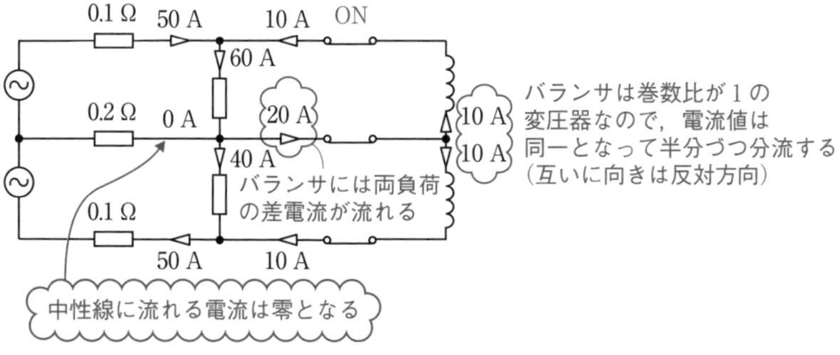

図２　**バランサ接続後の電流分布**

このとき，「バランサの巻線」に流れる電流は，図2に示すとおり10 Aとなる。

(b) バランサの接続による線路損失の減少量の算出

配電線の線路損失は，線路抵抗と流れる電流によって求められる。バランサの接続前後における線路損失を $P_{\ell 1}$，$P_{\ell 2}$ [W] とすると，

$$P_{\ell 1}=60^2\times0.1+20^2\times0.2+40^2\times0.1=600\,[\mathrm{W}]$$
$$P_{\ell 2}=50^2\times0.1+0^2\times0.2+50^2\times0.1=500\,[\mathrm{W}]$$

よって，バランサを接続したことによる配電線の線路損失の減少量の値は，

$$P_{\ell 1}-P_{\ell 2}=600-500=100\,[\mathrm{W}]$$

と求められる。

解答　(a) − (3)，(b) − (4)

考察

バランサを接続することによって，電流分布がどのように変化するかを知っていれば，線路損失の減少量を求めることは容《た》易《やす》い。単相3線式配電線路の解法は，電流分布を把握することに尽きる。

5-18 単相3線式③
▶ 太陽光発電設備の系統連系と，端子電圧の算出

問　H19-B 問17

図のような単相3線式配電線路がある。系統の中間点に図のとおり負荷が接続されており，末端のA−C間に太陽光発電設備が逆変換装置を介して接続されている。各部の電圧および電流が図に示された値であるとき，次の(a)および(b)の答えよ。

ただし，図示していないインピーダンスは無視するとともに，線路のインピーダンスは抵抗であり，負荷の力率は1，太陽光発電設備は発電出力電流（交流側）15 A，力率1で一定とする。

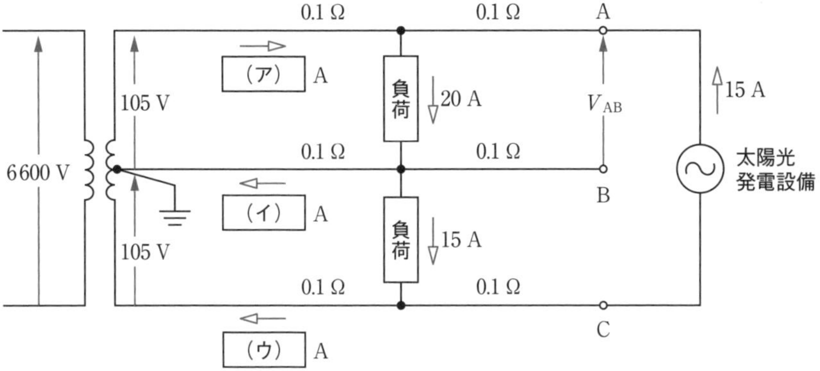

(a) 図中の回路の空白箇所(ア)，(イ)および(ウ)に流れる電流の値[A]として，正しいものを組み合わせたのは次のうちどれか。

	（ア）	（イ）	（ウ）
(1)	5	0	15
(2)	5	5	0
(3)	15	0	15
(4)	20	5	0
(5)	20	5	15

(b) 図中 A−B 間の端子電圧 V_{AB}[V] の値として，正しいのは次のうちどれか。

(1) 104.0　(2) 104.5　(3) 105.0　(4) 105.5　(5) 106.0

ココがポイント!

太陽光発電設備が単相3線式配電線路に接続されているときの，配電線の電流分布と端子電圧を求める内容である。太陽光発電設備が接続されていても，配電線の電流分布が判明すれば，各区間の電圧降下が求められ，その結果，各点の電位や端子電圧（電位差）が求められる。

解法

(a) 電流分布の算出

図1のように，問題図の各点を D，E，F，G，H，I とする。

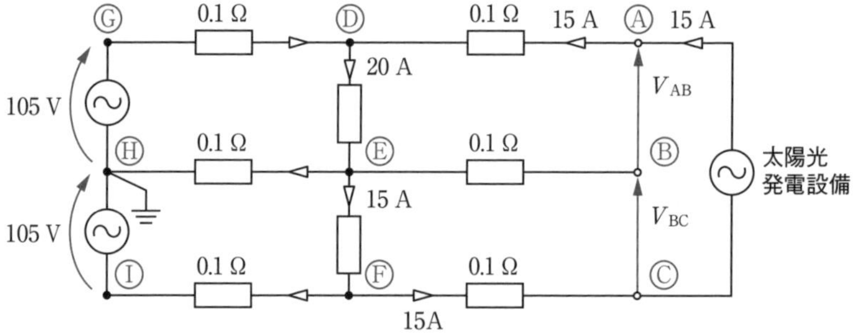

図1　配電線の電流分布

負荷の力率，太陽光発電設備の力率はともに1なので，各区間を流れる電流について位相を考慮に入れる必要はなく，大きさのみを考えれば答えは求められる。

D，E，F の各点における電流分布は，図2のようになる。

D点：

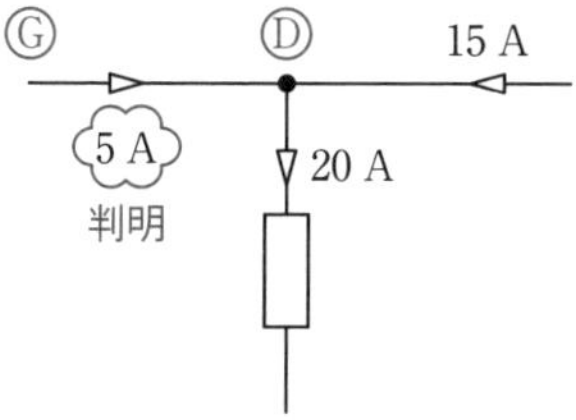

G → D の向きに流れる電流は(ア)5 A，であるとわかる。

E点：

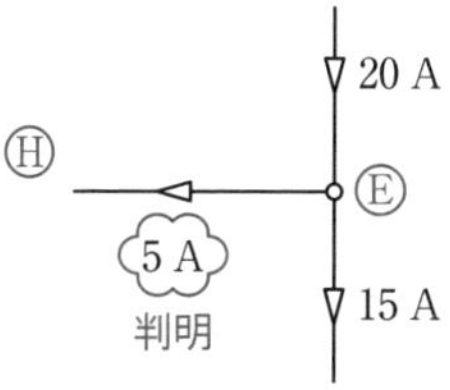

E → H の向きに流れる電流は，(イ)5 A であるとわかる。

F点：

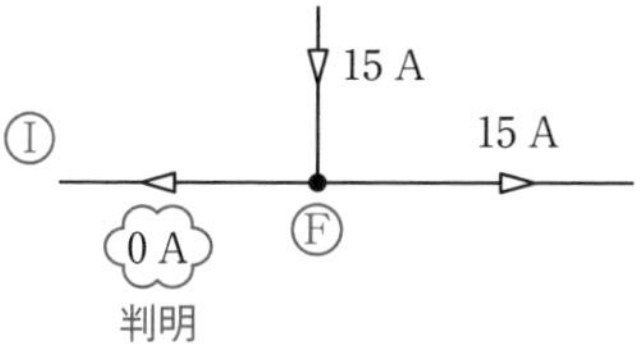

F → I の向きに流れる電流は，(イ)0 A であるとわかる（電流は流れていないことがわかる）。

図2　D，E，F点における電流分布

いずれもキルヒホッフの第1法則（電流則）を適用すれば，電流の大きさと方向が求められる。

(b) A−B 間の端子電圧 V_{AB} の算出

設問(a)で電流分布が判明したので，それをもとに電圧降下や電位（電位差）を考えると，**図3**のようになる。

なお，H 点に B 種接地が施されているので，この点を電位の基準（電位 0 V）とする。

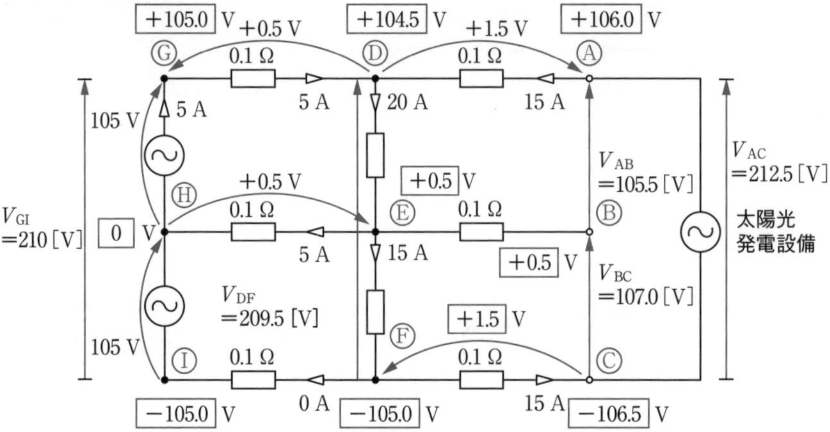

図3　配電線の電圧降下と電位

図3より，各点の電位は次のように求められる。

G点：H点より105.0 V高い　➡　$V_G = V_H + 105.0 = 105.0$ [V]
H点：大地と同電位　➡　$V_H = 0$ [V]
I点：H点より105.0 V低い　➡　$V_I = V_H - 105.0 = -105.0$ [V]

D点：G点より0.5 V低い　➡　$V_D = V_G - 0.5 = 104.5$ [V]
E点：H点より0.5 V高い　➡　$V_E = V_H + 0.5 = 0.5$ [V]
F点：I点と同電位　➡　$V_F = V_I = -105.0$ [V]

A点：D点より1.5 V高い　➡　$V_A = V_D + 1.5 = 106.0$ [V]
B点：E点と同電位　➡　$V_B = V_E = 0.5$ [V]
C点：F点より−1.5 V低い　➡　$V_C = V_F - 1.5 = -106.5$ [V]

よって，A−B間の端子電圧 V_{AB} [V]は，

$$V_{AB} = V_A - V_B = 106.0 - 0.5 = 105.5 \text{ [V]}$$

と求められる。

解答　(a) − (2)，(b) − (4)

(参考) B−C間，D−E間，E−F間の端子電圧 V_{BC}，V_{DE}，V_{EF} [V]は，

$$V_{BC}=V_B-V_C=0.5-(-106.5)=107.0\,[\mathrm{V}]$$

$$V_{DE}=V_D-V_E=104.5-0.5=104.0\,[\mathrm{V}]$$

$$V_{EF}=V_E-V_F=0.5-(-105.0)=105.5\,[\mathrm{V}]$$

と求められる。

考察

・単相3線式配電線路の電流分布と電位（電位差）を考える応用問題である。「電流分布の確定」から「電圧降下，電位（電位差）」を算出する流れで，丁寧に求めていくほかない（適用できる公式もない）。

・本問では，太陽光の発電電力を全数負荷で消費されたので，インバータの出力電圧は，

$$V_{AC}=V_{AB}+V_{BC}=105.5+107.0=212.5\,[\mathrm{V}]$$

とさほど高くない。しかし，発電電力が大きく変圧器によって逆潮流させようとするなら，インバータの出力電圧を高くしないと逆潮流させることができないことが理解できるだろう。（図4）

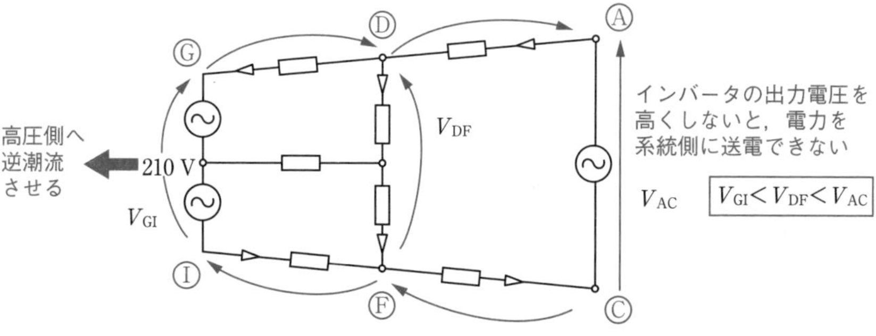

図4　**太陽光発電を系統側へ逆潮流させるときの出力電圧のイメージ**

このとき，負荷の端子電圧 V_{DF} が太陽光発電設備を接続する前よりも高くなるという現象が生じる。これは，昼夜で負荷の端子電圧が大きく変動する現象として現れる。

5-19 単相3線式④
▶ 太陽光発電設備の系統連系と，出力電流の算出

問　H30-B 問16

図のように，電圧線および中性線の各部の抵抗が 0.2 Ω の単相 3 線式低圧配電線路において，末端の A−C 間に太陽光発電設備が接続されている。各部の電圧および電流が図に示された値であるとき，次の(a)および(b)の問に答えよ。

ただし，負荷は定電流特性で力率は 1，太陽光発電設備の出力（交流）は電流 I[A]，力率 1 で一定とする。また，線路のインピーダンスは抵抗とし，図示していないインピーダンスは無視するものとする。

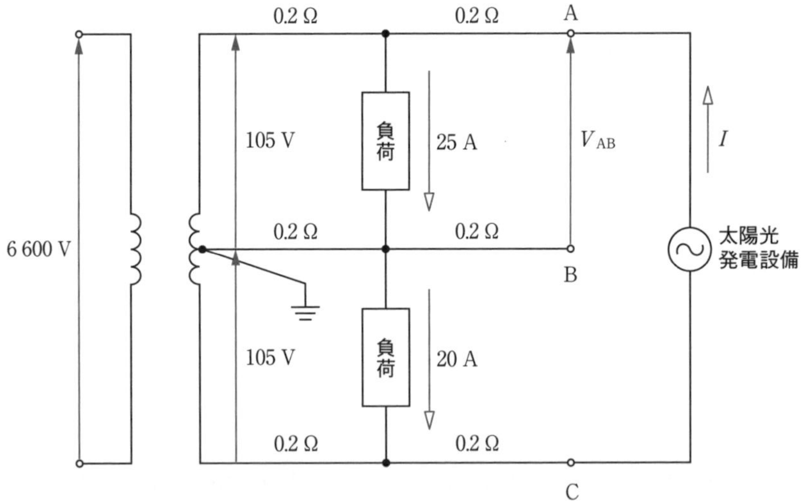

(a) 太陽光発電設備を接続する前の A−B 間の端子電圧 V_{AB}[V] の値として，最も近いものを次の(1)〜(5)のうちから一つ選べ。

(1) 96　(2) 99　(3) 100　(4) 101　(5) 104

(b) 太陽光発電設備を接続したところ，A−B 間の端子電圧 V_{AB}[V] が 107 V

となった。このときの太陽光発電設備の出力電流（交流）I[A]の値として，最も近いものを次の(1)～(5)のうちから一つ選べ。

(1) 5　(2) 15　(3) 20　(4) 25　(5) 30

ココがポイント！

前問５−18では，太陽光発電設備の出力電流が題意に与えられていて，そこから端子電圧を求める内容であった。本問はそれとは逆で，題意に端子電圧が与えられていて，そこから出力電流を求める内容である。前問５−18の方が答えは算出しやすいが，基本的な考え方は同じである。

解法

(a) 太陽光発電設備を接続する前の端子電圧 V_{AB} の算出

単相３線式配電線路の負荷電流が不平衡な場合（前問５−16参照）と同じ考え方で求めることができる。

図１のように，太陽光発電設備を接続する前の配電線路を書き，各点をD，E，F，G，H，Iとする。中性線に流れる電流は，単相負荷電流の差となるので，**図１**に示すとおりE→Hの向きに５Aである。また，電流が流れることで生じる電圧降下の大きさや方向も，**図１**に示すとおりである。

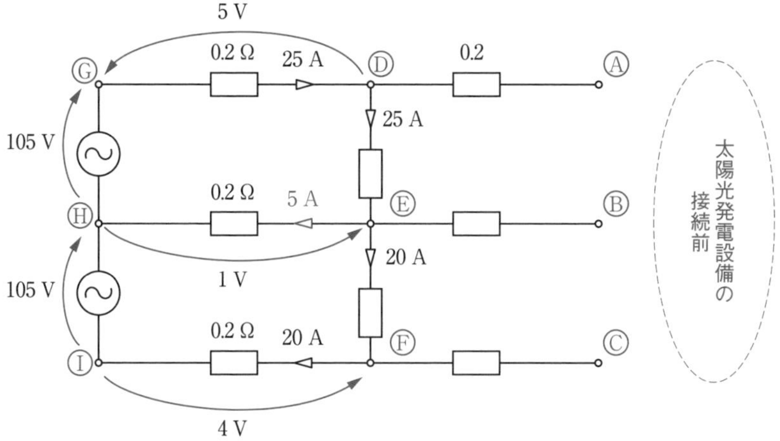

図１　太陽光発電設備を接続する前の配電線路

D－E 間の負荷の端子電圧 V_{DE}[V] は，閉回路にキルヒホッフの第 2 法則（電圧則）を適用して，

$$105 = 5 + V_{\mathrm{DE}} + 1 \qquad \therefore\ V_{\mathrm{DE}} = 99\ [\mathrm{V}]$$

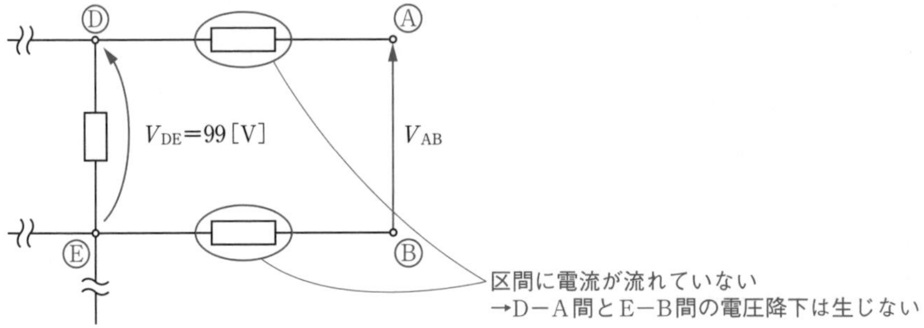

図 2　V_{DE} と V_{AB} の関係

一方，図 2 から，端子 A－B 間の電位差 V_{AB}[V] は，太陽光発電設備を接続していないので，D－A 間と E－B 間に電圧降 F は生じない。よって，

$$V_{\mathrm{AB}} = V_{\mathrm{DE}} = 99\ [\mathrm{V}]$$

と求められる。

(b) 太陽光発電設備を接続したときの出力電流 I の算出

図 3 に，太陽光発電設備を接続したときの配電線路を示す。ここでは，出力電流 I を用いて，「電流分布の確定→電圧降下の特定→端子電圧の算出」という流れで解いてみる。

（イ）電流分布の特定

D 点，F 点にキルヒホッフの第 1 法則（電流則）を適用すれば，G－D 間，F－I 間を流れる電流は次のように表される。

G → D 間：$25 - I$[A]
F → I 間：$20 - I$[A]

（ロ）電圧降下の特定

D－E 間の負荷の端子電圧 V_{DE} を求めるために，図 4 のように閉回路 H－G－D－E を取り出す。

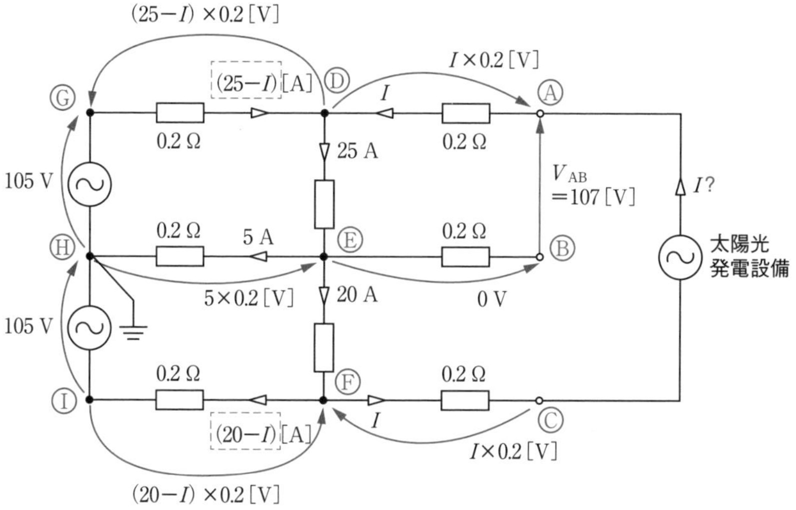

図 3　太陽光発電設備を接続したときの配電線路

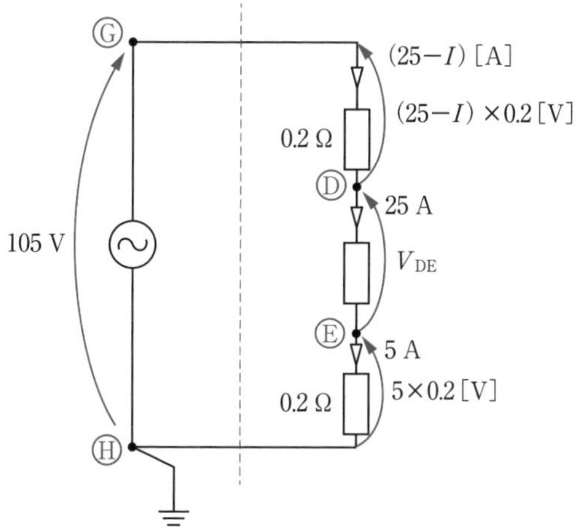

図 4　閉回路 H−G−D−E

この回路にキルヒホッフの第 2 法則（電圧則）を適用すると，

$$105=(25-I)\times0.2+V_{DE}+5\times0.2=6-0.2I+V_{DE}$$

$$\therefore\ V_{DE}=99+0.2I\quad\cdots①$$

（ハ）端子電圧の算出（出力電流の算出）

V_{AB}（$=107\,[\mathrm{V}]$）と V_{DE} の関係は，**図5**より，

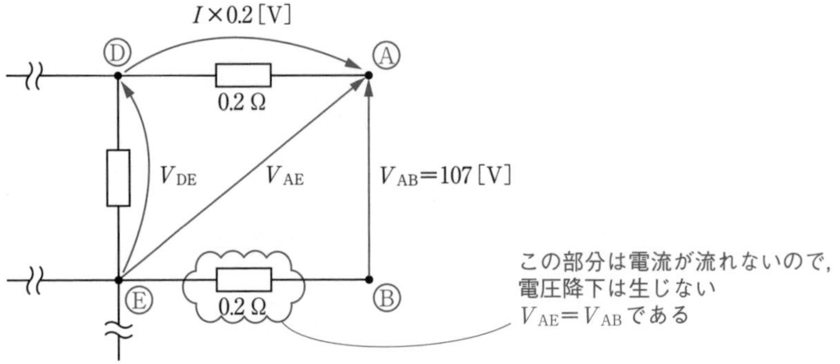

図5　V_{DE} と V_{AB} の関係

$$V_{DE}+I\times 0.2=V_{AE}(=V_{AB}) \quad \cdots②$$

①式に②式を代入すると，出力電流 $I\,[\mathrm{A}]$ は，

$$99+0.2I+0.2I=107 \qquad \therefore\ I=20\,[\mathrm{A}]$$

と求められる。

解答　(a) － (2)，(b) － (3)

考察

・設問(b)の答え（太陽光発電設備の出力電流 $I=20\,[\mathrm{A}]$）が正しいかどうかを，各点の電位から確認してみる。

図6のように電流分布が確定しているので，H 点を基準（電位 0 V）として，図中に各点の電位を記入してみる。

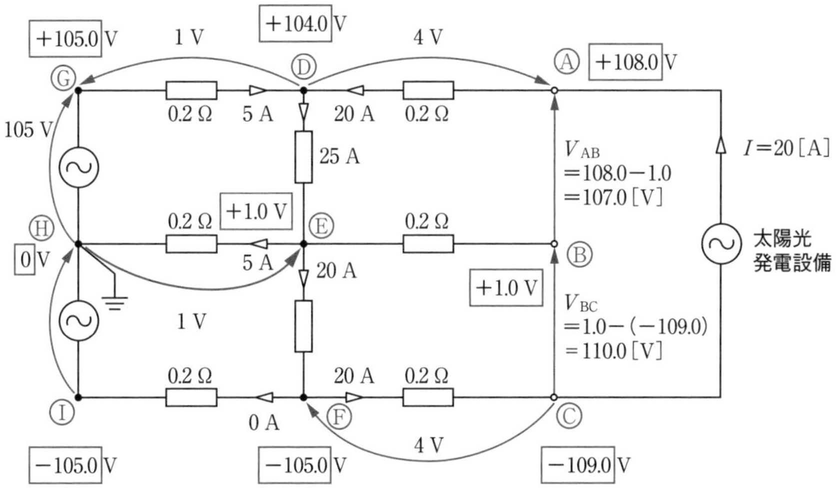

図 6　**太陽光発電設備を接続したときの各点の電位，電位差**

図 6 から，太陽光発電設備の出力電圧 V_{AC} は，

$$V_{AC} = V_{AB} + V_{BC} = 107.0 + 110.0 = 217.0\,[\mathrm{V}]$$

前問 **5－18** と本問 **5－19** は，求めるものこそ違うものの，考え方は同じである。電圧降下や電位の考え方は「理論」科目のテーマであり，公式を適用して解く内容ではないことから，苦手とする人が多いのではないかと思う。ひとつ一つ丁寧に処理することが大切である。

・太陽発電設備の系統連系は，現場設備としての普及が進んでいる。電験三種の計算問題でも平成 19 年（前問 **5－18**）と平成 30 年（本問 **5－19**）に出題されており，今後も出題が予想されるテーマである。単相 3 線式配電線路の計算テーマとともに見直ししておきたい。

5-20 異容量V結線①
▶ 異容量V結線変圧器が供給可能な単相負荷の最大電力の算出

問　H19-B 問16

2台の単相変圧器（容量75 kV·AのT_1および容量50 kV·AのT_2）をV結線に接続し，下図のように三相平衡負荷45 kW（力率角：進み$\dfrac{\pi}{6}$[rad]）と単相負荷P（力率=1）に電力を供給している。これについて，次の(a)および(b)に答えよ。

ただし，相順はa，b，cとし，図示していないインピーダンスは無視するものとする。

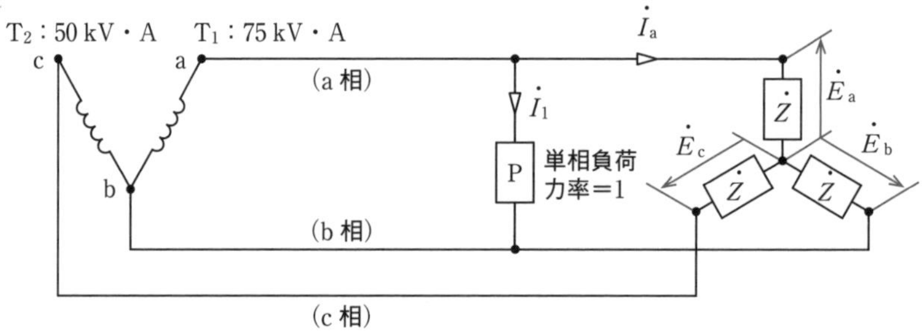

(a) 問題の図において，$\dot{E}_a$を基準とし，$\dot{V}_{ab}$，$\dot{I}_a$，$\dot{I}_1$の大きさと位相関係を表す図として，正しいのは次のうちどれか。ただし，$|\dot{I}_a|>|\dot{I}_1|$とする。

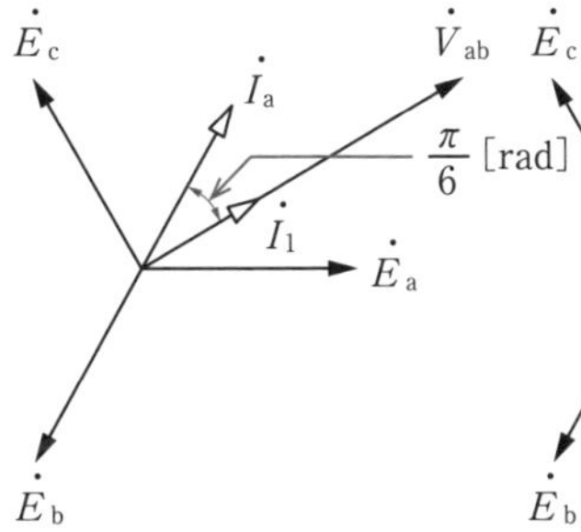

(1)

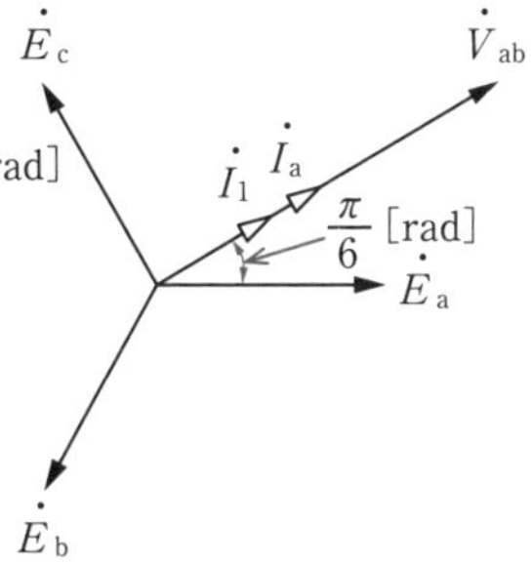

(2)

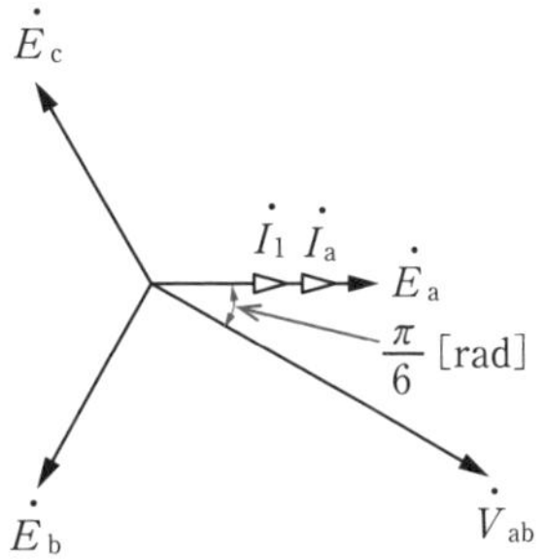

(3)

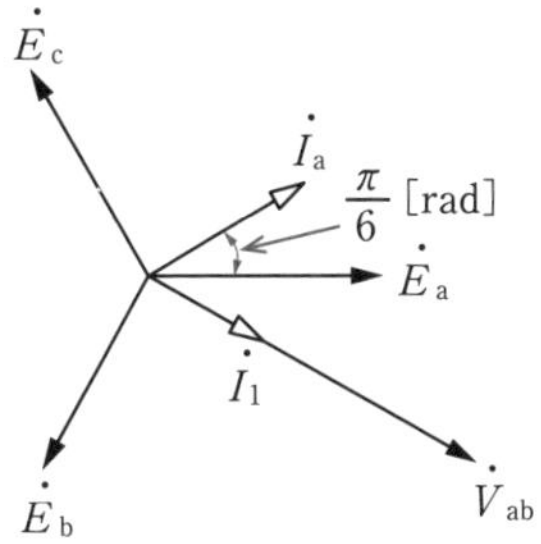

(4)

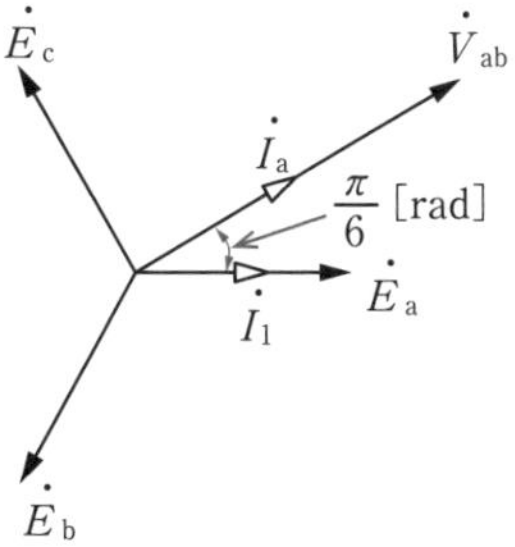

(5)

(b) 単相変圧器 T_1 が過負荷にならない範囲で，単相負荷 P（力率 =1）がとりうる最大電力[kW]の値として，正しいのは次のうちどれか。

(1) 23　(2) 36　(3) 45　(4) 49　(5) 58

ココがポイント!

異容量V結線がテーマで，変圧器の容量が一定のときに供給可能な単相負荷の最大電力を求める問題である。難易レベルが高く，多くの受験者がこのテーマを苦手としている。その理由は，ベクトル図が書けないためであろう。

解法

(a) $\dot{E}_{\mathrm{a}}$を基準とした $\dot{V}_{\mathrm{ab}}$，$\dot{I}_{\mathrm{a}}$，$\dot{I}_1$ のベクトル図の選択

題意のように，相順は a → b → c であることに注意する。

図 1 のように，相電圧を $\dot{E}_{\mathrm{a}}$，$\dot{E}_{\mathrm{b}}$，$\dot{E}_{\mathrm{c}}$，線間電圧を$\dot{V}_{\mathrm{ab}}$，$\dot{V}_{\mathrm{bc}}$，$\dot{V}_{\mathrm{ca}}$，三相負荷の線電流を$\dot{I}_{\mathrm{a}}$，$\dot{I}_{\mathrm{b}}$，$\dot{I}_{\mathrm{c}}$，単相負荷の電流を $\dot{I}_1$，三相負荷の力率角を θ_3，単相負荷 P の力率角を $\theta_1=0$ とする。

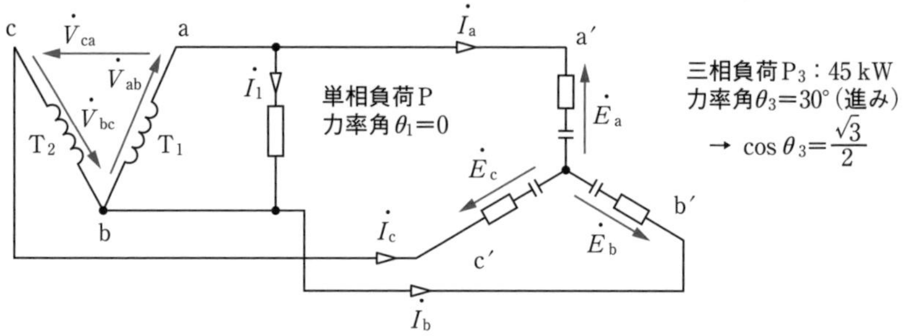

図 1　**異容量変圧器の V 結線（進み接続）**

三相電源の相順は a → b → c なので，単相負荷 P は進み接続❶ となっている。

●ベクトル作図の手順

① 相電圧 $\dot{E}_{\mathrm{a}}$，$\dot{E}_{\mathrm{b}}$，$\dot{E}_{\mathrm{c}}$ を書く。

$\dot{E}_{\mathrm{a}}$ を基準として，120° 遅れで $\dot{E}_{\mathrm{b}}$，さらに 120° 遅れで $\dot{E}_{\mathrm{c}}$ を書く。$\dot{E}_{\mathrm{a}}$，$\dot{E}_{\mathrm{b}}$，$\dot{E}_{\mathrm{c}}$ の大きさは等しいので，長さも等しく書くこと。

② 線間電圧 $\dot{V}_{\mathrm{ab}}$，$\dot{V}_{\mathrm{bc}}$，$\dot{V}_{\mathrm{ca}}$ を書く。

$\dot{V}_{\mathrm{ab}}=\dot{E}_{\mathrm{a}}-\dot{E}_{\mathrm{b}}$，$\dot{V}_{\mathrm{bc}}=\dot{E}_{\mathrm{b}}-\dot{E}_{\mathrm{c}}$，$\dot{V}_{\mathrm{ca}}=\dot{E}_{\mathrm{c}}-\dot{E}_{\mathrm{a}}$ である。

③ 三相負荷の線電流 $\dot{I}_{\mathrm{a}}$，$\dot{I}_{\mathrm{b}}$，$\dot{I}_{\mathrm{c}}$ を書く。

三相負荷は力率角 $\theta=30°$ なので，$\dot{E}_{\mathrm{a}}$ より位相を 30° 進めて $\dot{I}_{\mathrm{a}}$ を書く。

---

❶二つの線間電圧 $\dot{V}_{\mathrm{ab}}$，$\dot{V}_{\mathrm{bc}}$ のうち，線間電圧の位相が進んでいる方の線間に単相負荷を接続することを**進み接続**という。

●確認　a相のみを取り出す。

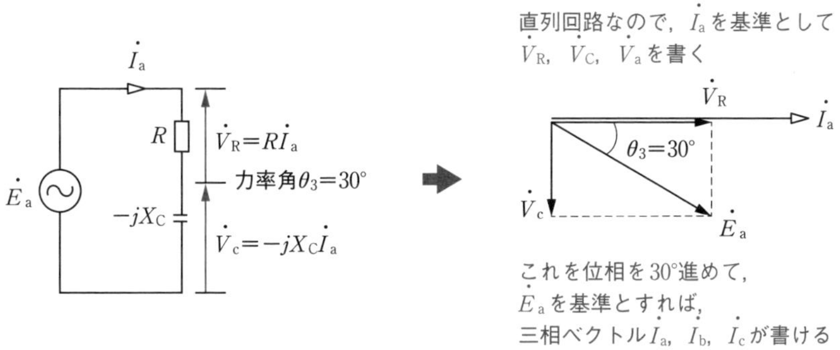

図2　**三相負荷（a相）のベクトル作図（1相分）**

④ 単相負荷の電流 $\dot{I}_1$ を書く。

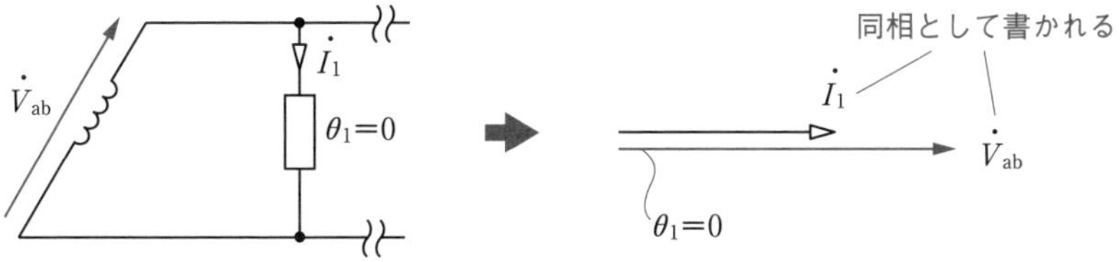

図3　**単相負荷Pのベクトル作図**

①～④の手順でベクトル図を書くと，**図4**のようになる。

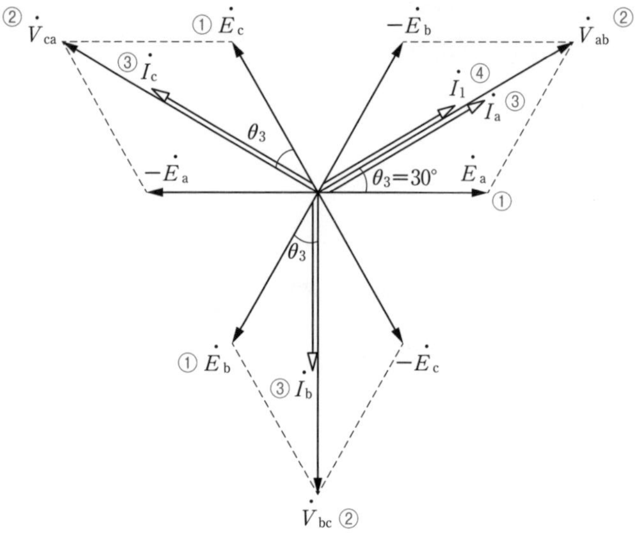

図4　**題意のベクトル図**

【判断のポイント】

1. $\dot{V}_{\mathrm{ab}}$ と $\dot{E}_{\mathrm{a}}$ の位相差が30° であり，$\dot{E}_{\mathrm{a}}$ より $\dot{V}_{\mathrm{ab}}$ の位相が進んでいる。
   ➡　選択肢(1)，(2)，(5)は当てはまるが，(3)と(4)は当てはまらない。
2. $\dot{E}_{\mathrm{a}}$ と $\dot{I}_{\mathrm{a}}$ の位相差が30° であり，$\dot{E}_{\mathrm{a}}$ より $\dot{I}_{\mathrm{a}}$ の位相が $\theta_3=30°$ 進んでいる。
   ➡　選択肢(2)，(4)，(5)は当てはまるが，(1)と(3)は当てはまらない。
3. $\dot{V}_{\mathrm{ab}}$ と $\dot{I}_1$ が同相（$\theta_1=0°$）である。
   ➡　選択肢(1)，(2)，(4)は当てはまるが，(3)と(5)は当てはまらない。

これらのことから，正しいベクトル図は選択肢(2)であると判断できる。

(b) 共用相の変圧器 T_1 が過負荷にならない単相負荷Pの最大電力の算出

変圧器の容量が決まっていて，単相負荷Pの最大電力を求める問題であり，本問の核心となっている。

共用相の変圧器 T_1 は，三相負荷の電流 $\dot{I}_{\mathrm{a}}$ と単相負荷の電流 $\dot{I}_1$ のベクトル和 $\dot{I}_{\mathrm{ab}}=\dot{I}_{\mathrm{a}}+\dot{I}_1$ を供給する（図5）。

図4のように $\dot{I}_{\mathrm{a}}$ と $\dot{I}_1$ は同相であることが題意から判明している（これが重要）。

共用相の変圧器 T_1 は，三相負荷を供給した余力で単相負荷Pを供給する。

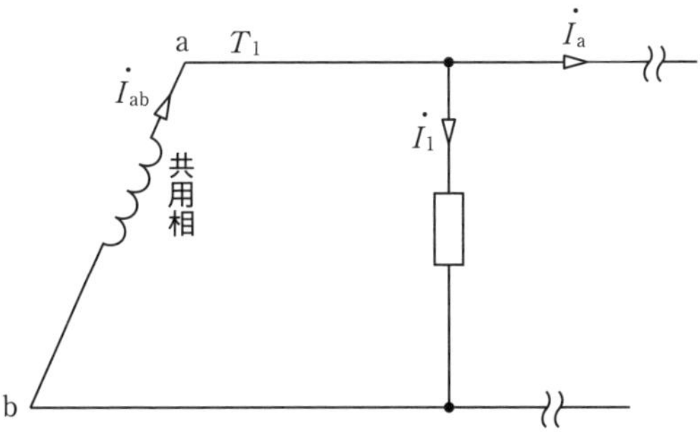

図5　共用相の変圧器 T_1 の供給電流

共用相の変圧器 T_1 の皮相電力（電圧と電流の積）P_{ab} [V·A] は，

$$P_{ab}=\left|\dot{V}_{ab}\right|\times\left|\dot{I}_{ab}\right|$$

$$=\left|\dot{V}_{ab}\right|\times\left|\dot{I}_a+\dot{I}_1\right|$$

題意より同相なので，単純な足し算
（ベクトル図が書けないと判明しない！）

$$=\left|\dot{V}_{ab}\right|\times\left|\dot{I}_a\right|+\left|\dot{V}_{ab}\right|\times\left|\dot{I}_1\right|$$

$$=VI_3+VI_1$$ これが求める単相負荷

$\left|\dot{V}_{ab}\right|=\left|\dot{V}_{bc}\right|=\left|\dot{V}_{ca}\right|=V$（線間電圧）

$\left|\dot{I}_a\right|=\left|\dot{I}_b\right|=\left|\dot{I}_a\right|=I_3$（三相負荷の線電流）

$$\therefore\ VI_1=P_{ab}-VI_3$$

$$=75\times10^3-V\cdot\underbrace{\frac{P_3}{\sqrt{3}\,V\cos\theta_3}}_{=I_3}\qquad\left(\because\ I_3=\frac{P_3}{\sqrt{3}\,V\cos\theta_3}\right)$$

$$=75\times10^3-\frac{45\times10^3}{\sqrt{3}\cdot\dfrac{\sqrt{3}}{2}}=75\times10^3-\frac{2}{3}\times45\times10^3=45\times10^3\ [\mathrm{V\cdot A}]$$

単相負荷Pの力率 $\cos\theta_1=1$ なので，単相負荷Pの最大電力 P_1 は，

$$P_1=VI_1\cos\theta_1=45\times10^3\times1=45\times10^3\ [\mathrm{W}]=45\ [\mathrm{kW}]$$

と求められる。

解答　(a) －(2)，(b) －(3)

考察

・異容量 V 結線を理解するには，解法のように三相のベクトル図から始める。ベクトル図の作図手順を示したので，改めて見直してほしい。随所で理論科目の知識と理解（単相交流のベクトル図，三相交流のベクトル図）が必要とされるため，本問は極めて難易度の高い問題といえる。

・類題として，次の問 5−21 は，遅れ接続で負荷が決まっているときの共用，専用変圧器の容量を求める問題であり，本問と併せて確認してほしい。

5-21 異容量 V 結線 ②

▶ V 結線変圧器の容量の算出

問 H26-A 問 12

図のように，2 台の単相変圧器による電灯動力共用の三相 4 線式低圧配電線に，平衡三相負荷 45 kW（遅れ力率角 30°）1 個および単相負荷 10 kW（力率＝1）2 個が接続されている。これに供給するための共用変圧器および専用変圧器の容量の値 [kV·A] は，それぞれいくら以上でなければならないか。値の組合せとして，正しいものを次の(1)～(5)のうちから一つ選べ。

ただし，相回転は a′-c′-b′ とする。

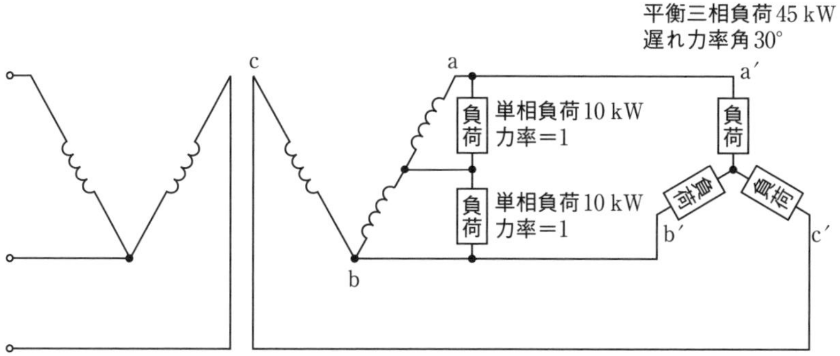

	共用変圧器の容量	専用変圧器の容量
(1)	20	30
(2)	30	20
(3)	40	20
(4)	20	40
(5)	50	30

ココがポイント！

前問 5－20 との違いは，相回転が a′ → c′ → b′（a → c → b）となっているほか，負荷の容量と力率から変圧器の容量を求めなければならないことである。これらの違いをよく意識して解き進めたい。

解法

まず，ベクトル図を書くために，題意の回路図に電圧（線間電圧 $\dot{V}_{ac}$，$\dot{V}_{cb}$，$\dot{V}_{ba}$，相電圧 $\dot{E}_a$，$\dot{E}_b$，$\dot{E}_c$）や電流（$\dot{I}_{ab}$，$\dot{I}_1$，$\dot{I}_a$，$\dot{I}_b$，$\dot{I}_c$）の分布などを定めて記入する（相回転は a → c → b，単相負荷は遅れ接続であることに注意）。

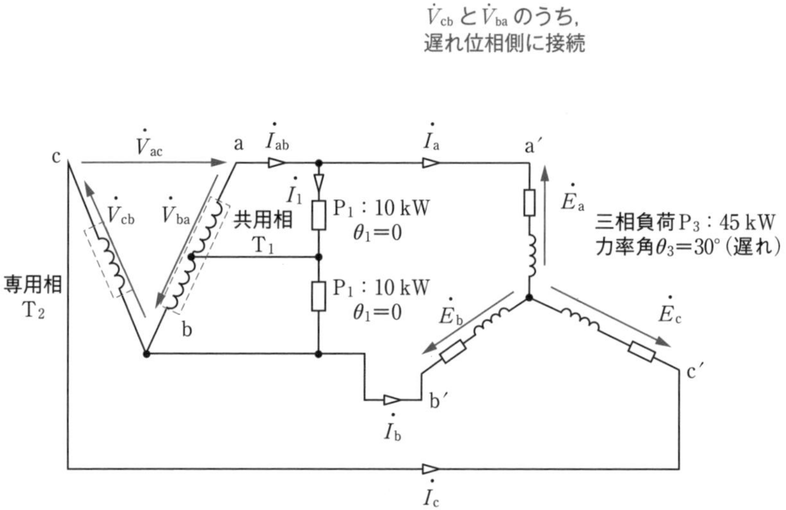

図 1　異容量変圧器の V 結線（遅れ接続）

前問 5－20 のベクトル作図の手順（200 ページ）に従うと，図 2 のようなベクトル図が書ける。専用相から供給される $\dot{I}_a$ と $\dot{I}_1$ は，題意から同相と判明する。

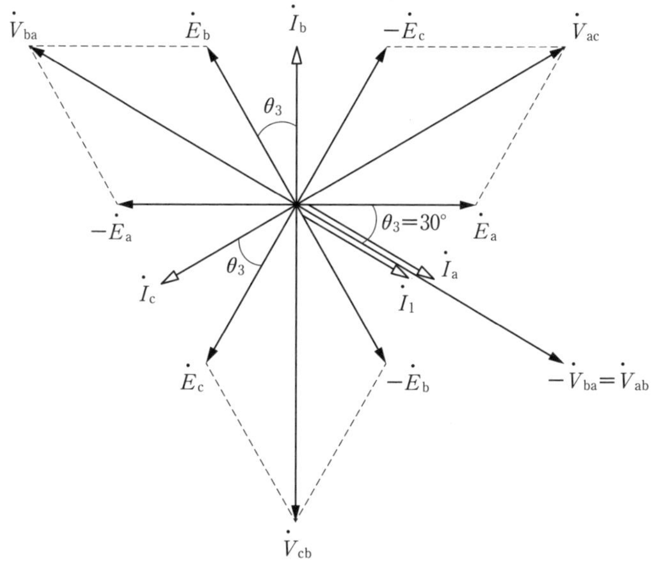

図 2　**ベクトル図**

この**図 2** をもとに，共用相変圧器 T_1 と専用相変圧器 T_2 に必要とされる容量を求める。

共用相変圧器の皮相電力 P_{ab} [V･A] は，

$$P_{\text{ab}}=\left|\dot{V}_{\text{ba}}\right|\times\left|\dot{I}_{\text{ab}}\right|=\left|\dot{V}_{\text{ba}}\right|\times\left|\dot{I}_{\text{a}}+\dot{I}_1\right|$$

ベクトル図から同相なので，単純な足し算でよい

$$=V\times(I_3+I_1)\quad\cdots①$$

$$\left(\begin{array}{l}\left|\dot{V}_{\text{ba}}\right|=\left|\dot{V}_{\text{cb}}\right|=\left|\dot{V}_{\text{ac}}\right|=V\\ \left|\dot{I}_{\text{a}}\right|=\left|\dot{I}_{\text{b}}\right|=\left|\dot{I}_{\text{c}}\right|=I_3\end{array}\right)$$

I_3 と I_1 [A] は，題意の数値（平衡三相負荷 $P_3=45\times10^3$ [kW]，遅れ力率角 $\theta_3=30°$）から，

$$I_3=\frac{P_3}{\sqrt{3}\,V\cos\theta_3}=\frac{45\times10^3}{\sqrt{3}\times V\times\frac{\sqrt{3}}{2}}=\frac{2}{3}\cdot\frac{1}{V}\times45\times10^3=\frac{30\times10^3}{V}\ \text{[A]}$$

$$I_1=\frac{2P_1}{V}=\frac{2\times10\times10^3}{V}=\frac{20\times10^3}{V}\ \text{[A]}$$

よって，共用変圧器の容量 P_{ab} [kV·A] は，①式より，

$$P_{ab}=\cancel{V}\times\left(\frac{30\times10^3}{\cancel{V}}+\frac{20\times10^3}{\cancel{V}}\right)=50\times10^3\,[\mathrm{V\cdot A}]=50\,[\mathrm{kV\cdot A}]$$

一方，専用相変圧器の容量 P_{bc} [kV·A] は，

$$P_{bc}=\left|\dot{V}_{cb}\right|\times\left|\dot{I}_c\right|=VI_3=\cancel{V}\times\frac{30\times10^3}{\cancel{V}}=30\times10^3\,[\mathrm{V\cdot A}]=30\,[\mathrm{kV\cdot A}]$$

と求められる。

解答　(5)

考察

・異容量V結線がテーマである前問5−20，本問5−21を通して言えることは，三相ベクトル図が確実に書けることが重要ということである。三相ベクトル図については，自ら手を動かして書く練習をしなければ身に付かない。

・拙著『計算問題が一番解ける本』の**電力70**（S60-Q21 B問題）に類題が掲載・解説してあるので，参照してほしい。

5-22 ループ配電線①
▶ ループ配電線の電流分布と電圧降下の算出

問 H17-B 問17

図の単線結線図に示す単相2線式1回線の配電線路がある。供給点Aにおける線間電圧 V_A は105 V，負荷点K，L，M，Nにはそれぞれ電流値が30 A，10 A，40 A，20 Aでともに力率100%の負荷が接続されている。回路1線当たりの抵抗はA−K間が0.05 Ω，K−L間が0.04 Ω，L−M間が0.07 Ω，M−N間が0.05 Ω，N−A間が0.04 Ωであり，線路のリアクタンスは無視するものとして，次の(a)および(b)の問に答えよ。

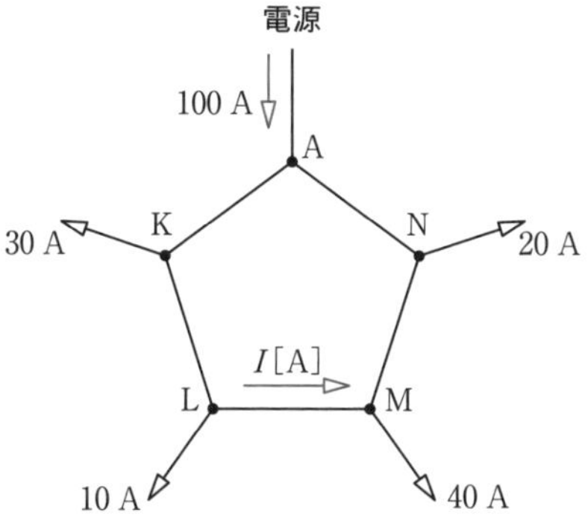

(a) 負荷点Lと負荷点M間に流れる電流 I[A]の値として，正しいのは次のうちどれか。

(1) 4　(2) 6　(3) 8　(4) 10　(5) 12

(b) 負荷点Mの電圧の値[V]として，最も近いのは次のうちどれか。

(1) 95.8　(2) 97.6　(3) 99.5　(4) 101.3　(5) 103.2

ココがポイント！

配電線路がループ状（環状）になっている配電線をループ配電線という。ループ配電線に関する計算問題の解法はただ一つしかない。

●ループ配電線の解法手順

① 任意の区間を流れる未知の電流を I[A] と置いて，電流分布を仮定する。

② 電流分布を仮定した閉回路において，キルヒホッフの第 2 法則（電圧則）より電圧降下＝0 が成り立つことから立式して，未知の電流 I を求める。

③ 電流分布（閉回路の各区間を流れる電流の値）を確定する。

④ 設問に応じて，分岐点の電圧やループ配電線全体の電力損失を求める。

解法

(a) L－M 間に流れる電流の算出

区間 A → K に流れる電流を I_0 [A] と置いて❶，図 1 のように閉回路の電流分布を仮定する。

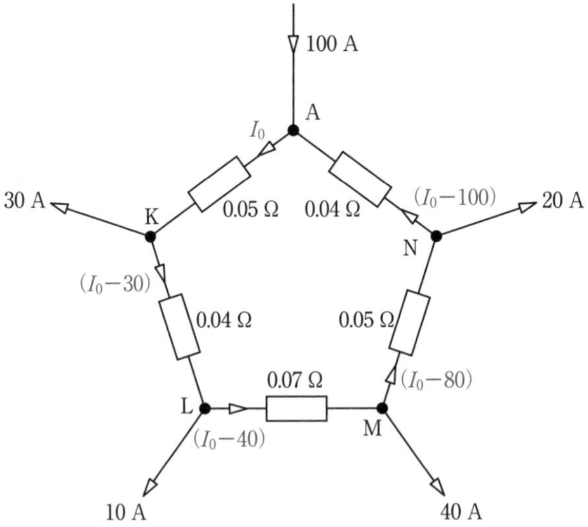

図 1　電流分布の仮定

❶設問(a)では，負荷点 L と負荷点 M 間（区間 L → M）に流れる電流 I[A] の値を問われているが，給電点直下の電流（区間 A → K または A → N に流れる電流）を未知数とした方が一般的でわかりやすいので，そのようにして解くことにする。

閉回路（A−K−L−M−N）には起電力がないので，閉回路の電圧降下＝0として立式する。

単相2線式の電圧降下 v[V]の一般式は，流れる電流を I[A]，区間1線当たりの抵抗を R[Ω]，リアクタンスを X[Ω]，負荷の力率を $\cos\theta$ とすると，

$$v=2I(R\cos\theta+X\sin\theta)\quad\cdots①$$

本問では，リアクタンス $X=0$，負荷の力率 $\cos\theta=1$ なので，電圧降下は，

$$v=2IR\quad\cdots②$$

として計算すればよい。よって，A−K 間に流れる電流 I_0[A]は，ループ（A→K→L→M→N→A）を一巡した電圧降下の総和から，

$$\underbrace{\cancel{2}I_0\times0.05}_{\text{A−K 間の電圧降下}}+\underbrace{\cancel{2}(I_0-30)\times0.04}_{\text{K−L 間の電圧降下}}+\underbrace{\cancel{2}(I_0-40)\times0.07}_{\text{L−M 間の電圧降下}}$$

$$+\underbrace{\cancel{2}(I_0-80)\times0.05}_{\text{M−N 間の電圧降下}}+\underbrace{\cancel{2}(I_0-100)\times0.04}_{\text{N−A 間の電圧降下}}=0\quad\cdots③$$

（A−K 間の電圧降下）→ この部分は図2のように表される

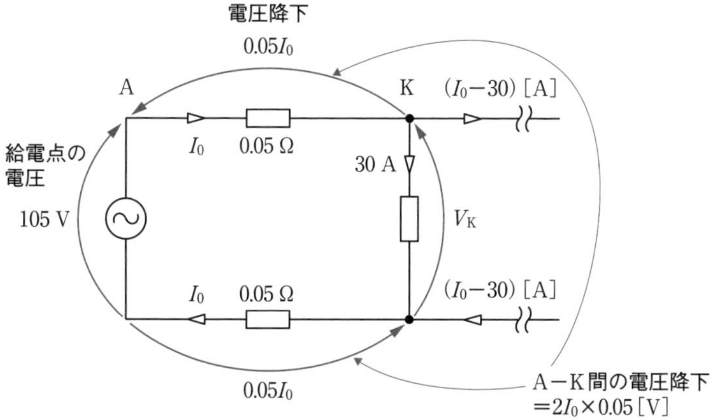

図2　A−K 間の単相2線式配電線の電圧降下

③式を解くと，

$$\underbrace{(5+4+7+5+4)}_{=25}I_0=120+280+400+400\qquad\therefore\ I_0=\frac{1\,200}{25}=48\ [\mathrm{A}]$$

これにより，ループ配電線の電流分布は図3のように確定する。

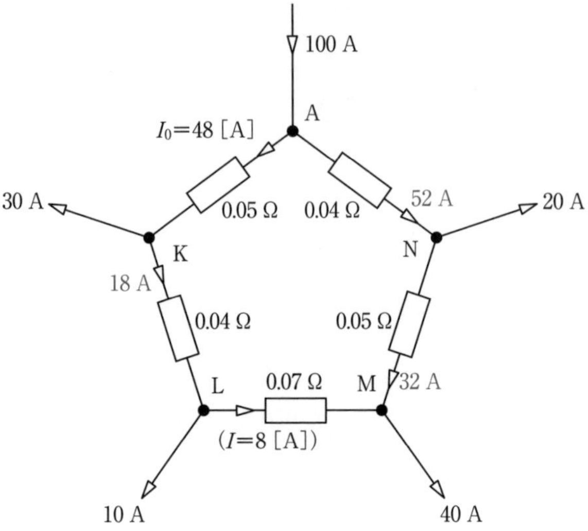

図3　**各区間の電流値の確定**

以上から，L−M 間に流れる電流 I[A] の値は，

$$I = I_0 - 40 = 48 - 40 = 8\,[\mathrm{A}]$$ （方向は図3のとおり）

と求められる。

(b) 負荷点 M の電圧の算出

負荷点 M の電圧 V_{M}[V] を求めるには，給電点 A の電圧 V_{A}[V] から，A−K 間，K−L 間，L−M 間の電圧降下を差し引くか，または A−N 間，N−M 間の電圧降下を差し引けばよい。すなわち，

$$V_{\mathrm{M}} = V_{\mathrm{A}} - 2\times48\times0.05 - 2\times18\times0.04 - 2\times8\times0.07$$
$$= 105 - 7.36 \fallingdotseq 97.6\,[\mathrm{V}]$$

または，

$$V_{\mathrm{M}} = V_{\mathrm{A}} - 2\times52\times0.04 - 2\times32\times0.05$$
$$= 105 - 7.36 \fallingdotseq 97.6\,[\mathrm{V}]$$

と求められる。

解答 (a) − (3), (b) − (2)

考察

・ループ配電線に関する計算問題の解法はただ一つしかない。しっかり演習を積んで，電流分布を計算のうえ確定できるようにしたい。

・③式を立式する際，あらかじめ両辺を 2 で割っておいても支障なく電流 I_0 は求められる。しかし，式の意味を正しく理解するためにも，意識的にこの「2」を書くようにしたい（単相 2 線式配電線は，1 線当たりの 2 倍の電圧降下（往復分）が生じる）。

$$\textcircled{2}\,I_0\times0.05+\textcircled{2}\,(I_0-30)\times0.04+\textcircled{2}\,(I_0-40)\times0.07+\cdots\cdots=0$$

この 2 を忘れてはならない。意識的に書くようにしたい

5-23 ループ配電線 ②
▶ 電圧降下からループ配電線を流れる負荷電流を算出

問　　H28-A 問 13

図のような単相 2 線式線路がある。母線 F 点の線間電圧が 107 V のとき，B 点の線間電圧が 96 V になった。B 点の負荷電流 I[A] として，最も近いものを次の(1)～(5)のうちから一つ選べ。

ただし，使用する電線はすべて同じものを用い，電線 1 条当たりの抵抗は，1 km 当たり 0.6 Ω とし，抵抗以外は無視できるものとする。また，すべての負荷の力率は 100% とする。

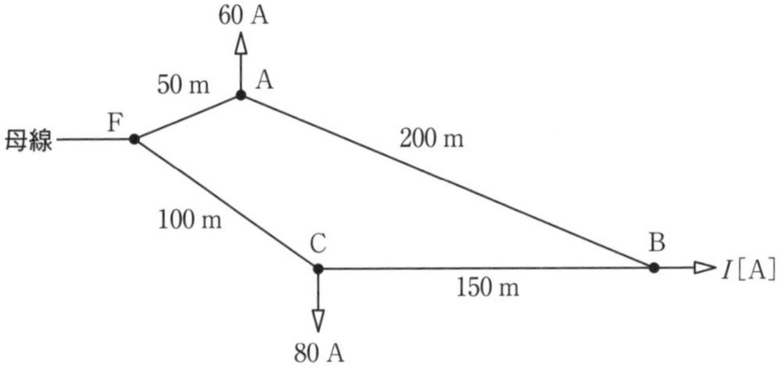

(1) 29.3　　(2) 54.3　　(3) 84.7　　(4) 102.7　　(5) 121.3

ココがポイント！

前問 5－22 は，分岐電流（負荷電流）がすべて与えられているときの分岐点（負荷点）の電圧を求める内容であった。本問はその逆で，分岐点の電圧が与えられているときの分岐電流を求める内容である。いずれの問題も，ループ配電線の解法に従えば解くことができる。

解法

区間 F → A に流れる電流を I_0[A] と置いて，図 1 のように電流分布を仮定する。

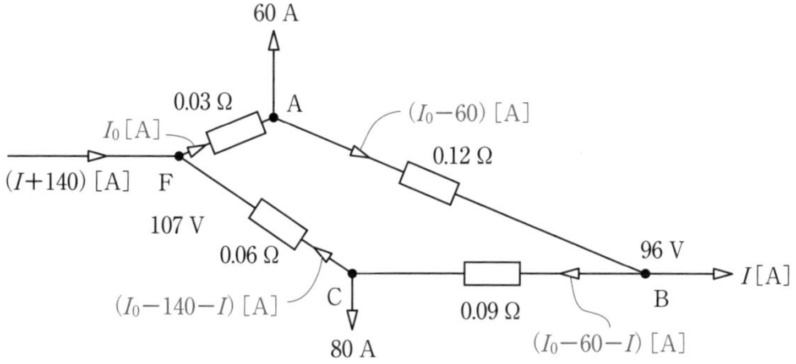

図 1　**電流分布の仮定**

題意より B 点の線間電圧 $V_B=96$[V] なので，I_0 を用いて V_B を式で表すと，

$$V_B=107-\underbrace{2\times I_0\times 0.03}_{\text{F−A 間の電圧降下}}-\underbrace{2\times(I_0-60)\times 0.12}_{\text{A−B 間の電圧降下}}=96\quad\cdots①$$

$$107-0.06I_0-0.24I_0+14.4=96$$

$$0.3I_0=107+14.4-96=25.4\qquad\therefore\ I_0\fallingdotseq 84.7\,[\text{A}]$$

一方，閉回路の電圧降下の総和＝0（キルヒホッフの第 2 法則），$I_0=84.7$ [A] から，B 点の負荷電流 I[A] は，

$$\underbrace{2I_0\times 0.03}_{\text{F−A 間の電圧降下}}+\underbrace{2(I_0-60)\times 0.12}_{\text{A−B 間の電圧降下}}+\underbrace{2(I_0-60-I)\times 0.09}_{\text{B−C 間の電圧降下}}$$

$$+\underbrace{2(I_0-140-I)\times 0.06}_{\text{C−F 間の電圧降下}}=0\quad\cdots②$$

$$30I_0-720-540-840-15I=0$$

$$\therefore\ I=\frac{30I_0-2\,100}{15}=\frac{30\times 84.7-2\,100}{15}=29.4\,[\text{A}]$$

と求められる。

解答　(1)

考察

・本問はやや応用的な内容ではあるが，ループ配電線の解法に従えば，分岐点（負荷点）の分岐電流（負荷電流）を求めることができる。ただし，一般のループ配電線の問題よりも未知数が多くなる分だけ，丁寧に計算を進めなければならない。本問はA問題として出題されたが，計算の手間などを考えると，B問題レベルの難易度といえよう。

・参考までに，確定した電流分布を図2に示す。

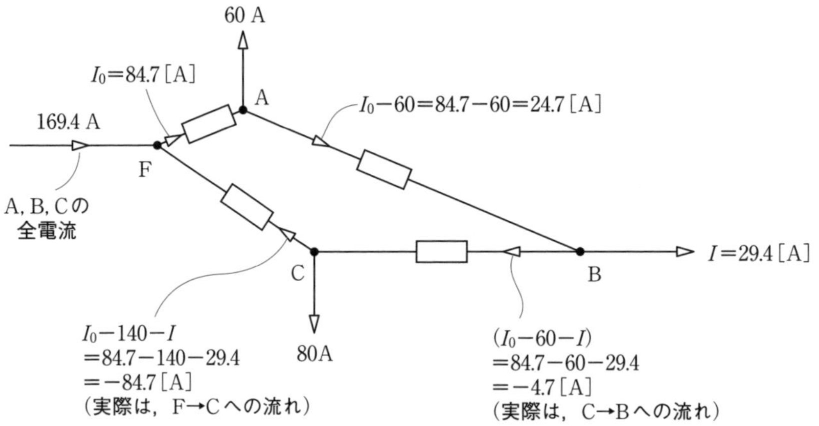

図2　ループ配電線の電流分布

5-24 誘導障害
▶ 誘導障害の発生原理と対策

問 H28-A 問 8

次の文章は，誘導障害に関する記述である。

架空送電線路と通信線路とが長距離にわたって接近交差していると，通信線路に対して電圧が誘導され，通信設備やその取扱者に危害を及ぼすなどの障害が生じる場合がある。この障害を誘導障害といい，次の２種類がある。

① 架空送電線路の電圧によって，架空送電線路と通信線路間の［（ア）］を介して通信線路に誘導電圧を発生させる［（イ）］障害。

② 架空送電線路の電流によって，架空送電線路と通信線路間の［（ウ）］を介して通信線路に誘導電圧を発生させる［（エ）］障害。

架空送電線路が十分にねん架されていれば，通常は，架空送電線路の電圧や電流によって通信線路に現れる誘導電圧はほぼ０Ｖとなるが，架空送電線路で地絡事故が発生すると，電圧および電流は不平衡になり，通信線路に誘導電圧が生じ，誘導障害が生じる場合がある。例えば，一線地絡事故に伴う［（エ）］障害の場合，電源周波数を f，地絡電流の大きさを I，単位長さ当たりの架空送電線路と通信線路間の［（ウ）］を M，架空送電線路と通信線路との並行区間長を L としたときに，通信線路に生じる誘導電圧の大きさは［（オ）］で与えられる。誘導障害対策に当たっては，この誘導電圧の大きさを考慮して検討の要否を考える必要がある。

上記の記述中の空白箇所(ア)，(イ)，(ウ)，(エ)および(オ)に当てはまる組合せとして，正しいものを次の(1)～(5)のうちから一つ選べ。

	（ア）	（イ）	（ウ）	（エ）	（オ）
(1)	キャパシタンス	静電誘導	相互インダクタンス	電磁誘導	$2\pi fMLI$
(2)	キャパシタンス	静電誘導	相互インダクタンス	電磁誘導	$\pi fMLI$
(3)	キャパシタンス	電磁誘導	相互インダクタンス	静電誘導	$\pi fMLI$
(4)	相互インダクタンス	電磁誘導	キャパシタンス	静電誘導	$2\pi fMLI$
(5)	相互インダクタンス	静電誘導	キャパシタンス	電磁誘導	$2\pi fMLI$

ココがポイント!

架空送電線によって通信線に対して電圧が誘導される障害を誘導障害という。これには，静電誘導障害と電磁誘導障害がある。これらの障害が発生する原理と対策について理解しておくこと。

解法

◎静電誘導障害

架空送電線の各線と通信線との間の静電容量によって，通信線に対して電圧が誘導されるものであり，静電容量の不平衡に起因する。送電線の充電時に常時生じるものであり，その対策はしっかり行う必要がある。

図1のように，送電線の各相の対地電圧を $\dot{E}_a$，$\dot{E}_b$，$\dot{E}_c$，角周波数を ω，誘導電圧を $\dot{E}_s$，通信線に対する静電容量（送電線の各線と通信線との間の静電容量）を C_a，C_b，C_c，通信線の対地静電容量を C_s とすると，電流 $\dot{I}_a$，$\dot{I}_b$，$\dot{I}_c$，$\dot{I}_s$ は，

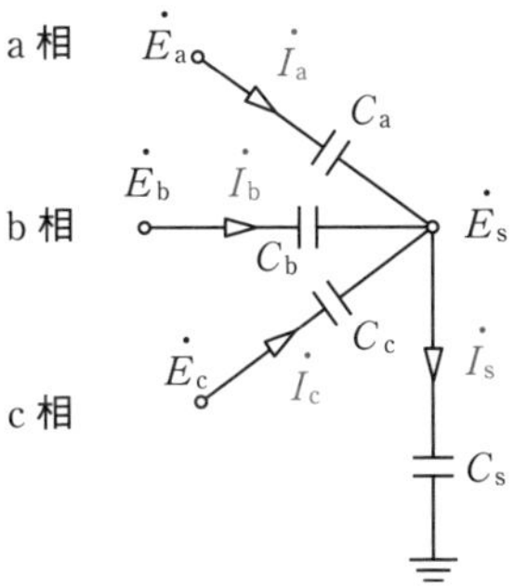

図 1　静電誘導電圧を求めるモデル

$$\dot{I}_a = j\omega C_a(\dot{E}_a - \dot{E}_s) \quad \cdots①$$

$$\dot{I}_b = j\omega C_b(\dot{E}_b - \dot{E}_s) \quad \cdots②$$

$$\dot{I}_c = j\omega C_c(\dot{E}_c - \dot{E}_s) \quad \cdots③$$

$$\dot{I}_s = j\omega C_s \dot{E}_s \quad \cdots④$$

キルヒホッフの第 1 法則（電流則）より，$\dot{I}_a + \dot{I}_b + \dot{I}_c = \dot{I}_s$ なので，

①式＋②式＋③式＝④式

$$\cancel{j\omega} C_a(\dot{E}_a - \dot{E}_s) + \cancel{j\omega} C_b(\dot{E}_b - \dot{E}_s) + \cancel{j\omega} C_c(\dot{E}_c - \dot{E}_s) = \cancel{j\omega} C_s \dot{E}_s$$

これを整理すると，静電誘導電圧 $\dot{E}_s$ は，

$$\dot{E}_s = \frac{C_a\dot{E}_a + C_b\dot{E}_b + C_c\dot{E}_c}{C_a + C_b + C_c + C_s} \quad \cdots⑤$$

⑤式において，通信線に対する静電容量 C_a，C_b，C_c は，通信線との離隔距離（送電線と通信線の間隔）の違いから $C_a \neq C_b \neq C_c$ なので，⑤式の分子は零とはならない。

仮に $C_a = C_b = C_c = C$ とすれば，⑤式の分子は，

$$CE+C\underbrace{\left(-\frac{1}{2}-j\frac{\sqrt{3}}{2}\right)}E+C\underbrace{\left(-\frac{1}{2}+j\frac{\sqrt{3}}{2}\right)}E=0$$

ベクトルオペレータ❶

$$a^2=-\frac{1}{2}-j\frac{\sqrt{3}}{2} \qquad a=-\frac{1}{2}+j\frac{\sqrt{3}}{2}$$

となる。

通信線に対する静電容量を等しくすることはできないが，送電線の相順を適当な区間で入れ替える**ねん架**を行い，静電容量の不平衡を低減するようにしている。

<静電誘導障害の主な防止対策>

・送電線と通信線の間隔を大きくする。[**誘導障害の根本対策**]

・送電線をねん架して，各相と通信線の間の静電容量の不平衡を低減する。

・通信線側に遮へい線を設ける。

電験三種の範囲では，⑤式を導出する必要はないが，発生原理と対策は理解しておく必要がある。

（**参考**）「電気設備に関する技術基準を定める省令」第27条第1項において，架空電線路からの静電誘導作用による感電の防止のため，「特別高圧の架空電線路は，通常の使用状態において，静電誘導作用により人による感知のおそれがないよう，地表上1mにおける電界強度が3kV/m以下になるように施設しなければならない。（後略）」と規定されている。

◎電磁誘導障害

送電線の各線に流れる電流による磁束によって，通信線に電圧が誘導されるものである。

図2のように，送電線の各線に流れる線電流を $\dot{I}_a$，$\dot{I}_b$，$\dot{I}_c$，角周波数を ω，地絡電流を $\dot{I}$，通信線との相互インダクタンス（送電線の各線と通信線の相互インダクタンス）を M，通信線のこう長を l とすると，誘導電圧 $\dot{E}$ は，

❶大きさが1で，偏角が120°のベクトルを**ベクトルオペレータ**という。これを量記号 a で表すと，三相の電圧には E（基準），aE，a^2E の関係がある。

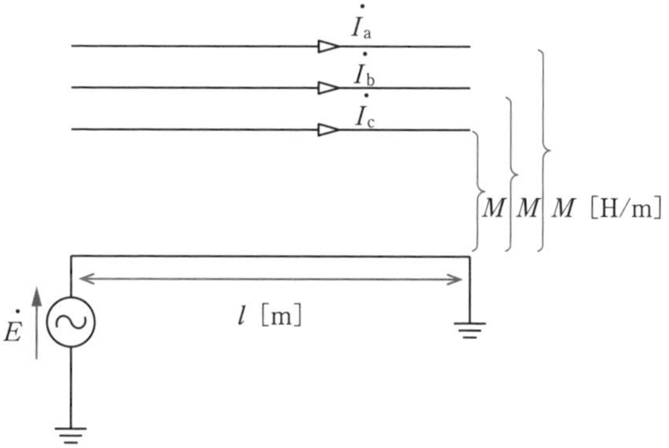

図2　電磁誘導電圧を求めるモデル

$$\dot{E}=-j\omega Ml(\dot{I}_a+\dot{I}_b+\dot{I}_c)=-j\omega Ml\dot{I}\quad\cdots⑥$$

常時は $\dot{I}_a+\dot{I}_b+\dot{I}_c\fallingdotseq 0$ なので，常時発生せず，
地絡事故時に大きな誘導電圧が生じる

⑥式から，誘導電圧 $\dot{E}$ の低減のためには，相互インダクタンス M および地絡電流 $\dot{I}$ の抑制が必要となることがわかる。

＜電磁誘導障害の主な防止対策＞

① 送電線と通信線の間隔を大きくする。
(相互インダクタンスを低減する。)

② 送電線の中性点の接地抵抗を大きくして，地絡電流の大きさを抑制する。

③ 通信線側に遮へい線を設ける。

(参考)「電気設備に関する技術基準を定める省令」第27条第2項において，架空電線路からの電磁誘導作用による感電の防止のため，「特別高圧の架空電線路は，電磁誘導作用により弱電流電線路（中略）を通じて人体に危害を及ぼすおそれがないように施設しなければならない。」と規定されている。

以上により，それぞれの空白箇所には，(ア)**キャパシタンス**（静電容量，電気容量），(イ)**静電誘導**，(ウ)**相互インダクタンス**，(エ)**電磁誘導**，(オ)$\boldsymbol{2\pi fMLI}$ が当てはまる。

解答　(1)

考察

通信線に生じる静電誘導障害と電磁誘導障害の発生原理と対策について，まとめておく必要がある。類題は，平成18年（A問題-問6），平成23年（A問題-問6），平成28年（本問）に出題されている。

5-25 中性点接地方式 ①
▶ 中性点接地方式の種類と特徴

問 H22-A 問 8

一般に，三相送配電線に接続される変圧器は Δ－Y または Y－Δ 結線されることが多く，Y 結線の中性点は接地インピーダンス Z_n で接地される。この接地インピーダンス Z_n の大きさや種類によって種々の接地方式がある。中性点の接地方式に関する記述として，誤っているのは次のうちどれか。

(1) 中性点接地の主な目的は，1 線地絡などの故障に起因する異常電圧（過電圧）の発生を抑制したり，地絡電流を抑制して故障の拡大や被害の軽減を図ることである。中性点接地インピーダンスの選定には，故障点のアーク消弧作用，地絡リレーの確実な動作などを勘案《かんあん》する必要がある。

(2) 非接地方式（$Z_n \to \infty$）では，1 線地絡時の健全相電圧上昇倍率は大きいが，地絡電流の抑制効果が大きいのがその特徴である。わが国では，一般の需要家に供給する 6.6 kV 配電系統においてこの方式が広く採用されている。

(3) 直接接地方式（$Z_n \to 0$）では，故障時の異常電圧（過電圧）倍率が小さいため，わが国では，187 kV 以上の超高圧系統に広く採用されている。一方，この方式は接地が簡単なため，わが国の 77 kV 以下の下位系統でもしばしば採用されている。

(4) 消弧リアクトル接地方式は，送電線の対地静電容量と並列共振するように設定されたリアクトルで接地する方式で，1 線地絡時の故障電流はほとんど零に抑制される。このため，遮断器によらなくても地絡故障が自然消滅する。しかし，調整が煩雑なため近年この方式の新たな採用は多くない。

(5) 抵抗接地方式（Z_n＝ ある適切な抵抗値 R [Ω]）は，わが国では主として 154 kV 以下の送電系統に採用されており，中性点抵抗により地絡電流を抑制して，地絡時の通信線への誘導電圧抑制に大きな効果がある。しかし，地絡リレーの検出機能が低下するため，何らかの対応策を必要とする場合もある。

ココがポイント!

中性点接地方式の種類と特徴について，しっかり理解しておくこと。出題頻度は比較的高い。

解法

送配電線路の中性点接地の主な目的は，異常電圧の抑制や，地絡電流を抑制して故障の拡大や被害の軽減を図ることである。ここでは，中性点接地方式のうちの両極端で，頻繁に出題されている直接接地方式と非接地方式について解説する。

◎直接接地方式

図1のように，中性点を直接接地する方式である。

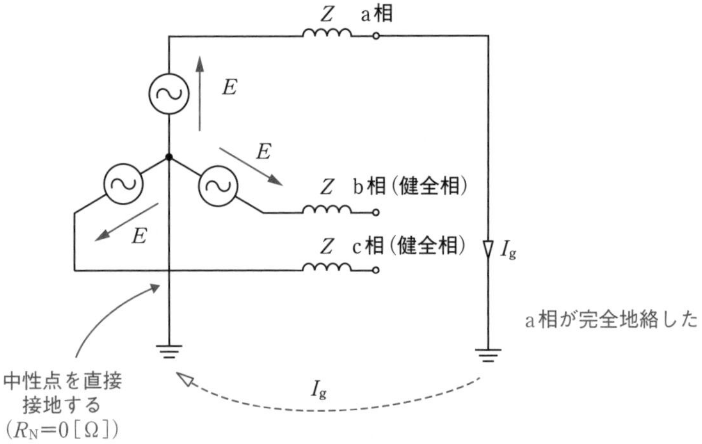

図1　**直接接地方式**

中性点接地方式の特徴を理解するために，1線地絡電流の大きさ，健全相の対地電圧の上昇を検討する。

いま，a相が地絡抵抗0Ωで完全地絡したとすると，図1のように地絡電流I_g（相間短絡）が流れる。相電圧をE，線間電圧をV，1線当たりのインピー

ダンスを Z とすると，I_g は①式で表される。

$$I_g=\frac{E}{Z}=\frac{\left(\dfrac{V}{\sqrt{3}}\right)}{Z} \quad \cdots①$$

送電線の１線当たりのインピーダンス Z は一般的に小さい値で，地絡電流 I_g は各種中性点接地方式の中で最大となる。したがって，通信線に対する電磁誘導障害も最大となる（これに対しては，通信線との離隔距離を大きくするなどの対策を行う）。

一方，健全相（図１の b 相および c 相）の対地電圧の大きさは，中性点が常に零電位なので，相電圧 E のまま変わらない。したがって，健全相の対地電圧の上昇は小さい。このことは，変圧器などの機器の絶縁レベルの軽減，送電線の絶縁レベルの低減，送電線導体の離隔低減など，建設費の低減が図られコスト低下の利点につながる。そして，これらの利点から，直接接地方式は超高圧送電線（220 kV 以上の電圧階級）に例外なく採用されている。

◎非接地方式

図２のように，Δ 結線の中性点を接地しない方式である。

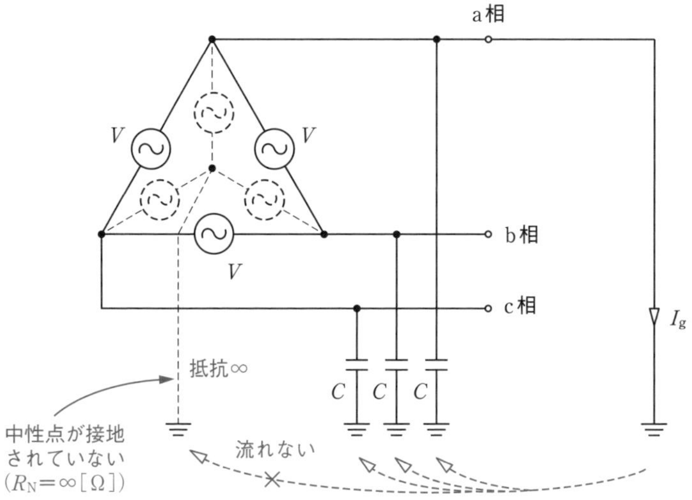

図２　非接地方式

非接地方式は 6.6 kV 配電線で採用されているが，第 3 高調波の抑制のため，配電用変電所の変圧器は Y（66 kV）－Δ（6.6 kV 側）結線されている。

ここで，地絡電流 $\dot{I}_g$ の大きさを求めるために，図 2 を等価変換した図 3 の等価回路にテブナンの定理を適用してみる。

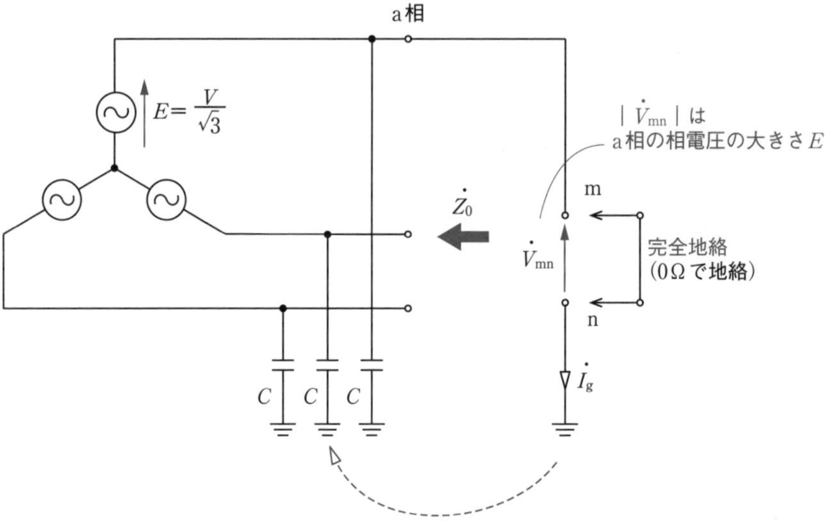

図 3　テブナンの定理の適用

地絡電流 $\dot{I}_g$ は，

→ a 相の相電圧

$$\dot{I}_g=\frac{V_{mn}}{\dot{Z}_0+0}\quad\cdots②$$

端子 m-n 間から内部を見たときのインピーダンス $=\dfrac{1}{j3\omega C}$

（ω：角周波数 [rad/s]，C：1 線当たりの静電容量 [F]）

$$\therefore \ |\dot{I}_g| = \frac{E}{\left(\dfrac{1}{3\omega C}\right)} = 3\omega CE$$

$$= 3\omega C \frac{V}{\sqrt{3}} \quad \cdots ③$$

$$\Rightarrow (I_g \propto C) \quad \cdots ④$$ 重要

地絡電流の大きさは，対地静電容量に比例する
この関係はきわめて重要。法規科目でも必要になる

一般に対地静電容量 C は，地中送電線では比較的大きな値を持つが，6.6 kV 架空送電線では小さい値なので，地絡電流は比較的小さいといえる。

一方，健全相の対地電圧については，図 4 から下表のようなことがいえる。

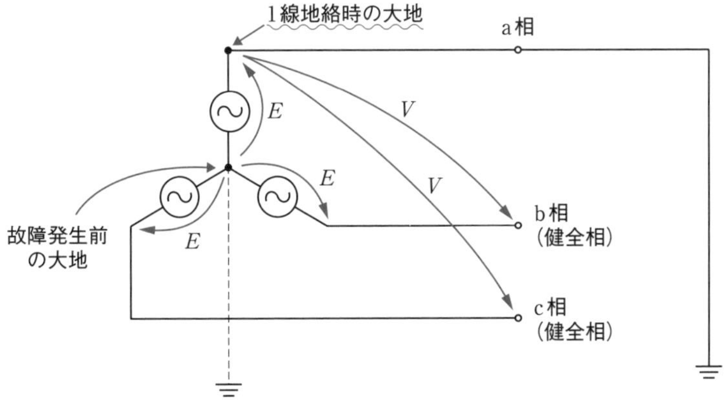

図 4　非接地方式の対地電圧

1 線地絡発生前		1 線地絡発生後	
a 相（地絡相）E：相電圧	→	0	
b 相（健全相）E：　〃	→	V：線間電圧	$\sqrt{3}$倍に上昇
c 相（健全相）E：　〃	→	V：　〃	

つまり，非接地方式では，1 線地絡時には健全相の対地電圧は上昇する（直接接地方式では上昇しない）。

次に，配電線による通信線への電磁誘導障害を検討してみる。

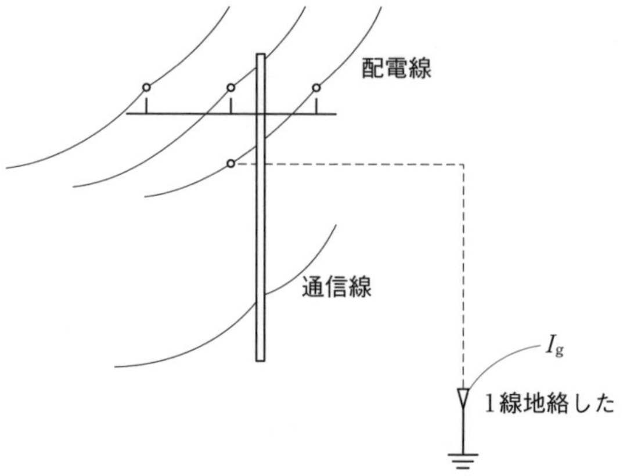

図5　配電線と通信線の共架

前問5−24の⑥式（221ページ）から，通信線に誘導される電圧 e は，

$$e = \omega M l I_g \text{（再掲）}$$

配電線と通信線は共架されているため，離隔距離が小さく常に平行しているので，一般に相互インダクタンス M の値は大きい。したがって，誘導電圧 e を小さくするためには，地絡電流 I_g を小さくする必要がある。これが，電磁誘導障害の軽減のため，配電線に地絡電流が少ない非接地方式を採用する理由の一つである。

一方，健全相の対地電圧が上昇する欠点については，6.6 kV 配電線やキュービクル内の高圧機器の絶縁レベルは設計上 10 kV に耐える絶縁性能を考慮されているので，問題にはならない。

以上のことから，各記述の正誤を判定できる。直接接地方式は 77 kV 以下の下位系統では採用されていないので，記述(3)は誤りである。

なお，記述(4)については，関連する問5−27（計算問題）も確認しておいてほしい。

解答　(3)

考察

本問は，中性点接地方式の種類と特徴，採用されている電圧階級などが問われる総合問題である。解法では，両極端である直接接地方式と非接地方式について，注目すべき1線地絡電流の大きさと健全相や対地電圧を解説した。これらを丸暗記で済ませるのではなく，内容をしっかり理解しておくこと。関連する問 5−26～5−28 も併せて学習しておきたい。

5-26 中性点接地方式②
▶ 中性点接地方式の特徴

問　H13-A 問7

電力系統の中性点接地方式に関する記述として，誤っているのは次のうちどれか。

(1) 直接接地方式は，他の中性点接地方式に比べて，地絡事故時の地絡電流は大きいが健全相の電圧上昇は小さい。

(2) 消弧リアクトル接地方式は，直接接地方式や抵抗接地方式に比べて，1線地絡電流が小さい。

(3) 非接地方式は，他の中性点接地方式に比べて，地絡電流および短絡電流を抑制できる。

(4) 抵抗接地方式は，直接接地方式と非接地方式の中間的な特性を持ち，154 kV以下の特別高圧系統に適用されている。

(5) 消弧リアクトル接地方式および非接地方式は，直接接地方式や抵抗接地方式に比べて，通信線に対する誘導障害が少ない。

ココがポイント！

前問5−25の類題で，各種の中性点接地方式に関する文章正誤判定問題である。

解法

(1) 中性点直接接地方式は，「1線地絡電流が最大」「健全相の対地電圧の上昇は小さい」という2点について，しっかりと理解しておくこと。(正しい)

(2) 消弧リアクトル接地方式は，送電線の対地静電容量と中性点リアクトルの並列共振を目指した方式であり，他の中性点接地方式に比べて，地絡電流が

小さい。(正しい)

(3) 非接地方式の1線地絡電流の大きさは，送電線の対地静電容量に比例する。非接地方式を採用している 6.6 kV 配電線は対地静電容量が小さいので，1線地絡電流の大きさは小さい。一方，短絡電流の大きさは，線路インピーダンスの大きさに依存する。つまり，中性点接地方式には関係がなく，非接地方式では短絡電流を抑制することはできない。(**誤り**)

(4) 抵抗接地方式は，中性点接地抵抗をある適切な値とすることによって，地絡電流を抑制している。直接接地方式と非接地方式の中間的な特性を持ち，採用される電圧階級は 154 kV，66 kV などの中間電圧である。(正しい)

(5) 消弧リアクトル接地方式および非接地方式は，1線地絡電流が小さいため，直接接地方式や抵抗接地方式に比べて，通信線に対する電磁誘導障害が少ない。(正しい)

解答 (3)

考察

各種の中性点接地方式を理解できていれば，文章の正誤が判定できる。短絡電流の計算でも，中性点接地方式には関係がないことを理解できるであろう。前問 5−25 と併せて確認しておきたい。

5-27 中性点接地方式③ ▶消弧リアクトル接地における リアクトルのインピーダンスの算出

問　　H26-B 問16

図に示すように，中性点をリアクトル L を介して接地している公称電圧 66 kV の系統があるとき，次の(a)および(b)の問に答えよ。なお，図中の C は，送電線の対地静電容量に相当する等価キャパシタを示す。また，図に表示されていない電気定数は無視する。

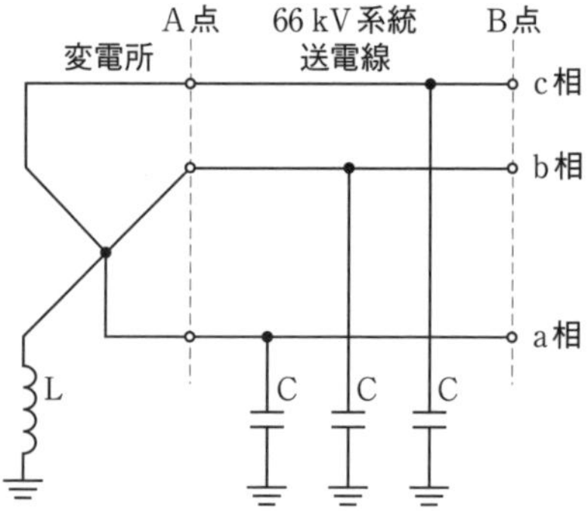

(a) 送電線の線路定数を測定するために，図中の A 点で変電所と送電線を切り離し，A 点で送電線の 3 線を一括して，これと大地間に公称電圧の相電圧相当の電圧を加えて充電すると，一括した線に流れる全充電電流は 115 A であった。このとき，この送電線の 1 相当たりのアドミタンスの大きさ[mS]として，最も近いものを次の(1)～(5)のうちから一つ選べ。

(1) 0.58　(2) 1.0　(3) 1.7　(4) 3.0　(5) 9.1

(b) 図中の B 点の a 相で 1 線地絡事故が発生したとき，地絡点を流れる電流を零とするために必要なリアクトル L のインピーダンスの大きさ[Ω]として，最も近いものを次の(1)～(5)のうちから一つ選べ。
ただし，送電線の電気定数は，(a)で求めた値を用いるものとする。

(1) 111　(2) 196　(3) 333　(4) 575　(5) 1 000

ココがポイント！

送電線の中性点接地方式のうちの，消弧リアクトル接地方式に関する計算問題である。消弧リアクトル接地の1線地絡時の状況を等価回路で表すことができれば，地絡電流の大きさは求められる。

解法

(a) 送電線の1相当たりのアドミタンスの算出

送電線の線路定数には，抵抗，インダクタンス，静電容量，漏れコンダクタンス（一般には小さいので無視できる）がある。これらの定数のうち，電圧降下の計算では，抵抗およびインダクタンスを考慮する。この設問(a)では，等価キャパシタ（コンデンサ）の静電容量のみを考慮し，アドミタンスを求めればよい。

A点で変電所と送電線を切り離し，A点で送電線の3線を一括して，これと大地間に相電圧を印加したとき，送電線路の電気回路は**図1**のように表せる。

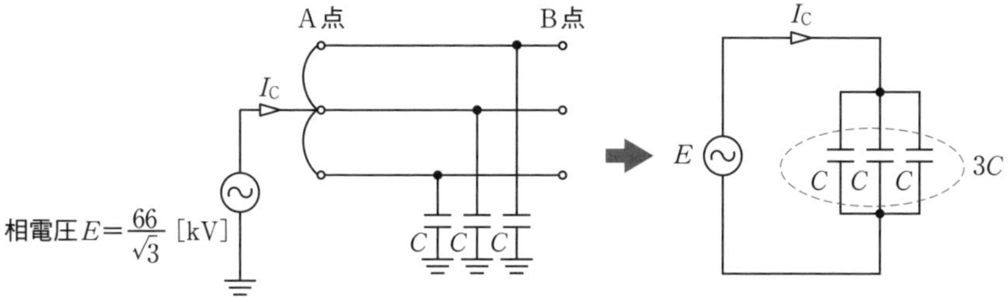

図1　**3線一括して相電圧を印加**

回路を流れる充電電流I_C[A]は，相電圧をE[V]，角周波数をω[rad/s]，1相当たりの静電容量をC[F]とすると，

$$I_C=\frac{E}{\left(\frac{1}{3\omega C}\right)}=3\omega CE \quad \cdots ①$$

1相当たりのアドミタンスY[S]は，

$$Y=\frac{1}{X_C}=\frac{1}{\left(\frac{1}{\omega C}\right)}=\omega C$$

したがって，アドミタンス $Y=\omega C$ の値は，①式と題意の数値から，

$$\omega C=\frac{I_C}{3E}=\frac{115}{3\times\frac{66\times10^3}{\sqrt{3}}}\fallingdotseq 1.006\times10^{-3}\,[\mathrm{S}]=1.00\,[\mathrm{mS}]$$

と求められる。

(b) 地絡電流を零とするリアクトルのインピーダンスの算出

B点のa相で1線地絡事故が発生したときの状況は，図2のように表せる。これを等価回路に書き直すと，図3のようになる。

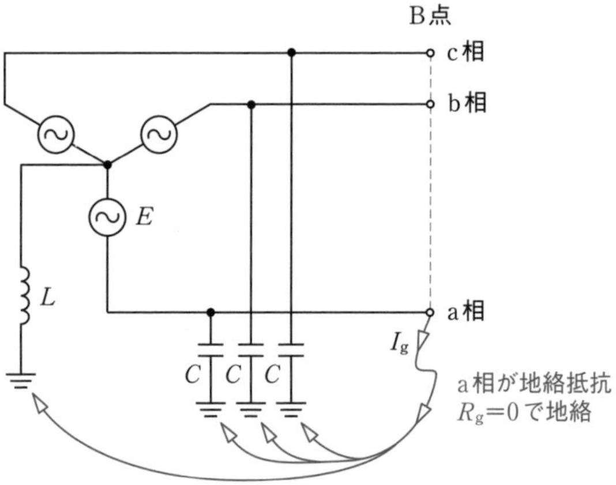

図2　a相で1線地絡が生じたときの状況

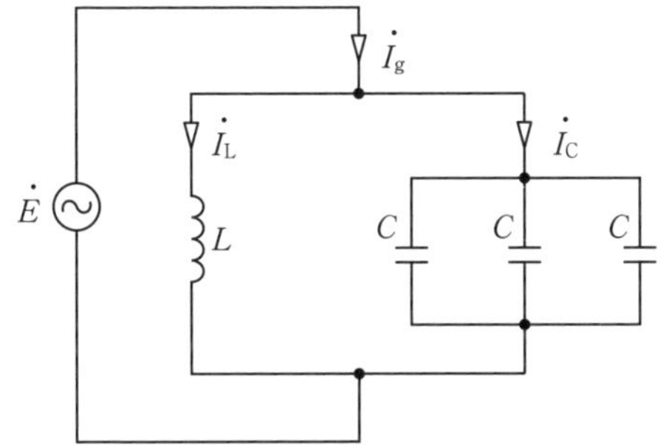

図３　１線地絡時の等価回路

このときの１線地絡電流 $\dot{I}_{\mathrm{g}}$[A] は，リアクトル L の自己インダクタンスを L[H] として，キルヒホッフの第１法則（電流則）より，

$$\dot{I}_{\mathrm{g}}=\dot{I}_{\mathrm{L}}+\dot{I}_{\mathrm{C}}=\frac{\dot{E}}{j\omega L}+j3\omega C\dot{E}=\dot{E}\left(\frac{1}{j\omega L}+j3\omega C\right)$$

$$=\dot{E}\frac{(1-3\omega^2LC)}{j\omega L}\quad\cdots②$$

$\dot{I}_{\mathrm{g}}$ の大きさが零になるためには，②式の分子が零になることから，

$$1-3\omega^2LC=0$$

$$3\omega^2LC=1\qquad\therefore\ \omega L=\frac{1}{3\omega C}\quad\cdots③$$

したがって，必要なリアクトル L のインピーダンスの大きさ Z[Ω] は，③式と題意の数値から，

$$Z=\omega L=\frac{1}{3\times1.00\times10^{-3}}\fallingdotseq333\ [\Omega]$$

と求められる。

解答　(a) − (2)，(b) − (3)

考察

本問は消弧リアクトル接地に関する計算問題で，電験三種では平成 26 年に

初めて出題された内容である。もともと消弧リアクトルは，3線の静電容量に流れる電流を打ち消すような大きさのインダクタンスを中性点に接続するもので，消弧リアクトル接地方式は送電線の故障時，1線地絡電流を抑制する方式である。図3の電気回路のベクトル図は図4のようになり，$\dot{I}_{\mathrm{C}}$ と $\dot{I}_{\mathrm{L}}$ は互いに180° の位相差がある。したがって，共振条件 $\left(\omega L = \dfrac{1}{3\omega C}\right)$ を満たせば，1線地絡電流を原理上，零にすることができる。

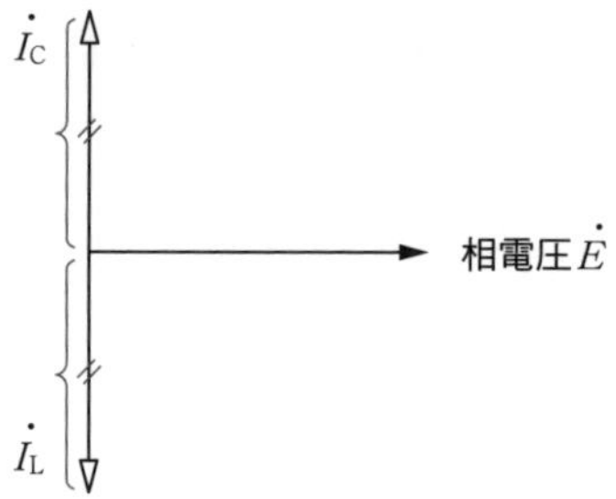

図4　**図3の電気回路のベクトル図**

なお，共振条件を満たすと，通常時の運用上，中性点に異常電圧を生じるおそれがあるため，共振点をずらして運用されている。

以上のように，電力科目でも理論科目のような電気回路の扱いを問われた出題である。

5-28 中性点接地方式 ④ ▶ 非接地方式電線路の1線地絡時に発生する現象

問 H7-A 問 8

非接地方式の電線路に1線地絡が発生した場合の現象として，誤っているのは次のうちどれか。

(1) 地絡電流は直接接地方式に比べて小さい。
(2) 健全相の電位が上昇する。
(3) 通信線の誘導障害は，抵抗接地方式に比べて大きい。
(4) 電線路のこう長が長いほど地絡電流は大きい。
(5) 間欠アークが発生し，異常電圧を発生するおそれがある。

ココがポイント!

非接地方式の電線路に1線地絡が発生した場合に起こる現象が問われており，非接地方式の特徴を理解できていれば対応できる。

解法

(1) 非接地方式の1線地絡電流 I_g は，前問 5−25 の③式（227 ページ）から，

$$I_g = 3\omega C\frac{V}{\sqrt{3}} \quad \cdots ① \text{（再掲）}$$

対地静電容量 C の値は，非接地方式を採用している配電線では小さい。したがって，地絡電流の値も直接接地方式に比べて小さくなる。(正しい)

(2) 1線地絡時の健全相の対地電圧は $\sqrt{3}$ 倍に上昇する。(正しい)

(3) (1)と同様，1線地絡電流は抵抗接地方式に比べて小さい。したがって，通信線の電磁誘導障害も小さくなる。**(誤り)**

(4) 電線路のこう長が長いほど，対地静電容量 C は大きくなる。したがって，①式から，地絡電流も大きくなることがわかる。（正しい）

(5) 間欠アークは非接地方式で発生する異常現象で，地絡電流が消弧と再点弧を交互に繰り返し，異常電圧を発生するものである。この現象は，地絡電流の位相が故障相の電圧より 90° 進んでいるために生じる。（正しい）

解答　(3)

考察

中性点接地方式に関する内容は従来からよく出題されている。中性点接地方式の要点である1線地絡電流の大きさと健全相の対地電圧の上昇について，**表1**にまとめる。この表を理解できていれば，多くの問題に対応できる。丸暗記ではなく，内容を理解していることが大切である。

表1　中性点接地方式の比較

接地方式	直接接地	非接地	抵抗接地	消弧リアクトル接地
1線地絡電流の大きさ	最大	小	中	最小
健全相の対地電圧の上昇	小	大	中	大

5-29 スポットネットワーク方式
▶ スポットネットワーク方式の特徴

問 H23-A 問 12

次の文章は，スポットネットワーク方式に関する記述である。

スポットネットワーク方式は，ビルなどの需要家が密集している大都市の供給方式で，一つの需要家に （ア） 回線で供給されるのが一般的である。

機器の構成は，特別高圧配電線から断路器，（イ） およびネットワークプロテクタを通じて，ネットワーク母線に並列に接続されている。

また，ネットワークプロテクタは，（ウ），プロテクタ遮断器，電力方向継電器で構成されている。

スポットネットワーク方式は，供給信頼度の高い方式であり，（エ） の単一故障時でも無停電で電力を供給することができる。

上記の記述中の空白箇所(ア)，(イ)，(ウ)および(エ)に当てはまる組合せとして，正しいものを次の(1)～(5)のうちから一つ選べ。

	(ア)	(イ)	(ウ)	(エ)
(1)	1	ネットワーク変圧器	断路器	特別高圧配電線
(2)	3	ネットワーク変圧器	プロテクタヒューズ	ネットワーク母線
(3)	3	遮断器	プロテクタヒューズ	ネットワーク母線
(4)	1	遮断器	断路器	ネットワーク母線
(5)	3	ネットワーク変圧器	プロテクタヒューズ	特別高圧配電線

ココがポイント！

スポットネットワーク方式は需要設備の受電方式の一つで，高信頼度を要求される業務用ビルなどで採用されている。受電電圧は22 kVまたは33 kVで，3回線受電が標準である。第三種電気主任技術者の監督範囲（電圧50 kV未満の需要設備）に該当するので，スポットネットワーク方式の構成概要と特徴については知っておかなければならない。

解法

スポットネットワーク方式の受電系統を，図1に示す。以下，図1をもとに解説していく。

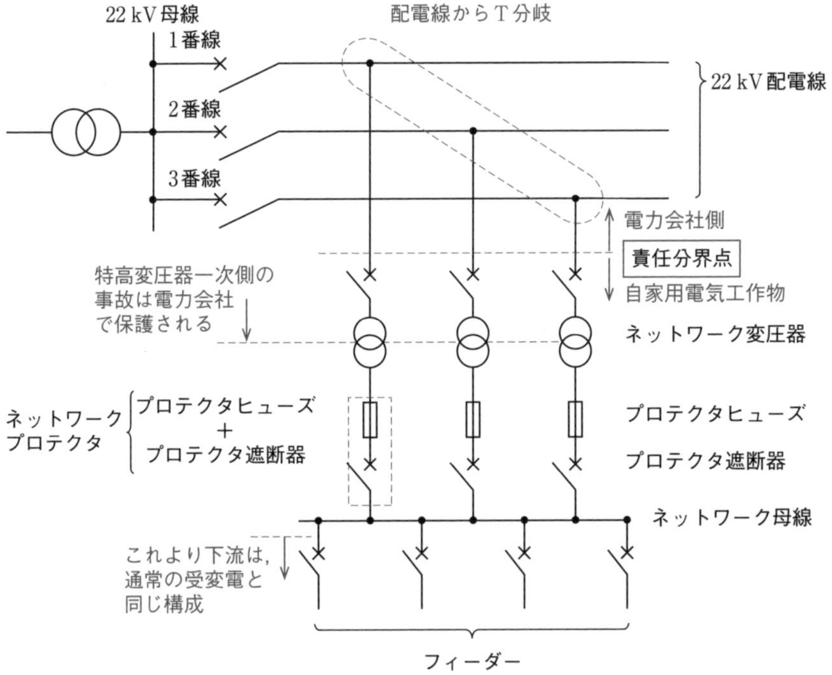

図1　スポットネットワーク受電方式（22 kV/6.6 kVの例）

スポットネットワーク方式は，ビルなどの需要家が密集している大都市の供給方式で，一つの需要家に(ア)**3回線**で供給されるのが一般的である。

機器の構成は，特別高圧配電線から断路器，(イ)**ネットワーク変圧器**およびネットワークプロテクタを通じて，ネットワーク母線に並列に接続されている。

ネットワーク変圧器は，一般的な変圧器と同じく3台が並行運転するため3台の変圧器は特性が同じであるが，短絡故障時の短絡電流の抑制のため一般の変圧器に比べてパーセント（百分率）インピーダンスの値は大きくなっている。

また，ネットワークプロテクタは，(ウ)**プロテクタヒューズ**，プロテクタ遮断器，電力方向継電器で構成されている。

二次側の短絡電流は非常に大きくなるので，短絡保護のため電力ヒューズがプロテクタ遮断器の電源側に設置され，遮断容量の不足を補っている。

スポットネットワーク方式は，信頼度の高い方式であり，(エ)**特別高圧配電線**の単一故障時でも無停電で電力を供給することができる。

解答　(5)

図1に示す高圧スポットネットワーク変圧器は，二次側の電圧が6.6 kVを示しており，変圧器の一次側の開閉装置として**遮断器**が設置される。一方，低圧スポットネットワーク変圧器の二次側の電圧が415 Vのときは，高価な遮断器ではなく，変圧器の励磁電流を開閉可能で安価な**断路器**が使用される。

ネットワークプロテクタはネットワークの重要な装置で，次の①～③のような性能を持つ。

① **無電圧投入**　ネットワーク側が無充電で，一次側が充電されると自動投入される。

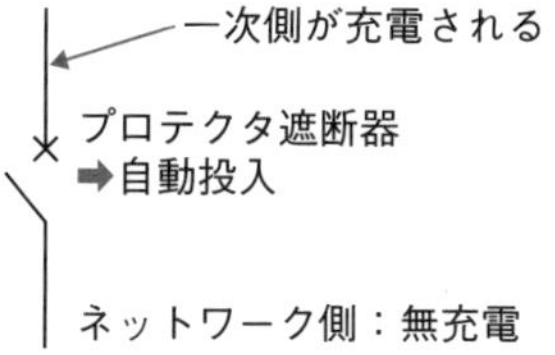

② **差電圧投入**　遮断器の一次・二次側とも充電中で，一次側の電圧が高く位相が進んでいるとき自動投入される。

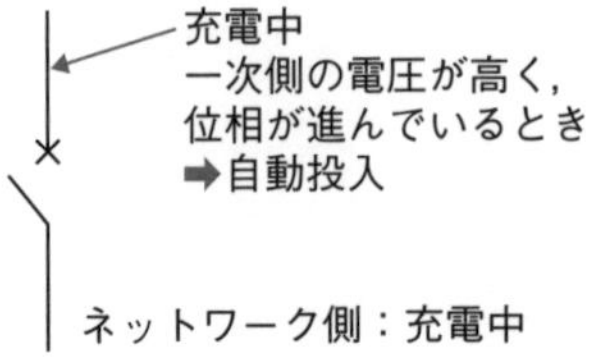

③ **逆電力遮断**　一次側の配電線が停電すると，ネットワーク側から停電した配電線側に電流が流れるとき（逆電力），自動遮断される。

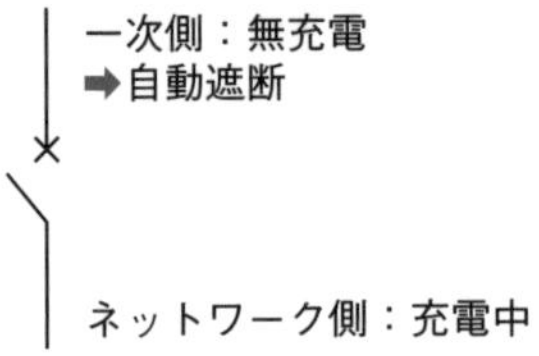

考察

・スポットネットワーク受電方式（22 kV～33 kV）は第三種電気主任技術者の監督範囲なので，出題されても不思議ではない。類題は，平成 18 年（A 問題-問 10），平成 23 年（本問），平成 27 年（A 問題-問 12），令和 2 年（A 問題-問 13）と定期的に出題されている。

・近年はサブ変電所を設置する大規模ビルが多く，受電方式は高圧スポットネットワーク方式がほとんどになっている。低圧スポットネットワーク方式は，電圧降下の観点から新規の設置がほとんどない。この点も見直しておきたい。

6章

たるみ，支線

6-1 たるみ①
▶温度変化時の電線のたるみの算出

問　　H24-A 問13

図のように高低差のない支持点A，Bで支持されている径間《けいかん》Sが100 mの架空電線路において，導体の温度が30℃のとき，たるみDは2 mであった。

導体の温度が60℃になったとき，たるみD[m]の値として，最も近いものを次の(1)～(5)のうちから一つ選べ。

ただし，電線の線膨張係数は1℃につき1.5×10^{-5}とし，張力による電線の伸びは無視するものとする。

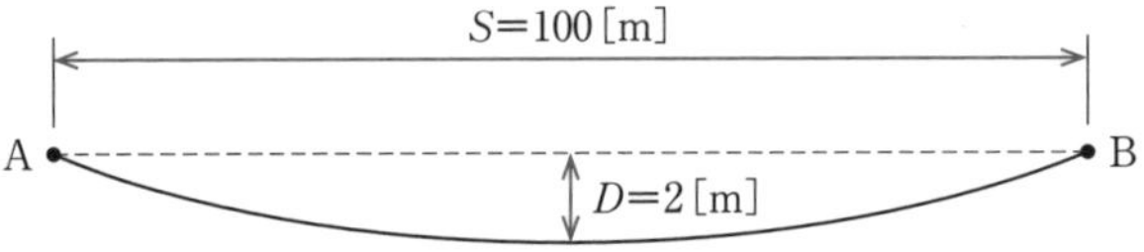

(1) 2.05　(2) 2.14　(3) 2.39　(4) 2.66　(5) 2.89

ココがポイント！

電線のたるみに関する公式（①～③式）を覚えておくこと。

径間をS[m]，電線1 m当たりの質量による荷重をW[N/m]，電線の水平張力（水平方向の引張り強さ）をT[N]とすると，電線のたるみD[m]は①式，電線の実長L[m]❶は②式で表される。

$$D=\frac{WS^2}{8T}\quad\cdots①\qquad\qquad L=S+\frac{8D^2}{3S}\quad\cdots②$$

❶実長Lは径間Sよりも②式の第2項の分$\left(\frac{8D^2}{3S}\right)$だけ長いが，これは$S$の0.2～0.3%程度にすぎない。

また，温度変化によって電線は伸び縮みするが，電線の線膨張係数を α，導体の温度上昇を t[℃] とすると，温度変化時の電線の実長 L'[m] は③式で表される。

$$L'=L(1+\alpha t) \quad \cdots ③$$

解法

本問では，②式と③式を活用する。

次の**手順 1～3** で計算すればよい。

手順 1	導体温度 $t_1=30$[℃]（たるみ $D_1=2$[m]）のときの電線の実長 L_1[m] を求める。
2	導体温度 $t_2=60$[℃] のときの電線の実長 L_2[m] を求める。
3	電線の実長の変化がたるみの増加になることから，導体温度 $t_2=60$[℃] のときの電線のたるみ D_2[m] を求める。

まず，②式に題意の数値（$S=100$[m]，$D_1=2$[m]）を代入すると，

$$L_1=S+\frac{8D_1{}^2}{3S}=100+\frac{8\times2^2}{3\times100}\fallingdotseq100.107\,[\mathrm{m}]$$ （径間 S の約 0.1%だけ長い）

次に，③式に L_1 の値と題意の数値（$\alpha=1.5\times10^{-5}$，$t=t_2-t_1=60-30$[℃]）を代入すると，

$$L_2=L_1(1+\alpha t)=100.107\times\{1+1.5\times10^{-5}\times(60-30)\}\fallingdotseq100.152\,[\mathrm{m}]$$

したがって，②式と L_2，S の値から，たるみ D_2[m] の値は，

$$L_2=S+\frac{8D_2{}^2}{3S}$$

$$D_2{}^2=\frac{(L_2-S)\times3S}{8}$$

$$\therefore\ D_2=\sqrt{\frac{(L_2-S)\times3S}{8}}=\sqrt{\frac{(100.152-100)\times3\times100}{8}}\fallingdotseq2.39\,[\mathrm{m}]$$

と求められる。

解答　(3)

考察

・電線の実長の変化は，径間に比べて非常に小さい。L_1，L_2 の計算値のように，小数点以下3桁まで考慮して計算しないと，求める答えの誤差が大きくなってしまう。十分に注意して計算する必要がある。

・電線のたるみ，実長に関する公式は，①～③式の三つしかない。正確に暗記して，必要に応じて使い分けられるようにしておかなければならない。

・本問は電線のたるみを求める問題であったが，実際の架空電線路では，電線の地表からの高さの変化に意味がある（図1）。

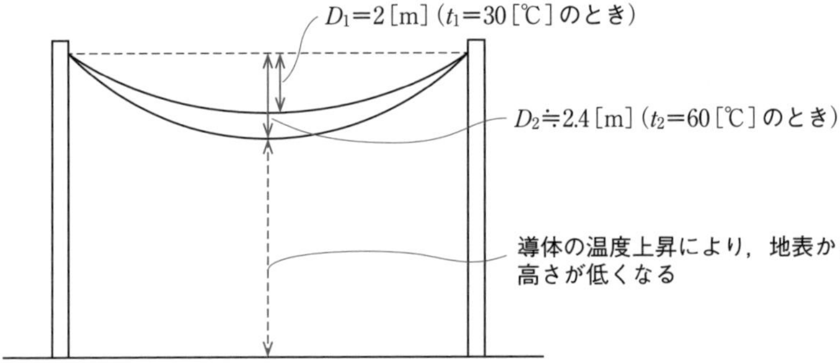

図1　電線の地表からの高さについて

・本問では，電線の導体温度が負荷電流の増加によって60℃に上昇した場合を想定しており，この温度上昇によって地表からの電線の最下点の高さが約0.4 m低くなっている。この場合でも，「電気設備の技術基準の解釈」の規定を満足する支持点の高さが必要であることは言うまでもない。

●参考

「電気設備の技術基準の解釈」では，以下のように規定されている。

(低高圧架空電線の高さ)

68 条　低圧架空電線又は高圧架空電線の高さは，**68-1 表**に規定する値以上であること。

68-1 表

<table>
<tr><th colspan="2">区分</th><th>高さ</th></tr>
<tr><td colspan="2">道路（車両の往来がまれであるもの及び歩行の用にのみ供される部分を除く。）を横断する場合</td><td>路面上 6 m</td></tr>
<tr><td colspan="2">鉄道又は軌道を横断する場合</td><td>レール面上 5.5 m</td></tr>
<tr><td colspan="2">低圧架空電線を横断歩道橋の上に施設する場合</td><td>横断歩道橋の路面上 3 m</td></tr>
<tr><td colspan="2">高圧架空電線を横断歩道橋の上に施設する場合</td><td>横断歩道橋の路面上 3.5 m</td></tr>
<tr><td rowspan="3">上記以外</td><td>屋外照明用であって，絶縁電線又はケーブルを使用した対地電圧 150 V 以下のものを交通に支障のないように施設する場合</td><td>地表上 4 m</td></tr>
<tr><td>低圧架空電線を道路以外の場所に施設する場合</td><td>地表上 4 m</td></tr>
<tr><td>その他の場合</td><td>地表上 5 m</td></tr>
</table>

2　低圧架空電線又は高圧架空電線を水面上に施設する場合は，電線の水面上の高さを船舶の航行等に危険を及ぼさないように保持すること。

3　高圧架空電線を氷雪の多い地方に施設する場合は，電線の積雪上の高さを人又は車両の通行等に危険を及ぼさないように保持すること。

(特別高圧架空電線の高さ)

第 87 条　使用電圧が 35 000 V 以下の特別高圧架空電線の高さは，**87-1 表**に規定する値以上であること。

87-1表

区分	高さ
道路（車両の往来がまれであるもの及び歩行の用にのみ供される部分を除く。）を横断する場合	路面上 6 m
鉄道又は軌道を横断する場合	レール面上 5.5 m
電線に特別高圧絶縁電線又はケーブルを使用する特別高圧架空電線を横断歩道橋の上に施設する場合	横断歩道橋の路面上 4 m
その他の場合	地表上 5 m

2　使用電圧が 35 000 V を超える特別高圧架空電線の高さは，87-2 表に規定する値以上であること。

87-2表

使用電圧の区分	施設場所の区分	高さ
35 000 V を超え 160 000 V 以下	山地等であって人が容易に立ち入らない場所に施設する場合	地表上 5 m
	電線にケーブルを使用するものを横断歩道橋の上に施設する場合	横断歩道橋の路面上 5 m
	その他の場合	地表上 6 m
160 000 V 超過	山地等であって人が容易に立ち入らない場所に施設する場合	地表上（$5+c$）m
	その他の場合	地表上（$6+c$）m

（備考）c は，使用電圧と 160 000 V の差を 10 000 V で除した値（小数点以下を切り上げる。）に 0.12 を乗じたもの

3　特別高圧架空電線を水面上に施設する場合は，電線の水面上の高さを船舶の航行等に危険を及ぼさないように保持すること。

4　特別高圧架空電線を氷雪の多い地方に施設する場合は，電線の積雪上の高さを人又は車両の通行等に危険を及ぼさないように保持すること。

6-2 たるみ ②
▶ 支持物が割り込んだときのたるみの算出

問 H5-B 問 21

いま，架空送電線の線下に工作物が建てられるため，割込み鉄塔により，電線地上高を高くしたい。

図のように径間長 S で支持点高低差のない径間に電線実長 L の電線がたるみ d で架線されているとき，この径間の中央に同じ支持点高さを有する鉄塔をたてた場合，たるみ d' の値として，正しいのは次のうちどれか。

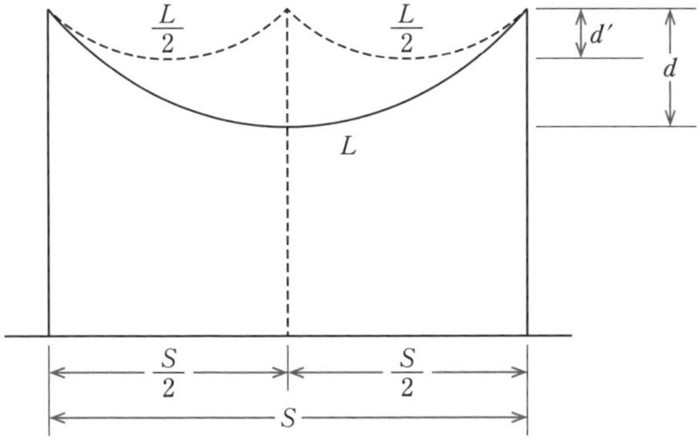

(1) $d'=d$　　(2) $d'=\dfrac{d}{\sqrt{2}}$　　(3) $d'=\dfrac{d}{2}$

(4) $d'=\dfrac{d}{2\sqrt{2}}$　　(5) $d'=\dfrac{d}{4}$

ココがポイント！

既存の架空送電線の中央に新たに支持物（割込み鉄塔）を割り込ませたときの，電線のたるみを求める計算問題である。中央に支持物が割り込んでも，割り込む前後で電線の実長は変化しないことに着目する。

解法

本問では，電線の実長を求める公式（244ページ，②式）を活用する。

支持物（割込み鉄塔）が割り込む前の電線実長 L は，径間長が S，電線のたるみが d なので，

$$L=S+\frac{8d^2}{3S} \quad \cdots①$$

支持物が割り込んだ場合の電線実長 L は，図1のように，径間長 $\frac{1}{2}S$，電線のたるみ d' の区間が二つあることから，②式のように表せる（電線実長 L は不変）。

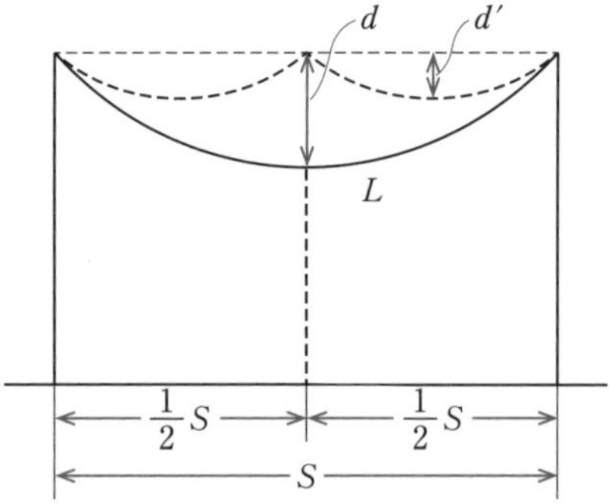

図1　支持物が中央に割り込んだ状態

$$L=2\times\left(\frac{1}{2}S+\frac{8d'^2}{3\times\frac{1}{2}S}\right)=S+\frac{32d'^2}{3S} \quad \cdots②$$

①式＝②式なので，たるみ d' の値は，

$$\cancel{S}+\frac{\cancel{8}d^2}{3\cancel{S}}=\cancel{S}+\frac{\overset{4}{\cancel{32}}d'^2}{3\cancel{S}} \qquad \therefore\ d'=\frac{1}{2}d$$

と求められる。

解答　(3)

考察

電線実長を表す公式 $\left(L=S+\dfrac{8D^2}{3S}\right)$ を正しく適用できれば，答えは難なく求められる。本問は B 問題として出題されたが，難易度は A 問題レベルであろう。

6-3 支線
▶ 傾斜支線柱における支線の張力の算出

問　S59-A 問 14

図において，電線の水平張力が P[N] である場合，支線の張力 [N] として，正しいのは次のうちどれか。

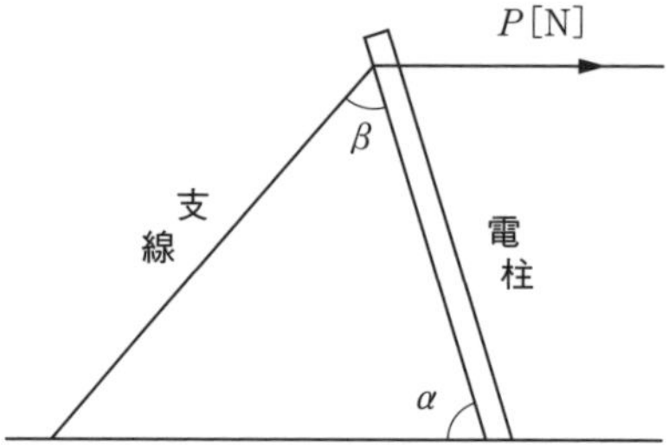

(1) $P\dfrac{\sin\alpha}{\sin\beta}$　(2) $P\dfrac{\sin\beta}{\sin\alpha}$　(3) $P\dfrac{\sin\beta}{\cos\alpha}$

(4) $P\dfrac{\cos\alpha}{\cos\beta}$　(5) $P\dfrac{\cos\beta}{\cos\alpha}$

ココがポイント！

傾斜支線柱（電柱）における支線の張力を求める計算問題である。三角関数など数学要素の強い内容であり，力のつり合いを式で表し立式する。

解法

図 1 のように，求める支線の張力を F[N] として，傾斜支線柱（電柱）に垂直に補助線（破線）を引いてみる。

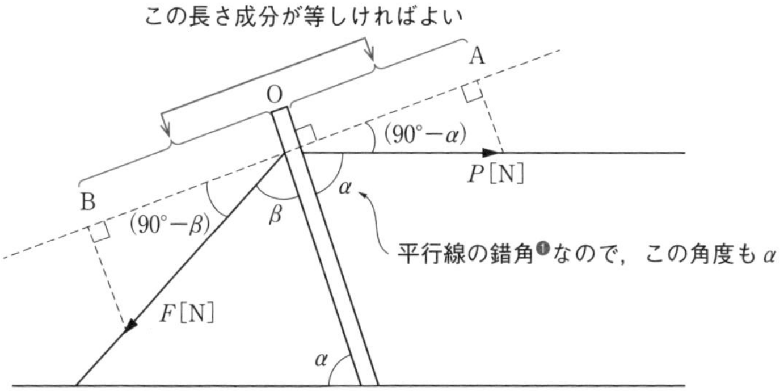

図１　傾斜支線柱における力のつり合い

図１において，補助線上の線分 $\overline{\mathrm{OA}}$ と $\overline{\mathrm{OB}}$ が等しくなればよいので，これを式に表す。

$$\overline{\mathrm{OA}}=P\cos(90°-\alpha)=P(\underbrace{\cos 90°}_{=0}\cos\alpha+\underbrace{\sin 90°}_{=1}\sin\alpha)$$

$$=P\sin\alpha \quad \cdots①$$

加法定理

$\cos(A\pm B)$

$=\cos A\cos B\mp\sin A\sin B$

$$\overline{\mathrm{OB}}=F\cos(90°-\beta)=F(\underbrace{\cos 90°}_{=0}\cos\beta+\underbrace{\sin 90°}_{=1}\sin\beta)$$

$$=F\sin\beta \quad \cdots②$$

①式＝②式から，支線の張力 F[N] は，

$$P\sin\alpha=F\sin\beta \qquad \therefore\ F=P\frac{\sin\alpha}{\sin\beta} \quad \cdots③$$

あるいは，正弦定理❷を知っていれば，すぐに，

❶二直線に他の直線が交わってできる角のうち，斜め向かいに位置するものを互いに錯角という。**平行線の錯角は等しい**ことが知られている。

❷△ABC の外接円の半径を R とすると，次の関係が成り立つ（**正弦定理**）。ただし，$a=\overline{\mathrm{BC}}$，$b=\overline{\mathrm{CA}}$，$c=\overline{\mathrm{AB}}$ とする。（次ページに続く）

$$\frac{F}{\sin\alpha}=\frac{P}{\sin\beta} \qquad \therefore\ F=P\frac{\sin\alpha}{\sin\beta} \quad \cdots③$$

と求められる。

解答　(1)

●確認

一般の引留支線について，③式の内容を確認しておこう。

図2のように，電線の水平張力を P[N]，支線の張力を F[N]とする。

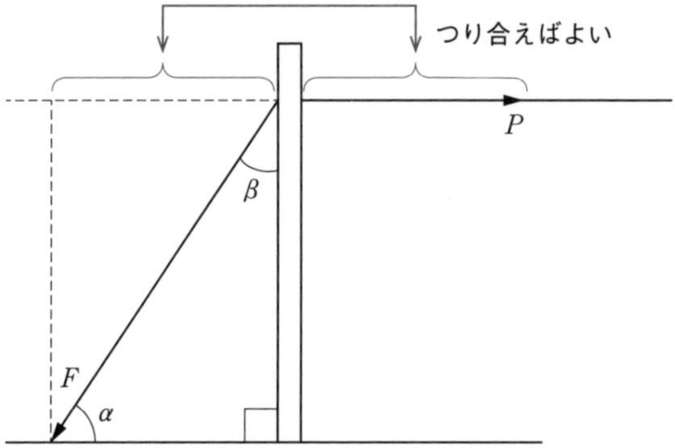

図2　引留支線の力のつり合い

図2において，水平成分の力がつり合えばよいので，

$$P=F\sin\beta \qquad \therefore\ F=\frac{P}{\sin\beta} \quad \cdots④$$

この④式は，角 β が小さくなるほど支線の張力 F が大きくなることを意味している。

$$\frac{a}{\sin A}=\frac{b}{\sin B}=\frac{c}{\sin C}=2R$$

ただし，この定理を電験三種で使用することは少ないので，積極的に覚えようとする必要はない。

考察

・図3のように，電線の水平張力 P，支線の取付け高さ h，距離（長さ）a，b が与えられているとき，支線の張力 F を，P，h，a，b を用いて表してみる。

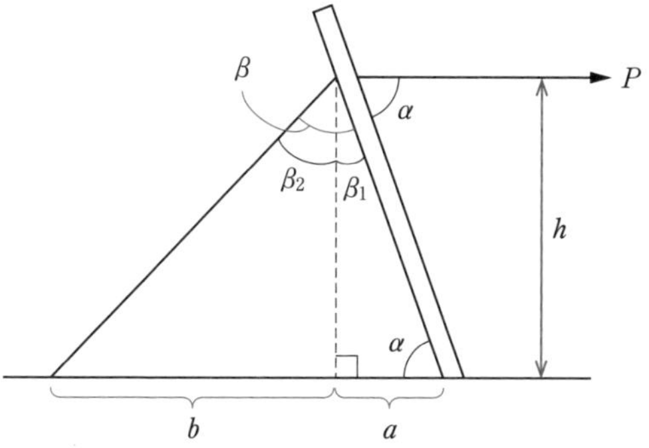

図3　傾斜支線柱における角と長さ

図3において，

$$\sin\beta=\underline{\sin(\beta_1+\beta_2)}=\sin\beta_1\cos\beta_2+\cos\beta_1\sin\beta_2 \quad \cdots⑤$$

加法定理

$\sin(A\pm B)=\sin A\cos B\pm\cos A\sin B$

ここで，三平方（ピタゴラス）の定理から $\sin\beta_1=\dfrac{a}{\sqrt{h^2+a^2}}$，$\sin\beta_2=\dfrac{b}{\sqrt{h^2+b^2}}$，$\cos\beta_1=\dfrac{h}{\sqrt{h^2+a^2}}$，$\cos\beta_2=\dfrac{h}{\sqrt{h^2+b^2}}$ なので，これらを⑤式に代入すると，

$$\begin{aligned}\sin\beta&=\frac{a}{\sqrt{h^2+a^2}}\cdot\frac{h}{\sqrt{h^2+b^2}}+\frac{h}{\sqrt{h^2+a^2}}\cdot\frac{b}{\sqrt{h^2+b^2}}\\&=\frac{h(a+b)}{\sqrt{h^2+a^2}\sqrt{h^2+b^2}} \quad \cdots⑥\end{aligned}$$

$\sin\alpha=\cos\beta_1\left(=\dfrac{h}{\sqrt{h^2+a^2}}\right)$ なので，⑥式を③式に代入すると，

$$F=P\cdot\frac{h}{\sqrt{h^2+a^2}}\times\frac{\sqrt{h^2+a^2}\sqrt{h^2+b^2}}{h(a+b)}=P\frac{\sqrt{h^2+b^2}}{a+b}\quad\cdots⑦$$

と求められ，角度の量を用いずに，長さの量と P で F を式に表すことができる。

- 本問は，正弦定理を暗記して対応することは現実的ではないだろう。
- 傾斜支線柱を題材とした問題は出題頻度が低いが，本問は三角関数の演習として見直しておきたい。

7章

地 中 線

7-1 誘電損

▶ 地中電力ケーブルの誘電損の算出

問　H27-A 問10

電圧66 kV，周波数50 Hz，こう長5 kmの交流三相3線式地中電線路がある。ケーブルの心線1線当たりの静電容量が0.43 μF/km，誘電正接が0.03％であるとき，このケーブル心線3線合計の誘電損の値[W]として，最も近いものを次の(1)～(5)のうちから一つ選べ。

(1) 141　(2) 294　(3) 883　(4) 1 324　(5) 2 648

ココがポイント！

ケーブルの誘電損（誘電体損）を求める計算問題である。ケーブルに電圧を印加すると，絶縁体（誘電体）❶には微小な電流が流れる。この微小電流の有効分（絶縁体のわずかな漏れ電流）による損失を，ベクトル図から理解できていることが重要である。誘電損を表す公式からではなく，等価回路やベクトル図から確認しておきたい。

解法

ケーブルの断面構造は，図1に示すとおりである。高圧・特別高圧ケーブルは，人体に対する危険性の回避から遮へい層は必ず接地されている❷。

❶「絶縁体」は導電性（電気を流す性質）から見た呼称で，「誘電体」は誘電性（電気を蓄える性質）から見た呼称である。
❷低圧ケーブルの場合，電圧が低く危険性が少ないため遮へい層を持たない。

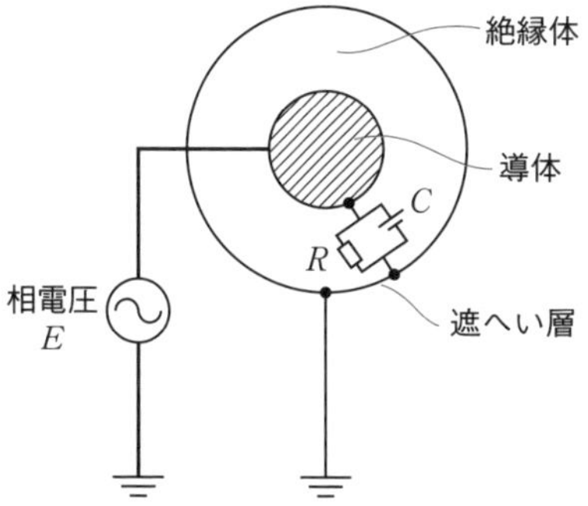

図1　ケーブルの断面構造

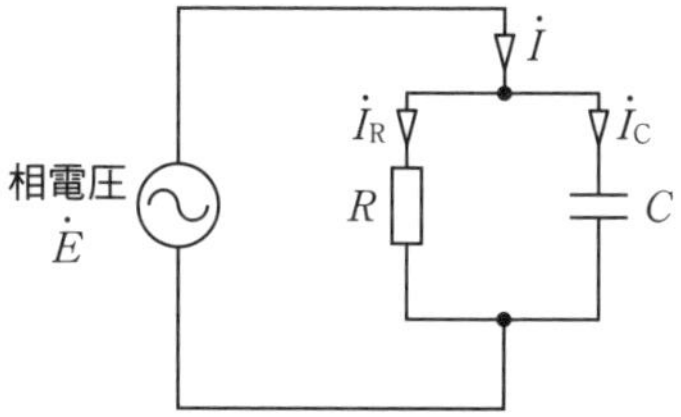

図2　ケーブルの等価回路

ケーブルの等価回路は**図2**に示すとおりで，絶縁体は静電容量 C[F] と抵抗 R[Ω] が並列接続された回路で表される。絶縁体にとって，抵抗 R の値はきわめて大きいが ∞（無限大）ではなく，絶縁体にはきわめて小さい漏れ電流が流れることになる。このわずかな漏れ電流によって，絶縁体中で誘電損（誘電体損）が生じる。

図2において，静電容量 C に流れる電流（進み電流）を $\dot{I}_C$[A]，抵抗 R に流れる電流（有効電流）を $\dot{I}_R$[A]，相電圧を $\dot{E}$[V] とすると，これらのベクトル図は**図3**のようになる。

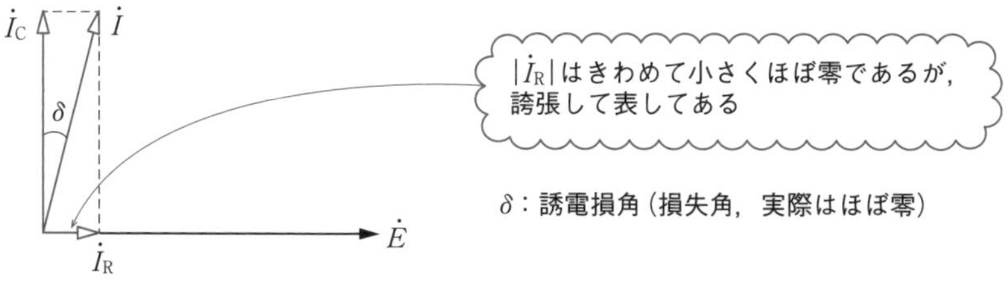

図3　ベクトル図

この**図3**から，

$$\text{誘電正接}\ \tan\delta = \frac{|\dot{I}_R|}{|\dot{I}_C|} = \frac{I_R}{I_C} \qquad \therefore\ I_R = I_C \tan\delta \quad \cdots①$$

誘電損 W_d[W] は，この電流 I_R によって絶縁体で生じる電力損失であるか

ら，ケーブル1本当たりでは，

$$W_{\mathrm{d}}=\underbrace{E\times I_{\mathrm{R}}}=EI_{\mathrm{C}}\tan\delta \quad \cdots ②$$

電圧×有効電流＝損失

一方，静電容量 C に流れる電流 I_{C} は，角周波数を ω [rad/s] として，

$$I_{\mathrm{C}}=\frac{E}{\left(\dfrac{1}{\omega C}\right)}=\omega CE \quad \cdots ③$$

③式を②式に代入すると，線間電圧を V [V]（$=\sqrt{3}E$）として，

$$W_{\mathrm{d}}=E\cdot(\omega CE)\tan\delta=\omega CE^2\tan\delta$$

$$=\omega C\left(\frac{V}{\sqrt{3}}\right)^2\tan\delta \quad \cdots ④$$

したがって，ケーブル3本分（三相分）の誘電損 W_{d3} [W] は，周波数を f [Hz] として，題意の数値から，

$$W_{\mathrm{d3}}=3W_{\mathrm{d}}=3\times\omega C\left(\frac{V}{\sqrt{3}}\right)^2\tan\delta=\omega CV^2\tan\delta$$

$$=2\pi fCV^2\tan\delta \quad \cdots ⑤$$

$$=2\pi\times50\times(0.43\times10^{-6}\times5)\times(66\times10^3)^2\times\frac{0.03}{100}$$

$$\fallingdotseq 883\ [\mathrm{W}]$$

全体を100としたときの0.03なので，代入の際は注意すること

と求められる。

解答　(3)

考察

・ケーブルに生じる誘電損はきわめて小さい値（こう長 5 km で 883 W 程度）なので，この損失が導体の許容電流に及ぼす影響は無視できると考えてよい。実際に導体の許容電流を決める要因は，導体の抵抗損❸である。

・誘電損は⑤式を適用して求めることができるが，この公式に頼るだけでは十分ではない。ケーブルを等価回路に表し，ベクトル図や損失を表す式の誘導が重要である。また，公式に各数値を代入する際にも，相電圧と線間電圧の区別，ケーブル 1 本あるいは 3 本分（三相分）なのか，誘電正接の数値（百分率など）など注意するべき点は多い。

❸電力ケーブルの電力損失には，心線の抵抗損，絶縁体の誘電損（誘電体損），金属シース内の電流によるシース損（鉛被損）がある。

7-2 マーレーループ法
▶ マーレーループ法による故障点位置の標定

問　H23-A 問11

次の文章は，マーレーループ法に関する記述である。

マーレーループ法はケーブル線路の故障点位置を標定するための方法である。この基本原理は［（ア）］ブリッジに基づいている。図に示すように，ケーブルAの一箇所においてその導体と遮へい層の間に地絡故障を生じているとする。この場合に故障点の位置標定を行うためには，マーレーループ装置を接続する箇所の逆側端部において，絶縁破壊を起こしたケーブルAと，これに並行する絶縁破壊を起こしていないケーブルBの［（イ）］どうしを接続して，ブリッジの平衡条件を求める。ケーブル線路長をL，マーレーループ装置を接続した端部側から故障点までの距離をx，ブリッジの全目盛を1 000，ブリッジが平衡したときのケーブルAに接続されたブリッジ端子までの目盛の読みをaとしたときに，故障点までの距離xは［（ウ）］で示される。

なお，この原理上，故障点の地絡抵抗が［（エ）］ことがよい位置標定精度を得るうえで必要である。

ただし，ケーブルA，Bは同一仕様，かつ，同一長とし，また，マーレーループ装置とケーブルの接続線，およびケーブルどうしの接続線のインピーダンスは無視するものとする。

上記の記述中の空白箇所(ア)，(イ)，(ウ)および(エ)に当てはまる組合せとして，正しいものを次の(1)～(5)のうちから一つ選べ。

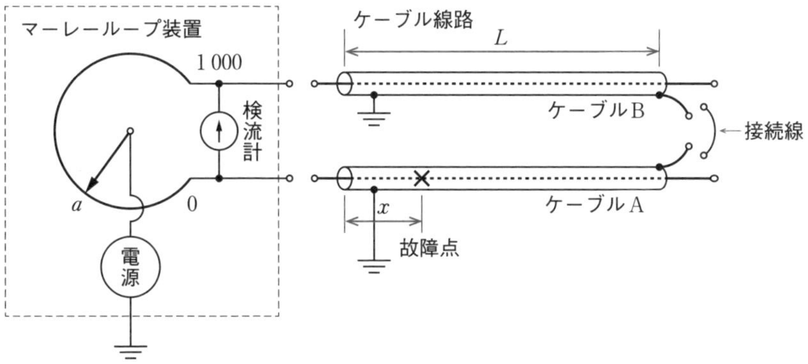

	（ア）	（イ）	（ウ）	（エ）
(1)	シェーリング	導　体	$2L-\dfrac{aL}{500}$	十分高い
(2)	ホイートストン	導　体	$\dfrac{aL}{500}$	十分低い
(3)	ホイートストン	遮へい層	$\dfrac{aL}{500}$	十分低い
(4)	シェーリング	遮へい層	$2L-\dfrac{aL}{500}$	十分高い
(5)	ホイートストン	導　体	$\dfrac{aL}{500}$	十分高い

ココがポイント！

マーレーループ法は，ケーブル線路の地絡故障点の位置を求める方法である。ケーブル線路は埋設されているため，架空線路のように目視によって故障点の位置を見つけることはできない。マーレーループ法はホイートストンブリッジ[1]が基本原理となっているので，ブリッジの平衡条件を適用する。

❶ホイートストンブリッジは抵抗の測定に用いられるブリッジ回路，シェーリングブリッジは静電容量の測定に用いられるブリッジ回路である。

解法

問題図の回路をブリッジ回路として見直すと，図1のようになる。また，図1をわかりやすく単純なブリッジ回路に書き直すと，図2のようになる。

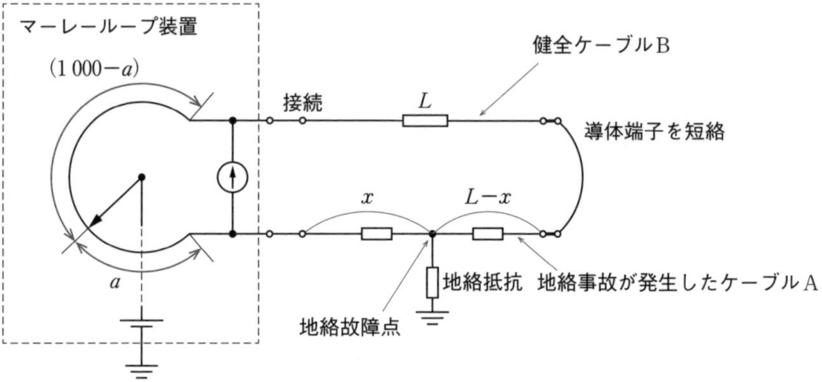

図1　ブリッジ回路の構成

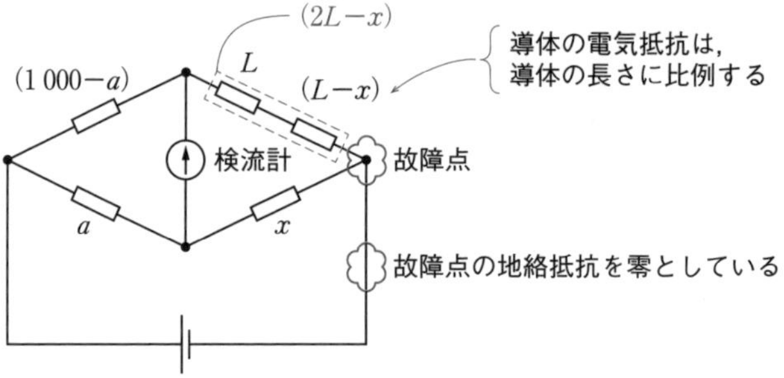

図2　ブリッジの平衡

図2の検流計の針が示す目盛が零のとき（ブリッジが平衡しているとき），マーレーループ装置のブリッジ端子までの目盛りの読みを a として，

$$(1\,000-a)\times x=a(2L-x)$$

$$1\,000x-\cancel{ax}=2aL-\cancel{ax}$$

$$\therefore\ x=\frac{2aL}{1\,000}=\frac{aL}{500}\quad\cdots①$$

また，故障点の地絡抵抗はケーブル A の線路抵抗に加算されてしまうことから，地絡抵抗が大きいと精度が低くなってしまう。

以上から，それぞれの空白箇所には，(ア)**ホイートストン**，(イ)**導体**，(ウ)$\frac{aL}{500}$，(エ)**十分低い**，が当てはまる。

なお，空白箇所(イ)について，導体どうしを接続しないとブリッジ回路が形成されない。また，空白箇所(エ)について，故障点の地絡抵抗が十分低いと，回路電流が大きくなって精度は向上する。

解答 (2)

考察

・問題図の回路をブリッジの平衡条件に当てはめられれば，故障点 x の位置は簡単に求められる。
・ケーブルの故障点は目視による探査ができないので，何らかの装置や工夫が必要となる。故障点の探査には**パルスレーダ法**や**静電容量測定法**❷ などがあるが，いずれも文章問題対策として確認しておきたい。平成 28 年（A 問題-問 10）に故障点位置標定に関する文章正誤判定問題が出題されている。

❷マーレーループ法はケーブルが断線していない場合（地絡事故）に適用するが，静電容量測定法はケーブルが断線している場合（断線事故）に適用する。パルスレーダ法は，地絡事故と断線事故のいずれにも適用できる。

7-3 調相設備 ▶ 送電線における フェランチ効果の防止

問 H5-A 問 18

架空送電線の受電端側にケーブル系統が接続された電力系統では，深夜軽負荷時には，ケーブル系統の （ア） による （イ） 無効電力のために，受電端電圧が （ウ） する。これを防ぐために，軽負荷時には受電端に （エ） を接続する。

上記の記述中の空白箇所(ア)，(イ)，(ウ)および(エ)に記入する字句として，正しいものを組み合せたのは次のうちどれか。

	(ア)	(イ)	(ウ)	(エ)
(1)	インダクタンス	進 み	低 下	直列リアクトル
(2)	インダクタンス	遅 れ	上 昇	分路リアクトル
(3)	キャパシタンス	進 み	上 昇	分路リアクトル
(4)	キャパシタンス	遅 れ	上 昇	電力用コンデンサ
(5)	キャパシタンス	遅 れ	低 下	電力用コンデンサ

ココがポイント！

電力系統においてケーブル系統が接続されると，進相電流が流れて受電端電圧の方が送電端電圧よりも高くなる（フェランチ効果）。本問はフェランチ効果とその対策に関する基本問題であるが，フェランチ効果についてはベクトル図から確認しておきたい。

解法

図1のように，一般的な送電線の1相当たりのモデルを考える。

送電端と受電端の相電圧を $\dot{E}_{\mathrm{s}}$，$\dot{E}_{\mathrm{R}}$[V]，送電線の1線当たりの抵抗とリア

クタンスを r, x[Ω], 負荷の力率を $\cos\theta$, 線路に流れる電流（線電流）を $\dot{I}$ [A]とする。

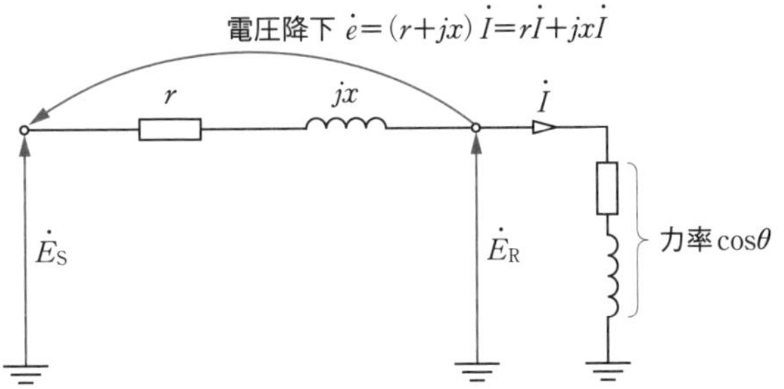

図1　送電線のモデル（1相当たり）

図1の電圧平衡式（$\dot{E}_S=\dot{e}+\dot{E}_R$）は，図2のようなベクトル図で表せる。

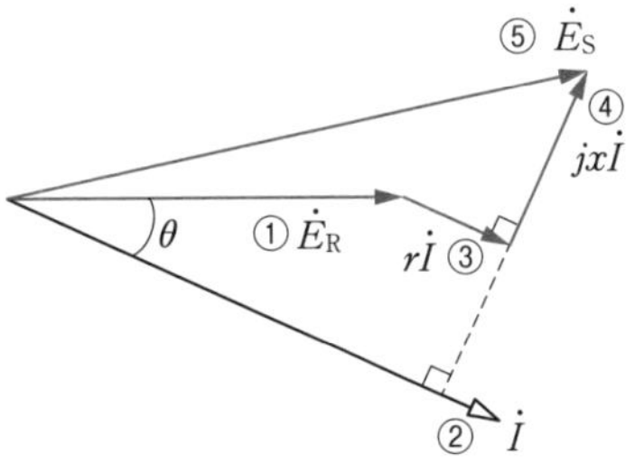

作図手順
① $\dot{E}_R$を基準ベクトルにとる。
② $\dot{I}$を$\dot{E}_R$より位相をθだけ遅らせて書く。
③ $r\dot{I}$（抵抗降下）を書く。
④ $jx\dot{I}$（リアクタンス降下）を書く。
⑤ $\dot{E}_S=\dot{e}+\dot{E}_R$をベクトル和として書く。

図2　送電線のベクトル図

図2から，一般の送電線路では $E_S>E_R$（$|\dot{E}_S|>|\dot{E}_R|$）であるとわかる。

次に，受電端側にケーブル系統が接続されていて，深夜軽負荷時（わかりやすいように $\dot{I}=0$, 無負荷と仮定する）の送電線の1相当たりのモデルを図3に，その電圧平衡式を表すベクトル図を図4に示す。

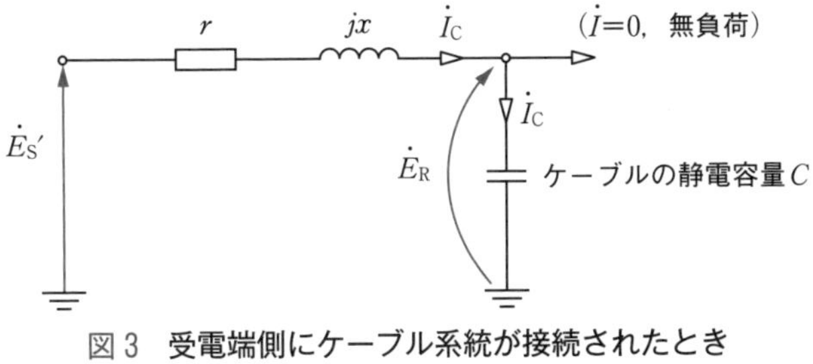

図3　受電端側にケーブル系統が接続されたとき

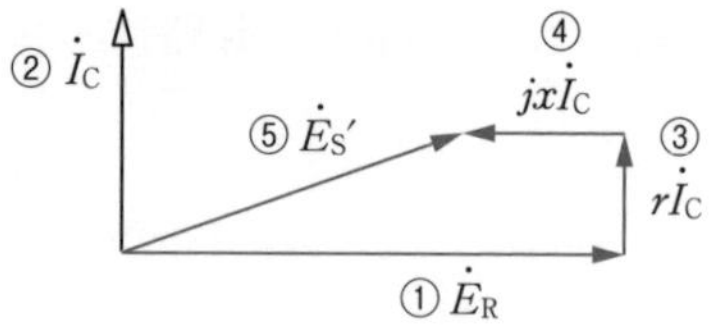

図4 フェランチ効果のベクトル図
(①→②→③→④→⑤の順に作図する)

図4から，受電端側にケーブル系統が接続されると，進み電流 $\dot{I}_{\mathrm{C}}$ [A] によって受電端電圧が上昇し，フェランチ効果（$E_{\mathrm{S}}' < E_{\mathrm{R}}$）が発生する（一般に，受電端相電圧 $\dot{E}_{\mathrm{S}}$ は一定であるから，フェランチ効果によって受電端電圧は上昇する）。このフェランチ効果を防ぐためには，進相コンデンサと反対の働きをする分路リアクトル❶を受電端側に並列に接続すればよい。

以上から，それぞれの空白箇所には，(ア)**キャパシタンス**（静電容量，電気容量），(イ)**進み**，(ウ)**上昇**，(エ)**分路リアクトル**が当てはまる。

解答 (3)

考察

本問は，フェランチ効果とその対策（無効電力調整）に関する基本問題である。前問 5−11（149 ページ）は，フェランチ効果に関するやや高度な計算問題であった。この問題もベクトル図を書けないと対応ができない。本問はごく基本的な問題であるので，しっかり理解しておきたい。

❶送電系統に並列に接続して遅相無効電力を供給し，電圧調整を行うリアクトル（インダクタンス素子として用いられる機器）をいう。

7-4 フェランチ効果
▶ 送電線路のフェランチ効果

問 H8-A 問6

送電線路のフェランチ効果についての次の記述のうち，誤っているのはどれか。

(1) 線路に流れる電流が進み電流の場合に生じる。
(2) 受電端電圧が送電端電圧より高くなる現象である。
(3) 負荷電流が著しく小さい場合に生じる。
(4) 電線路のこう長が長いほど著しい。
(5) 架空送電線路の受電端側に地中電線路が接続されている場合の方が，接続されていない場合より起こりにくい。

ココがポイント！

前問7−3とも関係するフェランチ効果に関する文章正誤判定問題である。フェランチ効果は，対地静電容量に流れる進相電流による影響であることを理解しなければならない。

解法

(1) 正しい。「線路に流れる電流が**進み電流**の場合に生じる。」
(2) 正しい。「受電端電圧が送電端電圧よりも**高くなる**現象である。」

➡ 前問7−3のベクトル図（図4）を理解しておくこと。

進み電流による線路の電圧降下が結果的に電圧上昇となり，受電端電圧の方が送電端電圧よりも高くなる。

(3) 正しい。「負荷電流（線路電流）が**著しく小さい場合**に生じる。」

線路電流が小さくなる深夜や無負荷の場合（対地静電容量による進み電流の

みのとき）の方が，フェランチ効果は顕著となる。

(4) 正しい。「電線路の**こう長が長いほど**著しい。」

線路のこう長が長いほど対地静電容量は大きくなるので，フェランチ効果が生じやすい。

(5) **誤り。**「架空送電線路の受電端側に地中電線路が接続されている場合の方が，接続されていない場合より**起こりやすい。**」（図1参照）

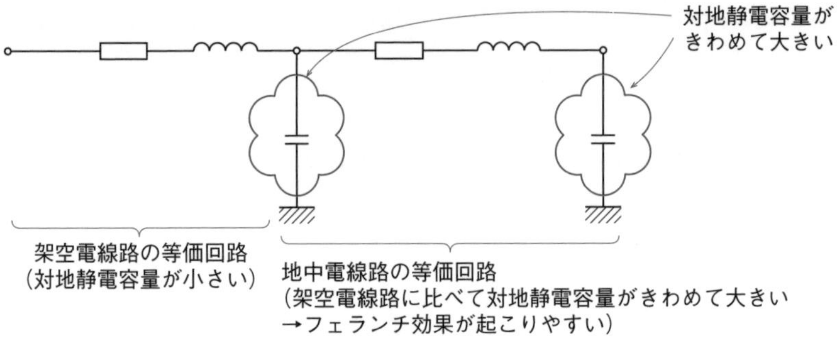

図1　送電線路の等価回路

解答　(5)

考察

・前問5−11（149ページ）や本章の問7−3〜7−5で，対地静電容量やフェランチ効果に関する問題を取り上げている。

・フェランチ効果に関する空白箇所補充問題，文章正誤判定問題は，平成19年（A問題−問9），平成24年（A問題−問12）に出題されている。関連する問題は今後も出題される可能性が高い。

7-5 静電容量

▶ ケーブルの対地静電容量と線間静電容量の比，充電電流の算出

問 H29-B 問 16

図に示すように，対地静電容量 C_e[F]，線間静電容量 C_m[F] からなる定格電圧 V[V] の三相 1 回線のケーブルがある。

いま，受電端を開放した状態で，送電端で三つの心線を一括してこれと大地間に定格電圧 V[V] の $\frac{1}{\sqrt{3}}$ 倍の交流電圧を加えて充電すると全充電電流は 90 A であった。

次に，二つの心線の受電端・送電端を接地し，受電端を開放した残りの心線と大地間に定格電圧 V[V] の $\frac{1}{\sqrt{3}}$ 倍の交流電圧を送電端に加えて充電すると，この心線に流れる充電電流は 45 A であった。

次の(a)および(b)の問に答えよ。

ただし，ケーブルの鉛被《えんぴ》（シース）は接地されているとする。また，各心線の抵抗とインダクタンスは無視するものとする。なお，定格電圧および交流電圧の周波数は，一定の商用周波数とする。

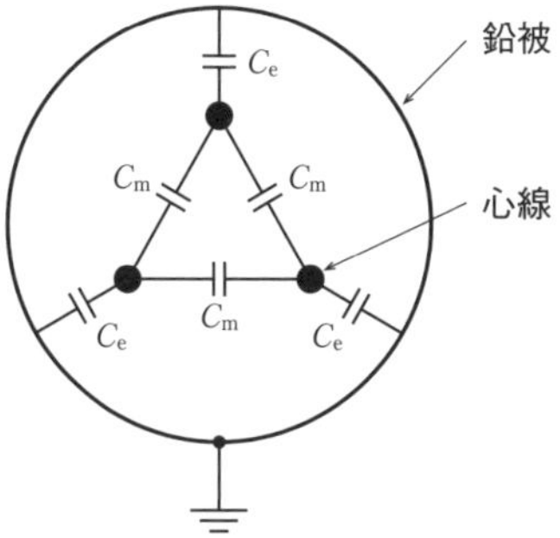

(a) 対地静電容量 C_e[F] と線間静電容量 C_m[F] の比 $\frac{C_e}{C_m}$ として，最も近いものを次の(1)～(5)のうちから一つ選べ。

(1) 0.5　(2) 1.0　(3) 1.5　(4) 2.0　(5) 4.0

(b) このケーブルの受電端を全て開放して定格の三相電圧を送電端に加えたときに1線に流れる充電電流の値[A]として，最も近いものを次の(1)～(5)のうちから一つ選べ。

(1) 52.5　　(2) 75　　(3) 105　　(4) 120　　(5) 135

ココがポイント!

(a)　ケーブルの対地静電容量 C_e と線間静電容量 C_m を用いて，題意の二つの状況のときの充電電流を正しく式に表せること。

(b)　受電端開放時の充電電流の算出では，1相当たりの作用静電容量を正しく式に表せること。

解法

(a) 比 $\dfrac{C_e}{C_m}$ の算出

状況Ⅰ：受電端を開放した状態で，送電端で3線一括して，これと大地間に電圧 $\dfrac{V}{\sqrt{3}}$ を印加した。

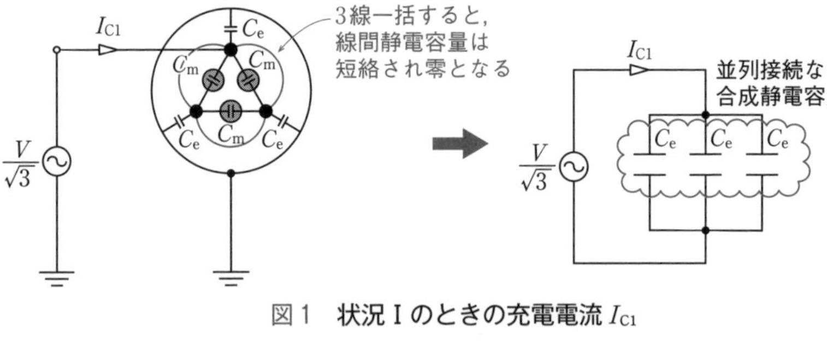

図1　**状況Ⅰのときの充電電流 I_{C1}**

このときの充電電流 I_{C1} [A]は，角周波数を ω [rad/s]とすると，**図1** から

$$I_{C1}=\omega(3C_e)\frac{V}{\sqrt{3}}=3\omega C_e\frac{V}{\sqrt{3}}=90\ [\text{A}]\quad\cdots①$$

状況Ⅱ：二つの心線の受電端・送電端を接地し，受電端を開放した残りの心線と大地間に電圧 $\dfrac{V}{\sqrt{3}}$ を印加した。

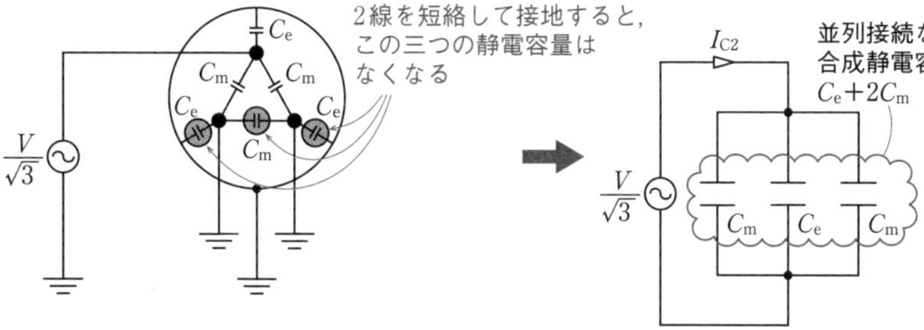

図2　状況Ⅱのときの充電電流 I_{C2}

このときの充電電流 I_{C2} [A]は，図2から

$$I_{C2}=\omega(C_e+2C_m)\frac{V}{\sqrt{3}}=45\,[\mathrm{A}]\quad\cdots②$$

②式÷①式から，比 $\dfrac{C_e}{C_m}$ は，

$$\frac{I_{C2}}{I_{C1}}=\frac{\omega(C_e+2C_m)\frac{V}{\sqrt{3}}}{3\omega C_e\frac{V}{\sqrt{3}}}=\frac{45}{90}=\frac{1}{2}$$

$$\frac{C_e+2C_m}{3C_e}=\frac{1}{2}$$

$$2(C_e+2C_m)=3C_e$$

$$4C_m=C_e\qquad\therefore\ \frac{C_e}{C_m}=4\quad\cdots③$$

と求められる。

(b) 受電端を全て開放したときの充電電流の算出

対地静電容量 C_e と線間静電容量 C_m が題意のように形成されているとき，1相当たりの作用静電容量を求める（図3）。

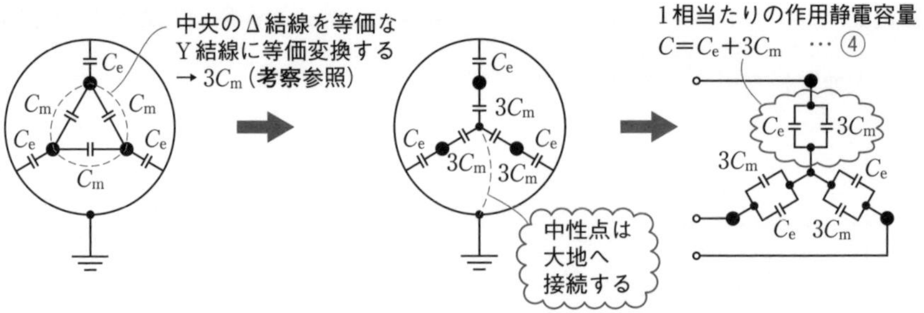

図3　**作用静電容量の算出**

受電端を全て開放し，送電端に線間電圧を印加したときの充電電流 I_C[A] は，図4から，

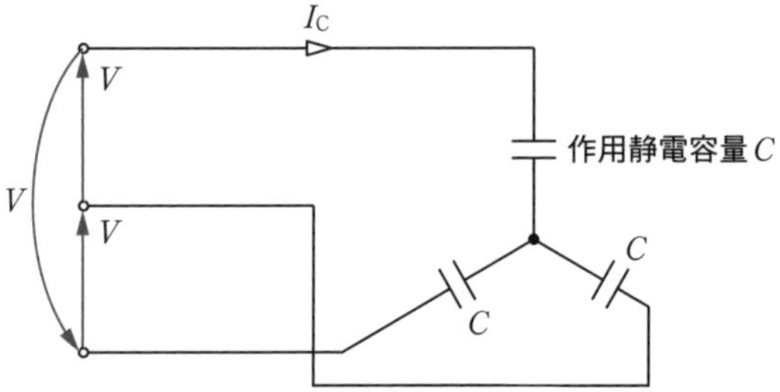

図4　**受電端開放時の充電電流** I_C

$$I_C=\omega C\frac{V}{\sqrt{3}}=\omega(C_e+3C_m)\frac{V}{\sqrt{3}}\quad\cdots⑤$$

I_C の値は，⑤式に③式からの値 $C_m=\frac{1}{4}C_e$ を代入して，

$$I_C=\omega\left(C_e+3\times\frac{1}{4}C_e\right)\frac{V}{\sqrt{3}}=\frac{7}{4}\omega C_e\frac{V}{\sqrt{3}}\quad\cdots⑥$$

⑥式÷①式から，充電電流 I_C [A] は，

$$\frac{I_C}{I_{C1}}=\frac{\frac{7}{4}\omega C_e\frac{V}{\sqrt{3}}}{3\omega C_e\frac{V}{\sqrt{3}}}=\frac{7}{12}\qquad\therefore\ I_C=\frac{7}{12}I_{C1}=\frac{7}{12}\times 90=52.5\,[\mathrm{A}]$$

と求められる。

解答　(a) − (5), (b) − (1)

考察

・設問(a)は，題意に示された二つの状況を正しく式に表すことができれば，無事に解き進めることができる。

・設問(b)では，Δ結線の静電容量を等価なY結線に変換することが要求される。この変換は，近年の理論科目でも，平成16年，平成19年，平成23年，平成26年，平成27年，平成29年と頻繁に出題されている内容である。

●**確認**（静電容量のΔ−Y変換）

Δ結線された静電容量 C を等価なY結線 C_Y に変換する。

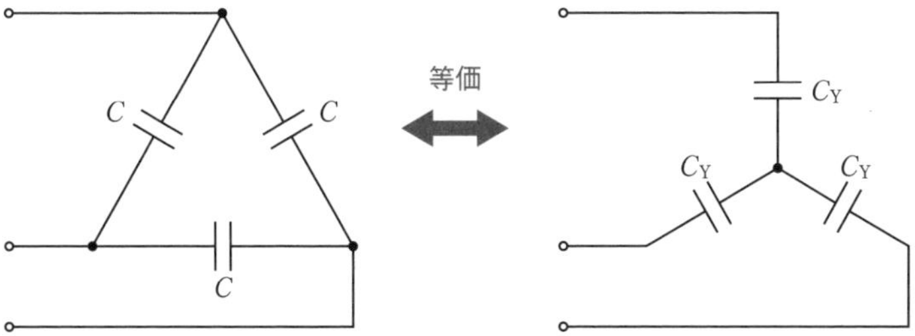

図5　**静電容量のΔ−Y変換**

Δ結線された C の容量性リアクタンスを $X_{C\Delta}$，Y結線された C_Y の容量性リアクタンスを X_{CY} とすると，角周波数を ω として，

$$X_{C\Delta}=\frac{1}{\omega C}\quad\cdots⑦$$

$$X_{CY}=\frac{1}{\omega C_Y}\quad\cdots⑧$$

$X_{C\Delta}$ と X_{CY} の間には，⑨式の関係がある。

$$\frac{X_{CY}}{X_{C\Delta}}=\frac{1}{3}\quad\cdots⑨$$

⑨式に⑦式，⑧式を代入すると，

$$\frac{X_{CY}}{X_{C\Delta}}=\frac{\dfrac{1}{\omega C_Y}}{\dfrac{1}{\omega C}}=\frac{C}{C_Y}=\frac{1}{3}\qquad\therefore\ C_Y=3C\quad\cdots⑩$$

つまり，容量性リアクタンスの値を $\frac{1}{3}$ 倍にするためには，静電容量を3倍にしなければならない。

高頻度で出題されている内容であるので，必ず理解しておきたい。

8章

故障計算

8-1 短絡電流①
▶三相短絡時の短絡電流，母線電圧の算出

問　　H23-B 問16

変電所に設置された一次電圧 66 kV，二次電圧 22 kV，容量 50 MV·A の三相変圧器に，22 kV の無負荷の線路が接続されている。その線路が，変電所から負荷側 500 m の地点で三相短絡を生じた。

三相変圧器の結線は，一次側と二次側が Y－Y 結線となっている。

ただし，一次側から見た変圧器の1相当たりの抵抗は 0.018 Ω，リアクタンスは 8.73 Ω，故障が発生した線路の1線当たりのインピーダンスは $(0.20+j0.48)$ Ω/km とし，変圧器一次電圧側の線路インピーダンスおよびその他の値は無視するものとする。次の(a)および(b)の問に答えよ。

(a) 短絡電流の値[kA]として，最も近いものを次の(1)～(5)のうちから一つ選べ。

(1)0.83　(2)1.30　(3)1.42　(4)4.00　(5)10.5

(b) 短絡前に，22 kV に保たれていた三相変圧器の母線の線間電圧は，三相短絡故障したとき，何 kV に低下するか。電圧の値[kV]として，最も近いものを次の(1)～(5)のうちから一つ選べ。

(1)2.72　(2)4.71　(3)10.1　(4)14.2　(5)17.3

ココがポイント！

短絡電流の計算では，短絡点から電源側を見たときのインピーダンスの値が正しく求められることが必要である。

図1に示す単相2線式の電線路において，末端で短絡を生じたときの短絡電流を求めてみる。

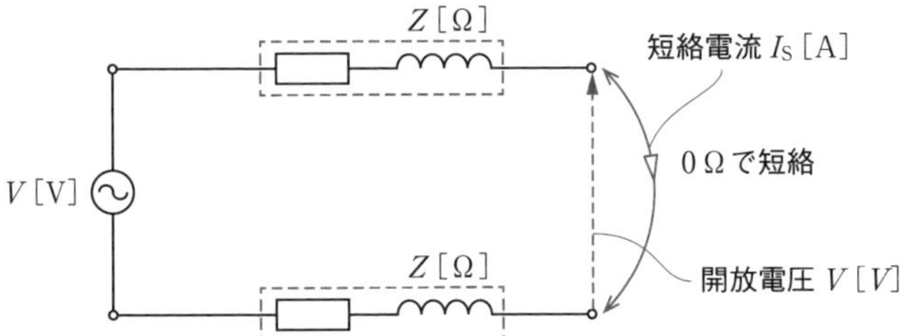

図 1　**単相 2 線式の電線路**

短絡電流 I_S[A] は，テブナンの定理から，①式によって求めることができる。

$$|I_S| = \frac{V}{2Z + 0} \quad \cdots ①$$

- V：端子開放時の端子電圧
- 0：短絡端子間のインピーダンス
- $2Z$：端子から電源側を見たときのインピーダンス（往復分）

➡ この値が正しく求められることがポイント

解法

(a) 短絡電流の算出

題意に沿ったインピーダンスマップを作成し，図 2 のように故障時の条件を整理してみる。

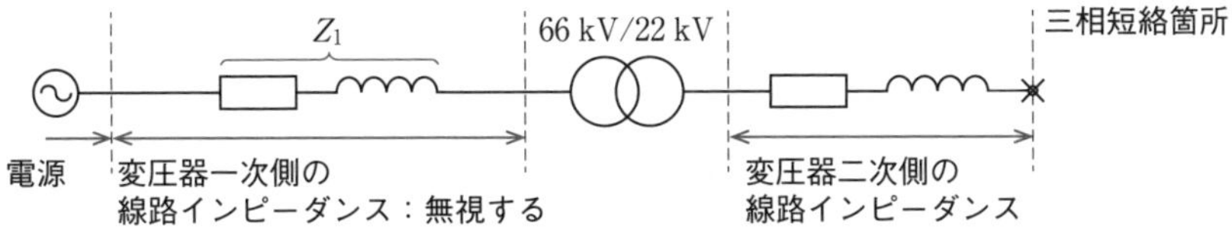

図 2　**題意に沿うインピーダンスマップ**

故障点から見ると，短絡電流の大きさを決めるインピーダンスは，変圧器のインピーダンスと変圧器二次側の線路インピーダンスだけである。ただし，変圧器のインピーダンスは一次側から見た値なので，短絡電流を求める際には，二次側（22 kV 側）に換算した値を用いなければならない。

変圧器二次側に換算した三相短絡故障点の回路を，**図 3** に示す。

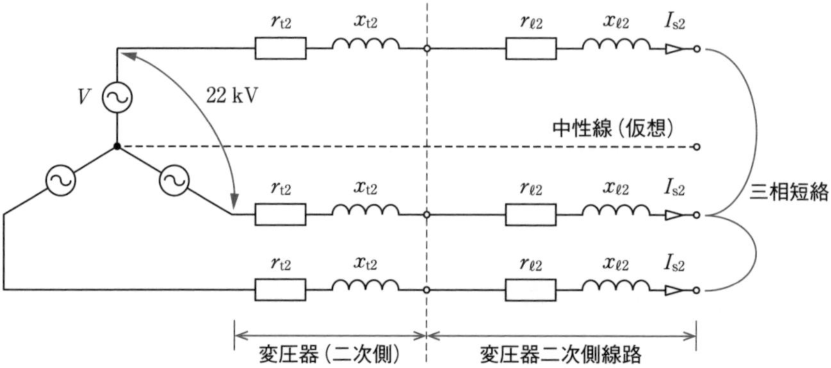

図 3　**変圧器二次側の三相短絡故障**

変圧器一次側から見たインピーダンスを，二次側に換算する。
変圧器の巻数比 a は，

$$a=\frac{66\,\mathrm{kV}}{22\,\mathrm{kV}}=3$$

よって，変圧器二次側の抵抗 r_{t2}[Ω]，リアクタンス x_{t2}[Ω] は，

$$r_{t2}+jx_{t2}=\frac{1}{a^2}(r_{t1}+jx_{t1})=\frac{1}{3^2}(0.018+j8.73)=0.002+j0.97\,[\Omega]$$

一方，変圧器二次側の故障点までの線路インピーダンス $r_{\ell 2}+jx_{\ell 2}$[Ω] は，

$$r_{\ell 2}+jx_{\ell 2}=(0.20+j0.48)\,[\Omega/\mathrm{km}]\times 0.5\,[\mathrm{km}]=0.10+j0.24\,[\Omega]$$

三相短絡電流 I_{s2}[A] は，**図 3** の 1 相分を取り出した**図 4** と①式より，

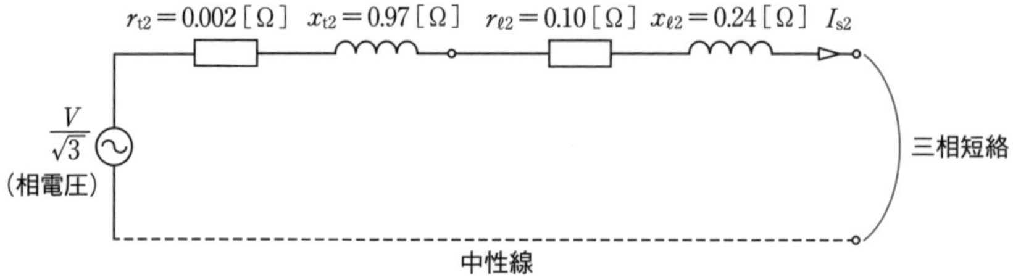

図 4　**三相短絡電流 I_{s2}**

$$\dot{I}_{s2}=\frac{\dfrac{V}{\sqrt{3}}}{(r_{t2}+jx_{t2})+(r_{\ell 2}+jx_{\ell 2})}$$

$$I_{s2}=\frac{\dfrac{V}{\sqrt{3}}}{\sqrt{(r_{t2}+r_{\ell 2})^2+(x_{t2}+x_{\ell 2})^2}}=\frac{\dfrac{22\times 10^3}{\sqrt{3}}}{\sqrt{(0.002+0.10)^2+(0.97+0.24)^2}}$$

$$=10\,460[\mathrm{A}]=10.46[\mathrm{kA}]\quad\rightarrow\quad 10.5\,\mathrm{kA}$$

と求められる。

(b) 三相短絡故障時の三相変圧器の母線の線間電圧の算出

変圧器二次側に換算した三相短絡故障点の回路を，**図 5** に再掲する。

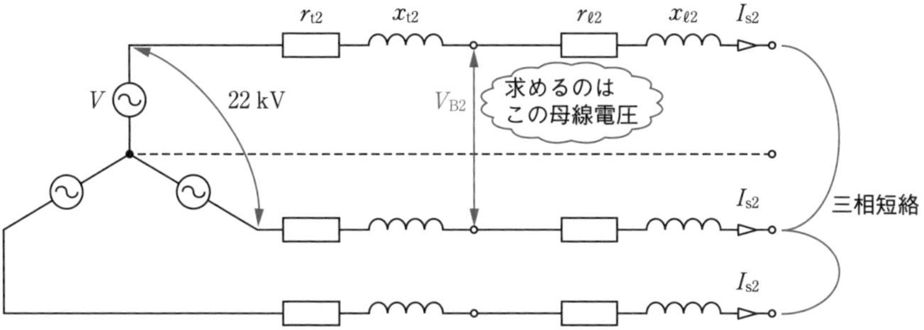

図 5　**変圧器二次側の三相短絡故障（再掲）**

故障時の母線電圧 V_{B2}[V] を求めるが，これも**図 6** のように 1 相分を取り出し，1 相分の端子電圧を求めてみる。

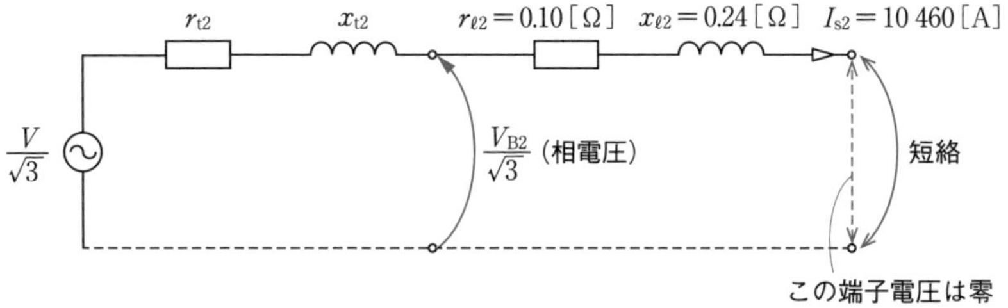

図 6　**母線電圧の算出**

$$\frac{V_{B2}}{\sqrt{3}}=\sqrt{r_{\ell 2}{}^2+x_{\ell 2}{}^2}\times I_{s2}$$

短絡電流が流れたときの電圧降下

$$=\sqrt{0.10^2+0.24^2}\times 10\,460$$

$$=2\,720\,[\mathrm{V}]$$

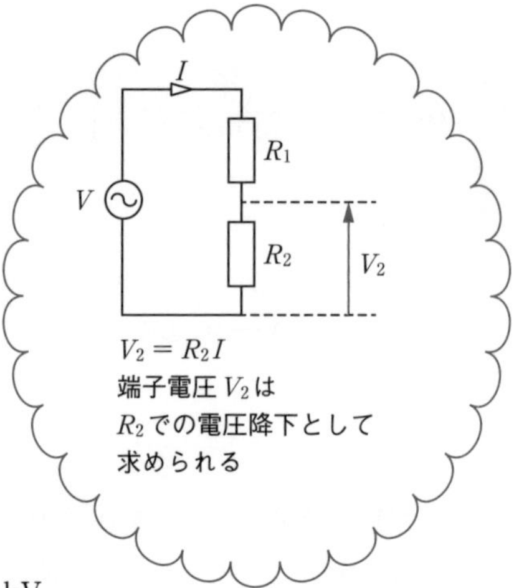

よって，母線の線間電圧 V_{B2} [V] は，

$$V_{B2}=\sqrt{3}\times 2\,720=4\,710\,[\mathrm{V}]\ \rightarrow\ 4.71\,\mathrm{kV}$$

と求められる。

解答　(a) − (5)，(b) − (2)

考察

・本問は，変圧器二次側の三相短絡電流を求める内容であるが，故障点から見たインピーダンスを正しく認識できることが必要である。変圧器一次側から見た値を二次側に換算する等，変圧器の等価変換の知識が要求される。

・三相短絡時の母線電圧は，単相回路（1 相分の回路）から求めるようにしたい。ただし，相電圧，線間電圧の扱いに注意しないと，誤った選択肢 (1)（2.72 kV）を選びかねない。また，本問では三相交流回路の扱いも要求される。図 4，図 6 のように計算をするための図を書いて，正しく認識できないと正答できない。

・なお，本問のように，正常時は定格電圧に近い電圧が，短絡故障時は母線電圧が（故障点までの距離にもよるが）大きく低下することを理解されたい。

・また本問は，オーム値が与えられたオーム法による短絡電流計算である。しかし，電験三種の出題は，パーセントインピーダンスが与えられた場合の短絡電流計算の方が圧倒的に多い。続く問 8−2〜8−4 でその扱いを確認する。

8-2 短絡電流 ②
▶ インピーダンスマップ，%Z 法による三相短絡電流の算出

問 H21-B 問16

図のような交流三相3線式の系統がある。各系統の基準容量と基準容量をベースにした百分率インピーダンスが図に示された値であるとき，次の(a)および(b)に答えよ。

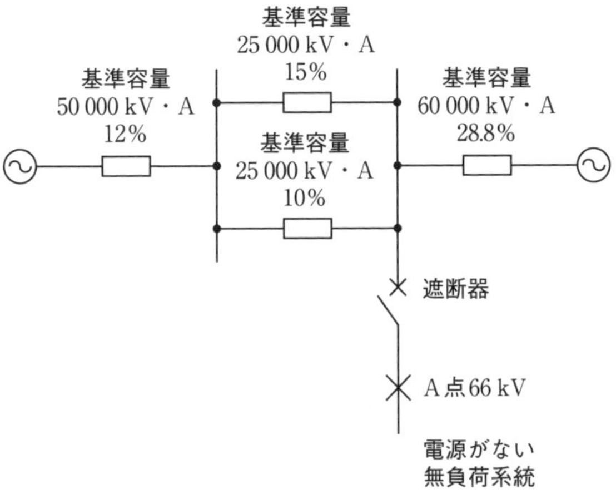

(a) 系統全体の基準容量を50 000 kV・A に統一した場合，遮断器の設置場所から見た合成百分率インピーダンスの値[%]として，正しいのは次のうちどれか。

(1) 4.8　(2) 12　(3) 22　(4) 30　(5) 48

(b) 遮断器の投入後，A点で三相短絡事故が発生した。三相短絡電流の値[A]として，最も近いのは次のうちどれか。

ただし，線間電圧は66 kV とし，遮断器からA点までのインピーダンスは無視するものとする。

(1) 842　(2) 911　(3) 1 458　(4) 2 104　(5) 3 645

ココがポイント!

> 前問 8−1 では，「オーム法」によって短絡電流の計算を行った。本問では，「%Z（パーセントインピーダンス）法」と呼ばれる方法で，百分率（パーセント）インピーダンスを活用して求める。

百分率（パーセント）インピーダンス%Zの定義は，①式で表される。インピーダンスを Z[Ω]，定格電流を I_n[A]，線間電圧を V_n[V]，基準容量を P_n[V·A]とする。

インピーダンスに定格電流を流したときの電圧降下

$$\%Z=\frac{I_nZ}{\dfrac{V_n}{\sqrt{3}}}\times 100\,[\%]\quad\cdots①$$

定格相電圧の大きさ

$$=\frac{\dfrac{P_n}{\sqrt{3}V_n}\times Z}{\dfrac{V_n}{\sqrt{3}}}\times 100=\frac{P_nZ}{V_n^{\,2}}\times 100\,[\%]\quad\cdots②$$

$$\Rightarrow\ \%Z\propto P_n\quad\cdots③$$ パーセントインピーダンスは基準容量に比例

①式を変形すると，

$$\%Z=\frac{I_n}{\underbrace{\left\{\dfrac{\left(\dfrac{V_n}{\sqrt{3}}\right)}{Z}\right\}}_{\text{短絡電流 } I_s}}\times 100=\frac{I_n}{I_s}\times 100\,[\%]\quad\cdots④$$

$$=\frac{1}{\left(\dfrac{I_s}{I_n}\right)}\times 100=\frac{1}{K_s}\times 100\quad\left(\text{短絡比 } K_s=\frac{I_s}{I_n}\right)$$

$$\Rightarrow\ Z\,[\text{p.u.}]=\frac{1}{K_s}\ \rightarrow\ K_s=\frac{1}{Z\,[\text{p.u.}]}\quad\cdots⑤$$

機械科目において，同期機の短絡比 K_s は，単位法で表した同期インピーダンスの逆数である

④式より，

短絡電流 $I_{\mathrm{s}}=\dfrac{100}{\%Z}\times I_{\mathrm{n}}$ …⑥ 重要公式

つまり，故障点から電源側を見たパーセントインピーダンス$\%Z$が求められれば，⑥式により短絡電流の値を求めることができる。

解法

(a) 合成百分率インピーダンスの算出

題意に沿った系統のインピーダンスマップをもとに，故障点 A から電源側を見たときのパーセントインピーダンス$\%Z$を求める（図 1）。

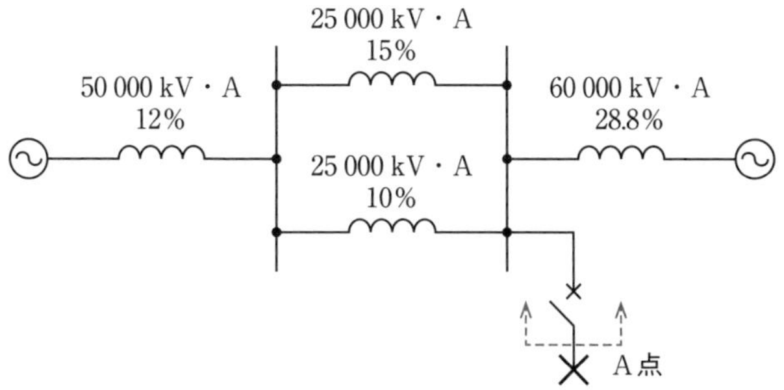

図 1　電力系統のインピーダンスマップ

（問題文では$\%Z$を抵抗器の図記号で表しているが，ここでは一般的なインダクタ（コイル）の図記号で表している）

$\%Z$の基準容量が 50 000 kV・A，25 000 kV・A，60 000 kV・A と不ぞろいなので，50 000 kV・A を基準容量としたインピーダンスマップに直す（図 2，図 3）。

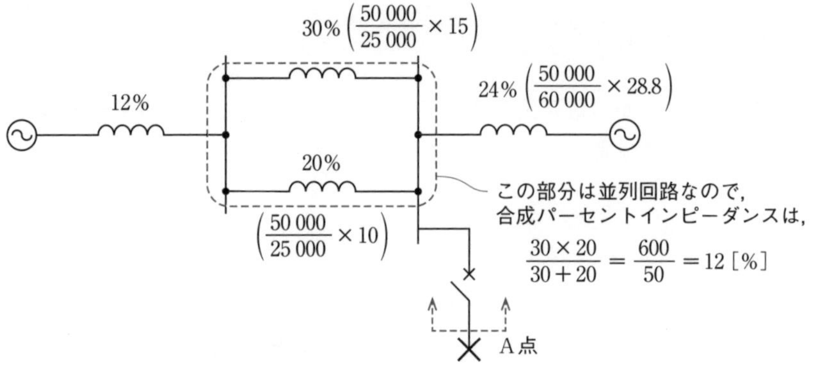

図2　基準容量50 000 kV·Aのインピーダンスマップ

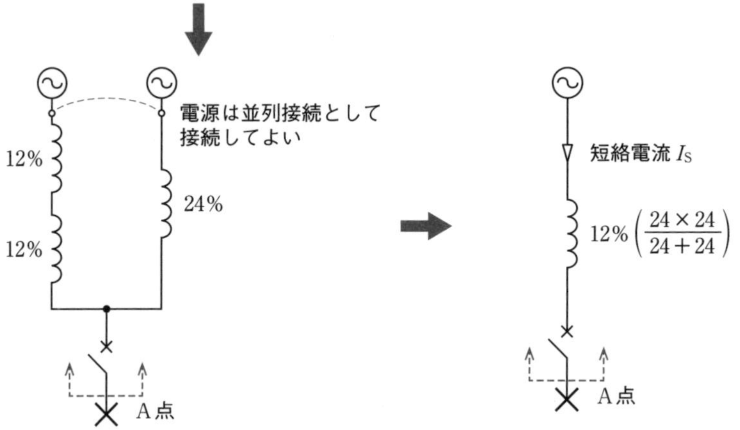

図3　インピーダンスマップの等価変換

よって，図3から，故障点Aから電源側を見たときの%Zは12%となる。

(b) A点で三相短絡事故発生時の三相短絡電流の算出

三相短絡電流 I_s は，⑥式より，

$$I_s = \frac{100}{\%Z} \times I_n = \frac{100}{12} \times \frac{P_n}{\sqrt{3}\,V_n}$$

P_n：基準容量 50 000 kV·A

V_n：故障点 A の線間電圧 66 kV

$$= \frac{100}{12} \times \frac{50\,000 \times 10^3}{\sqrt{3} \times 66 \times 10^3} \fallingdotseq 3\,645\,[\mathrm{A}]$$

と求められる。

解答　(a) − (2), (b) − (5)

考察

・短絡電流の計算方法として，「オーム法」と「パーセントインピーダンス法」があるが，本問は後者を活用する典型的な内容である。答えは⑥式により求められるが，そもそものパーセントインピーダンス$\%Z$の定義式（①式，③式）はしっかりと理解しておく必要がある。また，参考までに，機械科目に登場する同期機の短絡比K_sについても触れた。

・短絡電流の計算は，電力科目では，電圧降下，電力損失に次ぐ重要テーマである。最近では，平成 23 年（B 問題-問 16），平成 25 年（B 問題-問 17），平成 28 年（B 問題-問 16），令和元年（A 問題-問 8），令和 2 年（A 問題-問 8）と出題されており，今後も出題が予想される。オーム法とパーセントインピーダンス法ともに，しっかり演習しておく必要がある。

8-3 短絡電流 ③
▶ 単相変圧器 3 台による三相電力供給時の短絡電流の算出

問 H14-B 問 12

容量 50 kV·A，一次側および二次側の定格電圧がそれぞれ 3.64 kV および 200 V，短絡インピーダンス（百分率インピーダンス降下）5%の単相変圧器 3 台を，図のように一次側 Y，二次側 Δ に結線している。この変圧器群の一次側に 6.3 kV の三相交流電源を接続して，二次側に接続された 120 kW の平衡した三相抵抗負荷に電力を供給しているとき，次の(a)および(b)に答えよ。ただし，変圧器の損失は無視するものとする。

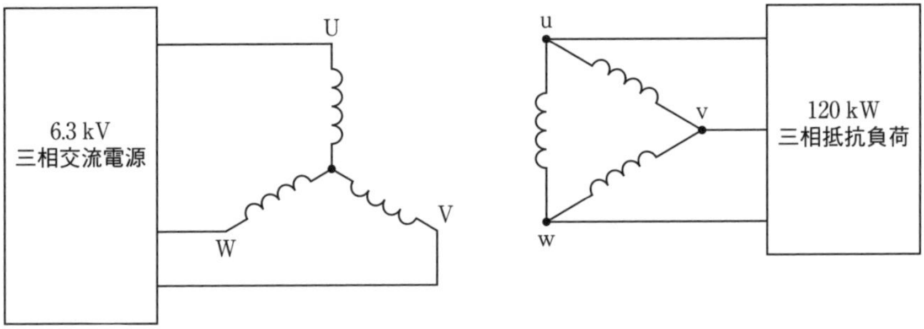

(a) この単相変圧器の一次側巻線に流れている電流の値[A]として，最も近いのは次のうちどれか。

(1) 6.3　(2) 11　(3) 19　(4) 33　(5) 200

(b) 負荷が接続されている端子で三相短絡が発生したとき，短絡点に流れる短絡電流[kA]の値として，最も近いのは次のうちどれか。

(1) 2.9　(2) 5.0　(3) 7.1　(4) 8.7　(5) 15

ココがポイント！

・単相変圧器 3 台が三相結線されている系統において，短絡電流が正しく求められること。

・パーセント（百分率）インピーダンス%Zの値を，短絡電流を表す公式（①式）に正しく適用できること。

$$短絡電流\ I_{\mathrm{s}} = \frac{100}{\%Z} \times I_{\mathrm{n}} \quad \cdots①$$

（I_{n}）単相変圧器の定格電流？　三相変圧器（バンク）の定格電流？

（%Z）単相変圧器 1 台の%Z？　単相変圧器の%Zの 3 倍？

解法

(a) 単相変圧器の一次側巻線に流れている電流の算出

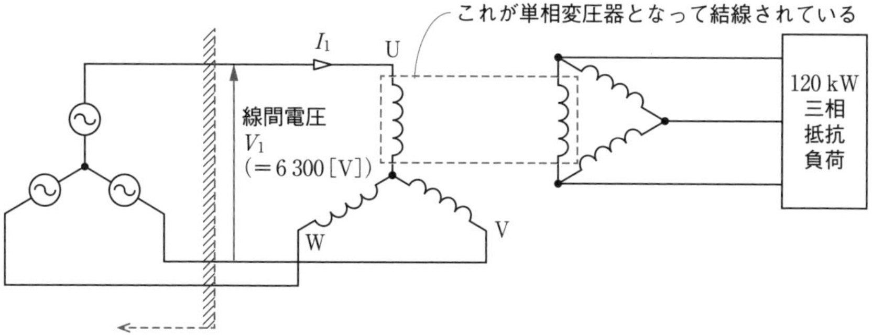

（電源の三相結線は，Y 結線，Δ結線どちらの場合でも解答には影響しないので，いずれでもよい）

図 1　変圧器の結線

図 1 のように，問題図を見慣れた図に書き直してみる。

単相変圧器の一次側の線間電圧を V_1（＝6.3[kV]）とすると，題意から変圧器の損失は無視できる（一次側と二次側の皮相電力は等しい）ので，一次巻線に流れる線電流 I_1[A]は，

$$\underbrace{\sqrt{3}\,V_1 I_1}_{\text{変圧器の一次側の皮相電力}} = \underbrace{120\times10^3}_{\text{変圧器の二次側の皮相電力}}[\mathrm{V \cdot A}]$$

（∵ 力率 100%である抵抗負荷）

$$\therefore\ I_1=\frac{120\times10^3}{\sqrt{3}\,V_1}=\frac{120\times10^3}{\sqrt{3}\times6\,300}=11.0[\mathrm{A}]$$

と求められる。

(b) 負荷端子で三相短絡が発生したときの短絡電流の算出

①式に数値を代入するとき，

・%Zの値は，単相変圧器1台分なのか3台分なのか

・I_nの値は，単相変圧器の定格電流なのか三相変圧器（バンク）の定格電流なのか

について判断に迷うことだろう。

この設問では，図2の故障点から見た%Zの値が求められればよい。

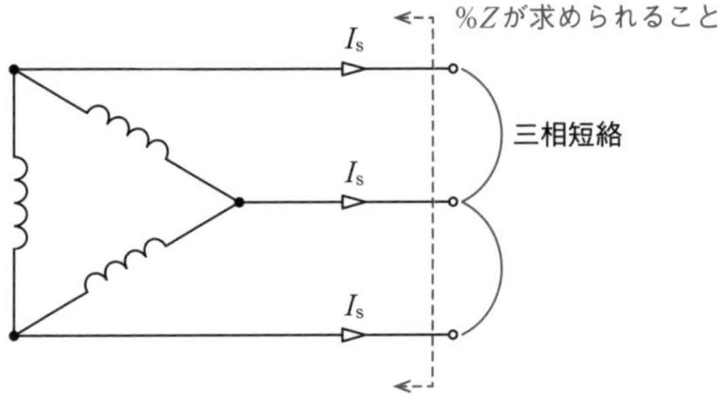

図2　変圧器二次端子の三相短絡電流

ここでは，基本となる「オーム法」で答え（短絡電流）を求めてみる。

まず，単相変圧器の二次側換算のインピーダンス$Z[\Omega]$は，容量をP_n（=50[kV·A]），定格電圧をV_n（=200[V]）とすると，

$$\%Z=\frac{I_\mathrm{n}\cdot Z}{V_\mathrm{n}}\times100=\frac{\dfrac{P_\mathrm{n}}{V_\mathrm{n}}\cdot Z}{V_\mathrm{n}}\times100=\frac{P_\mathrm{n}\cdot Z}{{V_\mathrm{n}}^2}\times100[\%]$$

$$\therefore\ Z=\frac{\%Z}{100}\cdot\frac{{V_\mathrm{n}}^2}{P_\mathrm{n}}=\frac{5\times200^2}{100\times50\times10^3}=0.04[\Omega]$$

図2のΔ結線を等価なY結線に換算した等価回路は，図3のとおりである。

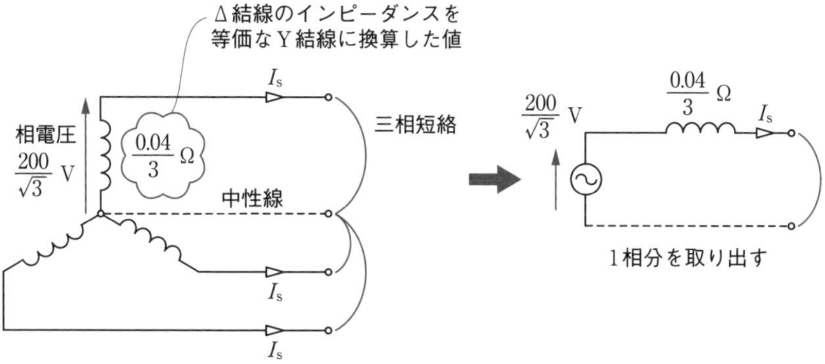

図3　変圧器二次側の短絡時の等価回路

図3（1相分）より，三相短絡電流 I_s[kA] の値は，

$$I_s=\frac{\dfrac{200}{\sqrt{3}}}{\dfrac{0.04}{3}}=8\,660\,[\mathrm{A}]\quad\rightarrow\quad 8.7\,\mathrm{kA}$$

と求められる。

解答　(a) － (2)，(b) － (4)

考察

短絡電流は，前問**8－2**のように，もっぱら①式 $\left(I_s=\dfrac{100}{\%Z}\times I_n\right)$ で求めることができる。しかし，本問のように単相変圧器3台の結線となると，代入する数値について迷うことだろう。

単相変圧器の定格電流

① $$I_s=\frac{100}{\%Z}\times I_n=\frac{100}{5}\times\frac{50\times10^3}{200}=5\,000\,[\mathrm{A}]$$ …**誤り**

単相変圧器の%Z

三相変圧器としての定格電流

② $$I_s=\frac{100}{\%Z}\times I_n=\frac{100}{5\times3}\times\frac{150\times10^3}{\sqrt{3}\times200}\fallingdotseq2\,887\,[\mathrm{A}]$$ …**誤り**

単相変圧器の%Zの3倍

三相変圧器としての定格電流

③　$I_s=\frac{100}{\%Z}\times I_n=\frac{100}{5}\times\frac{150\times10^3}{\sqrt{3}\times200}\fallingdotseq 8\,660\,[\mathrm{A}]$　…正しい

単相変圧器の%Z

迷わず③のように求めることは，なかなか難しい。本問で示した解法のように，三相短絡故障を正しく捉え，図3に示すオーム法のように解くことができれば，選択肢を誤ることはないだろう。公式の丸暗記に依存することなく，故障の状況を正しく認識できていないと正答できない問題である。

8-4 短絡電流 ④
▶ 過電流継電器の電流タップ値の算出

問 H18-B 問 17

図のような系統において，昇圧用変圧器の容量は 30 MV·A，変圧比は 11 kV/33 kV，百分率インピーダンスは自己容量基準で 7.8%，計器用変流器（CT）の変流比は 400 A/5 A である。系統の点 F において，三相短絡事故が発生し，1.800 A の短絡電流が流れたとき，次の(a)および(b)に答えよ。

ただし，CT の磁気飽和は考慮しないものとする。

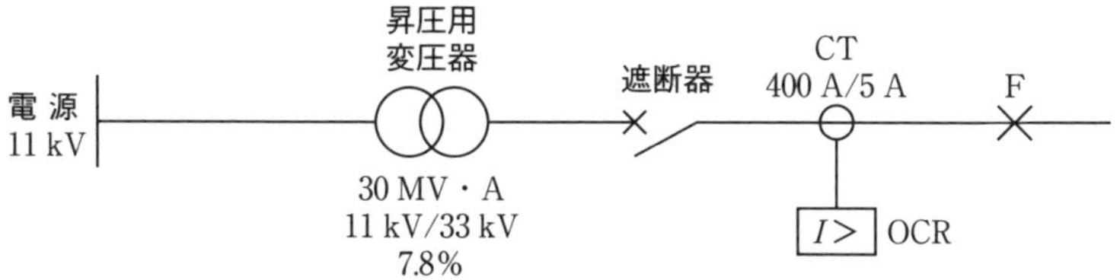

(a) 系統の基準容量を 10 MV·A としたとき，事故点 F から電源側を見た百分率インピーダンスの値[%]として，最も近いのは次のうちどれか。

(1) 5.6　(2) 9.7　(3) 12.3　(4) 29.2　(5) 37.0

(b) 過電流継電器（OCR）を 0.09 s（秒）で動作させるには，OCR の電流タップ値を何 A（アンペア）の位置に整定すればよいか，正しい値[A]を次のうちから選べ。

ただし，OCR のタイムレバー位置は 3 に整定されており，タイムレバー位置 10 における限時特性は図示のとおりである。

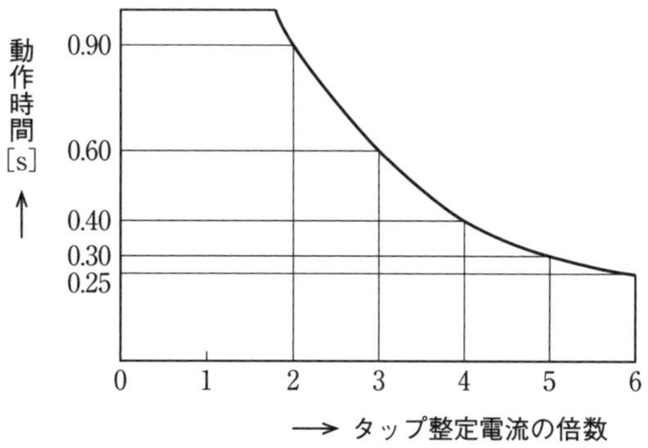

タイムレバー位置10における限時特性図

(1) 3.0　(2) 3.5　(3) 4.0　(4) 4.5　(5) 5.0

ココがポイント!

三相短絡電流を用いて，故障点から電源側を見たときのパーセント（百分率）インピーダンスの値および過電流継電器（OCR）の整定値❶（タップ，タイムレバー）を求める問題である。

解法

(a) 事故点Fから電源側を見た百分率インピーダンスの算出

電力系統のインピーダンスマップは，図1のとおりである。変圧器のパーセント（百分率）インピーダンス，事故点Fから電源側を見たパーセントインピーダンスを$\%Z_T$，$\%Z_F$[%]，短絡電流をI_s[A]とする。

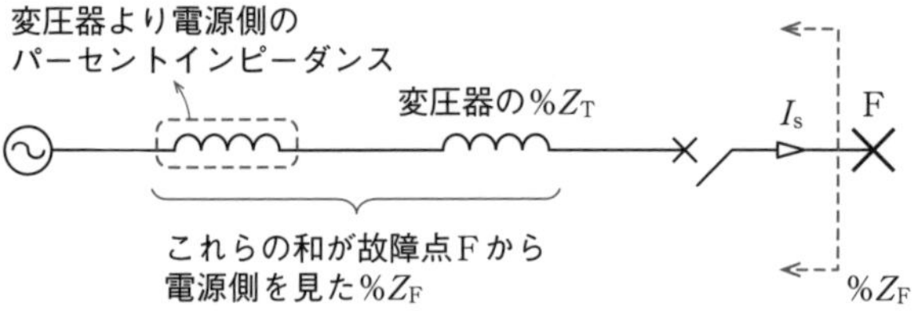

図1　故障点Fから見た$\%Z_F$の算出のためのインピーダンスマップ

これより，$\%Z_F$[%]の値は，定格電流をI_n[A]，定格電圧をV_n（=33[kV]），基準容量をP_n（=10[MV·A]）とすると，

基準容量が10 MV·A
と指定されている

$$\%Z_F=\frac{I_n}{I_s}\times 100=\frac{\left(\frac{P_n}{\sqrt{3}\,V_n}\right)}{I_s}\times 100$$

$$=\frac{\left(\frac{10\times 10^6}{\sqrt{3}\times 33\times 10^3}\right)}{1\,800}\times 100=\frac{175}{1\,800}\times 100\fallingdotseq 9.72[\%]\quad\rightarrow\quad 9.7\%$$

と求められる。

(b) 過電流継電器（OCR）の電流タップ値の算出

図2のように，過電流保護システムに着目する。

❶過電流継電器の整定は，電気主任技術者の実務に関する内容である。

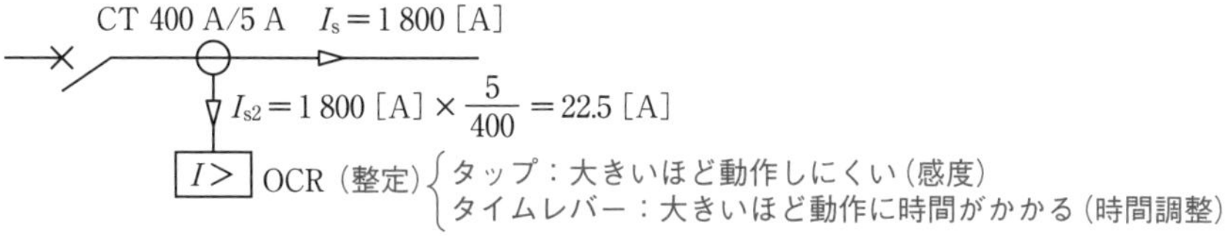

図 2　**過電流保護システム（OCR）**

これより，三相短絡電流 I_s＝1 800[A] が流れたときの，過電流継電器（OCR）の入力電流（CT の二次側の電流）I_{s2}[A] の値は，

$$I_{s2}=1\,800\times\frac{5}{400}=22.5[\mathrm{A}]$$

タイムレバー位置が 3 のとき，OCR は 0.09 s（秒）で動作するので，タイムレバー位置 10 における動作時間 t[s] は，

$$0.09[\mathrm{s}] : 3 = t[\mathrm{s}] : 10 \qquad \therefore\ t=\frac{10}{3}\times 0.09=0.3[\mathrm{s}]$$

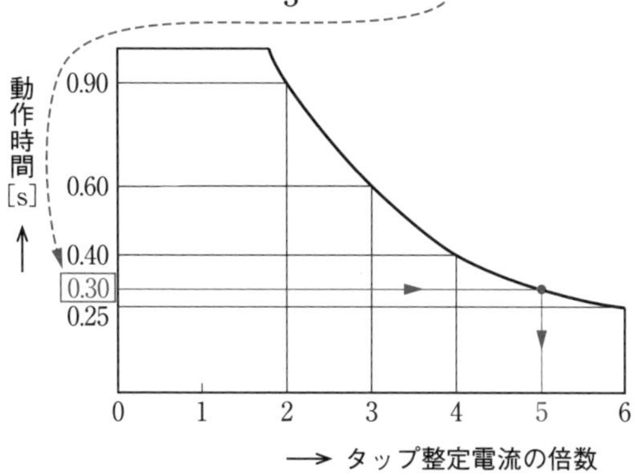

図 3　**タイムレバー位置 10 における限時特性図**

図 3 から，動作時間が 0.3 s のときは「タップ整定電流の倍数＝5」と読み取れる。そして，次の関係が成り立つことから，OCR の電流タップ値は，

$$\text{タップ整定電流の倍数}=\frac{\text{OCRに流入する電流 } I_{s2}}{\text{OCRのタップ値}}$$

$$\therefore\ \frac{\text{OCRに流入する電流 } I_{s2}}{\text{タップ整定電流の倍数}}=\frac{22.5}{5}=4.5[\mathrm{A}]$$

と求められる。

解答　(a) － (2)，(b) － (4)

考察

・設問(a)では，題意に与えられた変圧器の定格容量やパーセントインピーダンスの値は解答に関係しなかった。しかし，「変圧器から電源側を見たパーセントインピーダンス（10 MV･A 基準）を求めよ」という内容であったとしたらどうだろうか。

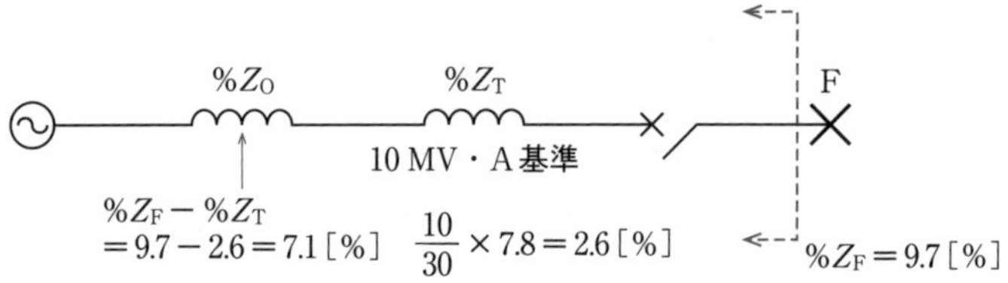

図4　変圧器から電源側を見たパーセントインピーダンスの算出

変圧器の 10 MV･A 基準のパーセントインピーダンス$\%Z_T$[%]は，

$$\%Z_T = \frac{10}{30} \times 7.8 = 2.6 [\%]$$

よって，変圧器から電源側を見たパーセントインピーダンス$\%Z_0$[%]の値は，

$$\%Z_0 = \%Z_F - \%Z_T = 9.7 - 2.6 = 7.1 [\%]$$

と求められる。

この場合，変圧器の% Z_Tの値も解答に必要となる。そして，このような応用的な内容の問題にも答えられるようにしなければならい。

・設問(b)では，OCR の整定について，動作時間から電流タップ値を求めた。これとは逆に，電流タップ値からタップ整定電流の倍数を求め，限特性図から動作時間を読み取る内容の問題にも答えられるようにしなければならない。このような内容は，法規科目の実務をテーマとした問題でも出題されているので，十分に演習しておきたい。

8-5 配電線の保護

▶ 配電線の保護方式

問 H25-A 問 12

次の文章は，配電線の保護方式に関する記述である。

高圧配電線路に短絡故障または地絡故障が発生すると，配電用変電所に設置された［（ア）］により故障を検出して，遮断器にて送電を停止する。

この際，配電線路に設置された区分用開閉器は［（イ）］する。その後に配電用変電所からの送電を再開すると，配電線路に設置された区分用開閉器は電源側からの送電を検出し，一定時間後に動作する。その結果，電源側から順番に区分用開閉器は［（ウ）］される。

また，配電線路の故障が継続している場合は，故障区間直前の区分用開閉器が動作した直後に，配電用変電所に設置された［（ア）］により故障を検出して，遮断器にて送電を再度停止する。

この送電再開から送電を再度停止するまでの時間を計測することにより，配電線路の故障区間を判別することができ，この方式は［（エ）］と呼ばれている。

例えば，区分用開閉器の動作時限が 7 秒の場合，配電用変電所にて送電を再開した後，22 秒前後に故障検出により送電を再度停止したときは，図の配電線の［（オ）］の区間が故障区間であると判断される。

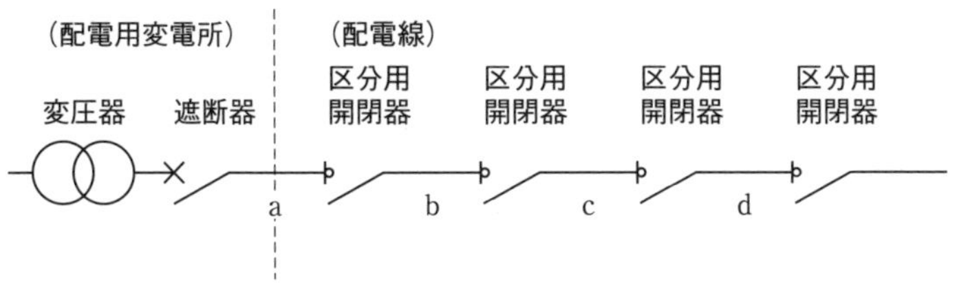

上記の記述中の空白箇所（ア），（イ），（ウ），（エ）および（オ）に当てはまる組合せとして，正しいものを次の(1)～(5)のうちから一つ選べ。

	(ア)	(イ)	(ウ)	(エ)	(オ)
(1)	保護継電器	開　放	投　入	区間順送方式	c
(2)	避雷器	開　放	投　入	時限順送方式	d
(3)	保護継電器	開　放	投　入	時限順送方式	d
(4)	避雷器	投　入	開　放	区間順送方式	c
(5)	保護継電器	投　入	開　放	時限順送方式	c

ココがポイント！

あまり馴染みがないであろう，配電線の保護方式に関する出題である。自家用電気工作物の保護方式や保護協調については出題が想定しやすいが，配電線の保護方式についても電験三種の出題範囲である。

高圧配電線路は面的に広い（線路こう長が長い）ことが特徴だが，配電線路で故障が発生した場合，発生した故障場所を限定して，故障場所以外は送電させる必要がある。これは，自家用電気工作物との大きな違いである。また，配電線路で採用されているのは，**時限順送方式**と呼ばれる保護方式である。

解法

図1は，時限順送方式の模式図である。

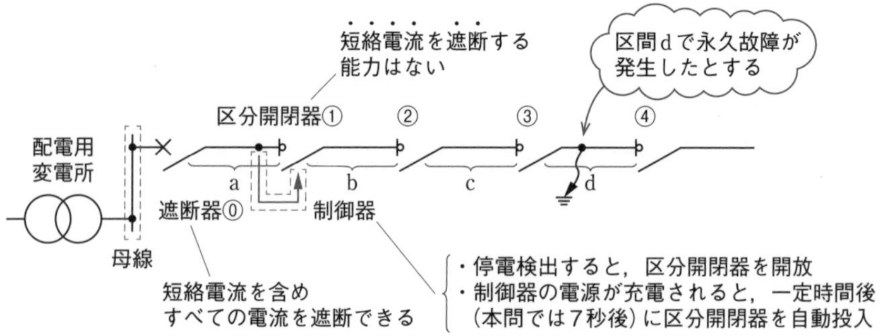

図1　時限順送方式

配電線を適当な区間に分けるように，区分開閉器を設置する。この区分開閉器は制御器によって自動開放，自動投入される。配電線のいずれかで故障が発生（永久故障）したときの様相は，時系列で次のように説明できる。

(1) 配電線の区間 d で永久故障が発生したとする。遮断器⓪は，保護継電器が故障を検出し遮断，配電線は停電。区分開閉器①，②，③，④は制御器が停電検出するので，自動開放する。
(2) 一定時間後（通常は 1 分後），遮断器⓪が自動投入され，区間 a が送電される。
(3) 区間 a が送電されると制御器が充電されるので，一定時間後（本問では 7 秒後），区分開閉器①が自動投入され，区間 b が送電される。
(4) 区間 b が送電されると，1 分 14 秒後に区分開閉器②が自動投入され，区間 c が送電される。
(5) 区間 c が送電されると，1 分 21 秒後に区分開閉器③が自動投入され，区間 d が送電される。
(6) 故障区間 d が送電されると，保護継電器が再度，故障を検出し（1 分 22 秒後），配電線が停電する。このとき，区間 d の制御器が故障区間は「d」であることを識別し，区分開閉器③は投入ロックされ，以降は投入することができなくなる。
(7) さらに 1 分後に再々閉路，遮断器⓪が自動投入，区間 a が送電される。
(8) さらに 7 秒後，区分開閉器①が自動投入され，区間 b が送電される。
(9) さらに 7 秒後，区分開閉器②が自動投入され，区間 c が送電される。
(10) 区間 d 以降は故障区間を識別されているので送電されることはない。故障区間の判別後は，作業員が現場に出向し，故障原因の探査，復旧を行うことになる。

配電線のタイムチャートは，図 2 のようになる。

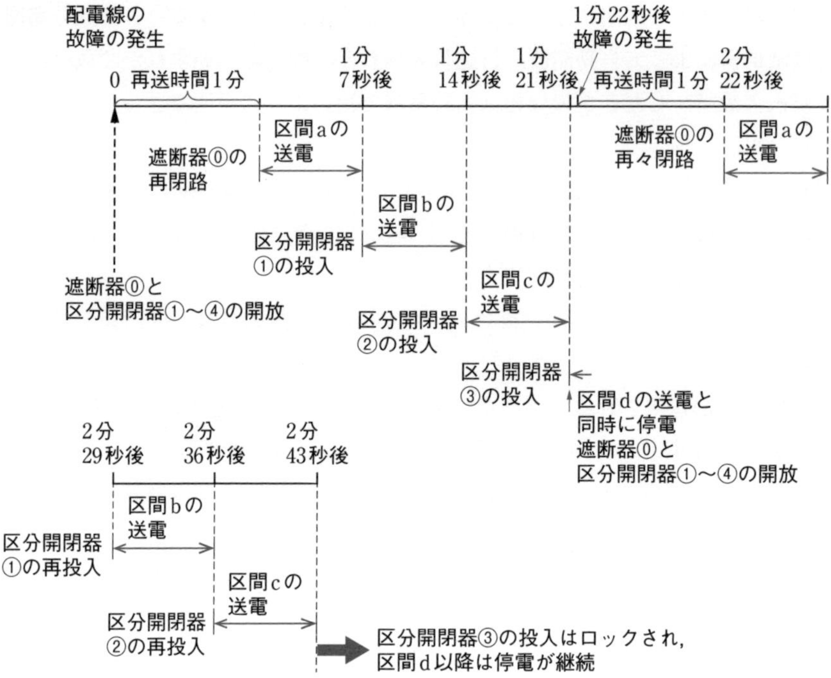

図2　配電線のタイムチャート

このように，区分開閉器と制御器によって故障区間を判別する保護方式を時限順送方式という。この方式では，時間差によって強制送電し，故障区間を判別する。

以上から，それぞれの空白箇所には，(ア)**保護継電器**，(イ)**開放**，(ウ)**投入**，(エ)**時限順送方式**，(オ)**d**（図2参照）が当てはまる。

解答　(3)

考察

・配電線の保護方式のうち，「時限順送方式」を題材とした内容である。配電線の故障の多くは，雷害による1線地絡が7割程度を占めるといわれている。停電が発生すると故障点のアークは消弧され，絶縁は回復して，配電線は再送成功となり復旧される場合がほとんどである。襲雷時に1分程度の停電が発生するのは，このためである。

・変圧器などの永久故障が生じる場合は多くないが，永久故障の区間より負荷側では復旧までに時間を要することがわかる。また，配電線はループ点が開放されて運用されているので，本問の区間 d より負荷側では，ループ点の開閉器を投入して送電，復旧操作が行われる。

努力をすれば、結果はついてくる!

〈著者〉
北爪　清（きたづめ　きよし）
平成 4 年　第一種電気主任技術者試験合格（26 歳）
現在　北爪電気事務所

北爪先生が教える！ 電験三種 電力の最強講義

2021 年 5 月 24 日　　第 1 版第 1 刷発行

著　者　北爪　清
発行者　村上和夫
発行所　株式会社 オーム社
郵便番号　101-8460
東京都千代田区神田錦町 3-1
電話　03(3233)0641(代表)
URL　https://www.ohmsha.co.jp/

印刷　真興社　　製本　協栄製本
ISBN978-4-274-22703-5　Printed in Japan

本書の感想募集　https://www.ohmsha.co.jp/kansou/

本書をお読みになった感想を上記サイトまでお寄せください．
お寄せいただいた方には，抽選でプレゼントを差し上げます．